节水抗旱稻的故事

上海市农业生物基因中心
华南农业大学节水抗旱稻绿色产业研究院 ·编

上海科学技术出版社

图书在版编目（CIP）数据

节水抗旱稻的故事 / 上海市农业生物基因中心，华南农业大学节水抗旱稻绿色产业研究院编. -- 上海：上海科学技术出版社，2025.5. -- ISBN 978-7-5478-7094-5

Ⅰ. S511

中国国家版本馆CIP数据核字第20258G6K27号

策划编辑：黄　庆
责任编辑：全立勇
封面设计：房惠平

节水抗旱稻的故事

上海市农业生物基因中心
华南农业大学节水抗旱稻绿色产业研究院 编

上海世纪出版（集团）有限公司
上海科学技术出版社 出版、发行
（上海市闵行区号景路159弄A座9F-10F）
邮政编码 201101　www.sstp.cn
上海丽佳制版印刷有限公司印刷
开本 787×1092　1/16　印张 23.75
字数：380千字
2025年5月第1版　2025年5月第1次印刷
ISBN 978-7-5478-7094-5/S·292
定价：125.00元

本书如有缺页、错装或坏损等严重质量问题，请向工厂联系调换

编委会名单

主　编 罗利军

副 主 编 龚丽英

编写人员（按文章先后为序）

　　　　代　序：罗利军

　　　　第一章：夏　辉　王　磊　罗　志

　　　　第二章：刘　毅　毕俊国　张安宁

　　　　第三章：赵洪阳　葛常青　黄　辉　刘国兰　陈之豪　张婧琪

　　　　　　　　胡海峰　张　珍

　　　　第四章：梅捍卫　刘鸿艳　余新桥　刘国兰　杜兴彬　高　欢

　　　　　　　　徐小艳　龚丽英

　　　　第五章：龚丽英　陈　悦　郭　品　张　涛　甘　炜　张婧琪

　　　　　　　　王海燕　刘鸿艳

　　　　第六章：龚丽英　张前荣　杨　华　黄　辉　张婧琪　王　筱

　　　　　　　　郑生权　黎佳佳　张　珍　王亚楠　王慧秀　舒小丽

　　　　第七章：刘　毅

　　　　第八章：杨　华　龚丽英　张婧琪　黎佳佳　周佩雯

　　　　第九章：相关媒体

　　　　后　记：罗利军

审稿人员 罗利军　龚丽英　黎佳佳　张婧琪

代 序

稻家缤纷

这是一个美丽的传说:很久很久以前,我国南方遭遇连年灾荒,找不到食物的人们忧心忡忡。突然,天空上传来一阵悠扬的乐声,抬头望去,只见在五朵彩色的祥云之上,有五位身穿彩服的仙人,骑着五匹不同毛色的仙羊,仙羊口衔金色的稻穗,降临大地。仙人们把稻穗留了下来,告诉大家要好好种植水稻,以后便不会再有饥荒发生。这个美丽的故事启示我们,水稻是很重要的粮食作物,水稻的生产对于保障国家的粮食安全具有重要的意义。

事实上,约1万年以前,我们的祖先在采集野生植物为食的过程中,发现生长在沼泽地里的野生稻种子具有良好的食味,这引起了他们强烈的兴趣。他们从野生稻种子自然落粒、萌发生长和开花成熟的现象中得到启示,尝试着收取野生稻的种子,重复着播种与收获的过程,从而开创了水稻的种植业。与此同时,自然生长的野生稻也开启了新的进化历程。

一方面,随着地理、生态与气候的变化,野生稻在种植过程中受到严格的自然选择;另一方面,人类为了日益增长的生活需要,不断地进行着有意识的人工选择。这种自然与人工选择的结果,使野生稻进化成了栽培稻,并形成了种类丰富、缤纷多彩的水稻大家族。同时,水稻的种植范围也不断扩大,据估计,目前全世界种植水稻的国家已超过120个。

为了更好地种植水稻,首先需要了解水稻,明确水稻的不同类型。为此,科学家们进行了长达200年的研究,制订了包括形态特征、生理特性、遗传基础等各个方面的分类标准,提出了多种分类系统。最著名的是丁颖教授于1957年提出的水稻品种五级分类系统。

首先,将水稻分为籼稻和粳稻两个亚种,籼稻主要种植在南方,而粳稻则种植在北方;其次,在每个亚种内,根据种植季节和收获时期的不同分为早(中)稻和晚稻两个生态群;第三,在生态群内,根据对土壤水分的要求不同分为水稻和陆(旱)稻两个生态型;第四,在生态型内,根据籽粒的淀粉含量不同分为粘稻和糯稻两个变种;最后一级便是在生产上种植的品种,主要包括两类:一类是传统的地方品种,另一类是经过培育的改良品种。现在,生产上使用的都是经过改良的水稻品种。

长期以来,科学家们将提高水稻品种产量、改善稻米品质作为育种的首要目标。特别是近70年来,我国水稻产量有了两次重大的突破。

第一次是"高秆变矮秆":在20世纪50年代以前,水稻生产主要是传统地方品种,秆子很高,超过130厘米,容易倒伏,每亩产量只有200千克左右(1亩=666.7平方米,下同)。丁颖教授的学生黄耀祥研究员于20世纪50年代末开始水稻矮化育种,并于1959年育成了我国第一个矮秆籼稻品种'广场矮',这是世界水稻育种史上的一次重大突破。随后,国内外开展了广泛的矮化育种工作,育成了大量的矮秆水稻品种,使水稻单产翻了一番。

第二次是"发展杂交水稻":杂种优势是自然界广泛存在的一种现象。为利用水稻的杂种优势,20世纪60年代,袁隆平研究员开始杂交水稻的育种工作;1973年,他带领团队育成了第一个籼型杂交水稻,国内其他科学家也相继育成了大量的杂交水稻,使水稻产量再次实现翻番,实现了水稻育种的第二次重大突破。

早期的杂交水稻都是利用亚种内的杂种优势,而亚种间的杂种优势更为明显。

为了进一步提高水稻的产量潜力,科学家们开始尝试着利用籼稻和粳稻进行杂交配组,以便有效地利用水稻亚种间的杂种优势。1994年,笔者团队育成了我国第一个亚种间杂交水稻'协优413',在浙江示范单产突破历史最高纪录,达到每亩750千克。应该指出的是,这样的高产是在高产稻田、水肥有充分保障的条件下取得的。

然而,一个严峻的事实摆在我们面前:我国的水稻田大多是中低产田,而中低产的主要原因是没有灌溉条件,易受干旱影响,从而导致减产甚至绝收;更为严重的是,我国是缺水大国,而水稻生产却是用水大户,消耗了总用水量的50%左右;水稻品种抗旱性差,农民习惯淹水种植,不仅造成面源污染,还会产生大量温室气体甲烷的排放;同时,传统水稻种植采用育秧移栽,不仅劳动强度大,而且生产效率低。导致这些问题的主要原因是水稻品种本身对水的需求量太大,节水抗旱性较差。

20世纪末,笔者团队开始注重水稻的节水抗旱研究,目标是培育既节水抗旱、又高产优质,既可在水田种植、又可在旱地栽培的水稻新品种。此后,通过近10年的研究与探索,于2009年在世界上首次提出了节水抗旱稻的理念与培育策略,2015年在农业部的支持下,制定了《节水抗旱稻 术语》行业标准并在全国颁布实施。

20余年来,围绕节水抗旱稻的研究,笔者团队主要做了五个方面的工作:一是建立水稻节水抗旱的研究平台;二是研究节水抗旱的遗传基础与分子机制;三是创制节水抗旱新种质,培育节水抗旱稻新品种;四是解析节水抗旱稻的生理特性、研发基于节水抗旱稻的栽培技术;五是进行节水抗旱稻的试种示范与推广。上述研究成果先后获得2013年度国家技术发明奖二等奖和2020年度国家科学技术进步奖一等奖。

与节水抗旱稻的基础研究同步,团队同时致力于节水抗旱稻相关知识和科研进展的科学普及与传播,并取得了喜人的成果:在著名科普期刊《科学画报》(创刊于1933年)上以专刊形式发表文章、拍摄发行《节水抗旱稻》科教片、出版《稻界奇兵》漫画丛书、创作《穿上皮鞋种稻去》舞台剧进行公开演出等,获得2020年度上海市科学技术普及奖一等奖。

本书是在上述科学研究与科普工作的基础上,力求以科普的语言系统地介绍节水抗旱稻的产生与发展,旨在有效地传播科学思想,宣传科学精神,普及节水抗旱稻的科学知识。同时,通过一些生动的事例和具体的技术介绍,指导农民选用良种,进行节水抗旱稻的绿色生产。

衷心感谢编写团队的辛勤劳动,生命科学研究日新月异,节水抗旱稻的研究也不断深化,将复杂的科学原理用通俗的语言表达出来实属不易。由于写作时间紧,涉及的内容广泛,书中难免有不足之处,敬请指正。

罗利军

2024年7月21日

目 录

第一章·天降大任——栽培水稻逞辉煌 001
一·稻的起源与演变 001
二·孤独守望的陆稻 006
三·水稻的使命与贡献 012
四·困境与挑战 018

第二章·稻亦有道——节水抗旱显锋芒 025
一·节水抗旱稻问世记 025
二·节水与高产同样重要 030
三·抗旱是必备的基本技能 036
四·"四大家族"各领风骚 040

第三章·广阔天地——穿上皮鞋种稻去 048
一·水田旱种不插秧 048
二·旱地早种保丰收 053
三·山坡也能翻稻浪 059
四·复垦耕地稻花香 064

五·征服盐碱有力量　068

　　六·沪上飘出八月香　073

第四章·长夜行者——众里寻他千百度　081

　　一·学习和培训散记　081

　　二·激情燃烧话重固　101

　　三·无限风光小白楼　110

　　四·致青春里那些追赶太阳的人　117

　　五·一张蓝图绘到底,策源中心谋新篇——记基因中心金山基地变迁发展史　121

　　六·科研科普两翼齐飞　127

第五章·研发平台——合力成就多少事　143

　　一·两次事业扩编记　143

　　二·凤凰展翅——记上海天谷生物科技股份有限公司的发展　148

　　三·稻浪逐梦——天谷米业的金色征程　157

　　四·丰大"稻"路　161

　　五·凝心聚力的新征程——全国节水抗旱稻全产业链创新联盟　170

第六章·不负众望——人心所向成大道　176

　　一·潘卫的选择:回家种稻去　176

　　二·陪读妈妈成长记　179

　　三·像种小麦一样种水稻　181

　　四·节水抗旱稻圆了回家创业梦　182

　　五·变危机为生机,节水抗旱稻助力农民提质增效——二分田年糕厂诞生记　185

六 让好品种走向更广阔的天地 189

七 节水抗旱稻的"铁杆粉丝" 193

八 稻花香里话节水抗旱稻 195

九 节水抗旱稻带来的 5 年事业人生 198

十 一次相遇铸就一个品牌 201

十一 我的微信名叫节水抗旱稻 204

十二 我和爷爷的约定——与节水抗旱稻结缘 210

十三 遇稻 217

十四 小王读研记 221

十五 '旱优 73'到东非 225

十六 收获的季节 228

第七章 · 任重道远——广袤大地任汝行 239

一 蓝色革命与"1522"目标 239

二 让自己变得更加强大 244

三 价值实现之路 248

第八章 · 雅俗共赏——独具匠心盼君来 255

一 相声《稻家之争》剧本 255

二 相声《稻家之争》的创作故事 261

三 科普舞台剧《穿上皮鞋种稻去》剧本 263

四 《穿上皮鞋种稻去》获奖背后的故事——献给所有为此剧付出汗水的小伙伴们 268

五 微电影《大"稻"自然》剧本 276

六 大地的艺术家:微电影拍摄的幕后故事 289

七·漫说节水抗旱稻成长史　293

第九章·媒体报道　309

一·农民日报《稻水矛盾，破解何方？》　309

二·新廊下《稻之变》
　　——记上海市农业生物基因中心首席科学家罗利军的稻梦空间　314

三·解放日报《非水稻主产区的"稻种科学家"》
　　——记国家科学技术进步奖一等奖获得者、上海农业生物基因中心专家罗利军　318

四·闵行报《罗利军：以自然之理育生态之稻》　324

五·新民晚报《能像种麦子一样种水稻，多好！》　328

六·联合时报《旱稻密码》　331

七·《瞭望》新闻周刊《罗利军：把论文写在国情里》　342

八·东方城乡报《罗利军：国之所需，科研所向》　348

蓝色的幽灵　352

第一章
天降大任——栽培水稻逞辉煌

一、稻的起源与演变

夏辉　王磊　罗志

我们常见的水稻,是亚洲栽培稻(*Oryza sativa*)的简称,它的祖先是普通野生稻(*O. rufipogon*)或一年生野生稻(*O. nivara*)(图 1-1)。可以看到,野生稻株形杂芜,穗散粒疏,且籽粒易落难收,与普通的禾本科杂草形态差异甚微。那么水稻是如何由一株野生植物被驯化为高产优质,并成为养育全球近半数人口的粮食作物的呢?

图 1-1·普通野生稻与栽培稻株型(a,b)及穗形(c,d)对比　(图片来源:石川等,2020)

传说在很久以前,炎帝部落的人民食不果腹,炎帝也为此经常犯愁。有一天,炎帝遇到一只口中衔着一穗种子的红色鸟儿向他飞来。鸟儿看到炎帝就围着他飞了三圈,然后把种子吐了出来,叽叽喳喳地叫了一阵才飞走。炎帝好奇地将这穗种子拾起来,看到饱满的穗粒,认为这是上天派红鸟送来的食物种子,于是就把种子埋在土里。通过炎帝的悉心栽种,到了秋天,禾苗成熟后人们获得了丰收。从此,炎帝部落赖以果腹的粮食有了保障,人们才过上了丰衣足食的生活。大家感念炎帝的功德,称炎帝部落为神农部落,而称炎帝为神农氏。

"丹雀衔禾"的故事在民间广为流传。虽然只是传说,但水稻的驯化,无疑是我们中华民族的伟大发现与发明,其间耗费了上万年的时间与无数代"稻人"的努力。

依据目前考古学的发现,野生稻最早出现在人类社会,是在湖南澧县十里岗旧石器遗址。1999年,考古工作者在这里的文化层中发现了来自新、旧石器过渡时期稻叶上的植硅石。这说明当时的人类已开始采集利用水稻,但因为植硅石来源于叶片组织,所以当时的人类可能并不把野生稻当作食物,而是利用它的茎叶作为燃料或草垫。人们采摘野生稻作为食物,则是距今10 000多年前的事情。考古学家在江西万年的仙人洞与吊桶环遗址中,发掘出了大量水稻稻壳的植硅石。因此,可以认为这些稻壳残留是当时人类采收野生稻种子并以此为食的证据。

我们再把时间推进到距今12 000年前,在湖南道县蛤蟆洞遗址中,考古学家发现了4株珍贵的古稻。对它们的鉴定结果表明,其中1株是具有人工干预痕迹的普通野生稻,另外3株属于野生稻向栽培稻演化的过渡类型,已经兼具野生稻和栽培稻的特点。此外,在与江西万年吊桶环遗址相同时间点的土层中也发现了带有栽培稻特征的植硅石。这些考古发现表明,早在距今12 000年前我们的祖先已经开始对野生稻开展驯化了。

约距今10 000年,在浙江浦江上山遗址中不仅出土了水稻遗存,还出土了附着水稻植硅石的石片刀、石磨盘和石磨球,以及带有稻壳印痕的陶质大口盆。这表明,当时的人类已经发明了一系列工具用于收集、加工和保存稻谷。另外,通过显微镜观察水稻植硅石纹饰和稻谷离层,科学家也找到不少野生稻被驯化的证据,比如落粒性下降,这使人类更易收获野生稻;谷粒相较于野生稻,颗粒更加宽圆。上述这些考古证据都表明,浦江上山古稻已经处在半驯化阶段。可惜的是,在这一时期的遗址中,并没有发现当时人类已经开始种植水稻的确凿证据,如用于整地的农具器物及稻田遗迹。

在距今8000年时,当时的华夏大地已经步入了稻作农业发展的春天。这一时期的稻作遗址遍布神州大地,在湖南澧县城头山、江苏苏州草鞋山、昆山绰墩、浙江余姚施岙和田螺山等多处遗址都发现了距今8000~6000年的古稻田。其中最重要的,也是最广为人知的遗址就是余姚河姆渡遗址(图1-2)。考古学家在其中发现了距今7000年左右的稻谷、稻壳、稻秆和稻叶混合堆积层。经过科学鉴定,这些稻谷基本褪去了野生稻祖先的原始性状,已经可以视作原始栽培稻了。遗址中还出土了大量与水稻种植相关的工具与原始稻田的遗存,确切地表明了此时我们的先民已经开始种植水稻了。此外,在河姆渡遗址中出土的一件陶釜的底部还残留着一块锅巴,可以说它是存世最早的大米饭。

图1-2·河姆渡遗址 (图片来源:河姆渡遗址博物馆)

此后,稻米在我们先民生活中扮演着越来越重要的角色,直至成为人们的主要口粮。在距今5300~4200年的余杭良渚遗址群中(图1-3),已经能见到当时的稻谷、稻田、耕种稻田的石犁和收割稻谷的石镰,以及需要大量劳力才能修建起来的古城和水坝。犁显然是一种比耜更先进的整地农具,而镰刀则是适应水稻大规模采收的专用工具。石镰的使用,间接表明当时稻穗已实现同步成熟且落粒性显著降低;大型水利设施建造表明当时的田块面积已成规模,需要专用的灌溉设施。另外,从良渚遗址中考古学家发掘出上百吨炭化稻米,表明当时稻米产量足够大,且已经成为维系部落粮食供给的重要物资。据考证,在良渚先民的食物中,稻米已经占到八成左右。可见自采摘野生稻为食,到把水稻当作主粮耕作栽培,这一步人类足足走了 10 000 多年。

图 1-3 · 良渚文化古稻田遗址 (图片来源:中国考古改变稻作起源和中华文明认知,郑云飞)

水稻在我国由野生稻驯化而成,已经形成了完整的考古学证据链,有着相对较为清晰的驯化历史。另外,来自全球的植物学家们也基于作物遗传学与分子生物学的研究,对水稻驯化的历史做了另一种阐述。

为了把这个故事讲清楚,我们先对水稻的分类系统进行一个简单的介绍。丁颖先生在《中国栽培稻种的起源及其演变》这部我国水稻研究的奠基著作中提出,亚洲栽培稻可分为籼稻与粳稻两个亚种;进一步依次按照种植季的早晚、栽培方式与大米黏糯特性的差异,可细分为早中稻与晚稻、水稻与陆稻,以及粘稻与糯稻(图 1-4)。丁颖先生的水稻五级分类系统,基本奠定了后来几十年里我们对水稻研究的框架体系。

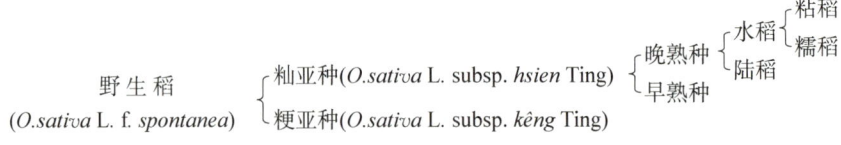

图 1-4 · 水稻五级分类系统 (图片来源:《中国栽培稻种的起源及其演变》,丁颖)

在丁颖先生定义的水稻分类系统中,粳稻、籼稻两个亚种的起源与演化是最先也是最重要的。粳稻与籼稻在表型性状上有较大的差异,并且存在一定程度的生殖隔离。在20世纪初,粳稻的起源中心被日本抢去(亚种名 *japonica*);而籼稻的起源中心被认为是在印度(亚种名 *indica*)。而丁颖先生在《中国稻作之起源》(1949年)这部著作中,就首次提出水稻起源于我国华南地区,对当时盛行的水稻印度起源说或日本起源说进行了有力的驳斥。后续,在《中国栽培稻种的起源及其演变》(1957年)这部著作中,丁颖先生再次综合历史学、语言学、古物学、人种学、植物学和地理分布学等方面的证据,进一步论证了水稻起源于我国华南的观点,赢得了相当一部分学者的认同。

近30年来,随着遗传学与分子生物学的发展,对于栽培稻起源与演化路径的研究成果日新月异,但对于粳稻与籼稻的起源与进化模式却仍然没有形成统一的观点。目前,在学界认可度较高的观点分别是栽培稻一次起源假说与籼稻-粳稻独立起源假说。

栽培稻的一次起源假说认为,从野生稻到栽培稻仅经历过一次驯化事件:粳稻率先从普通野生稻中驯化出来,随后在人类由北向南迁徙过程中,与南亚野生稻反复杂交,最终演化出籼稻。支持这一观点最为有力的证据就是,无论在籼稻还是粳稻中,决定关键驯化性状(如落粒性、直立性与红色种皮等)的基因在驯化中受到的选择几乎是一致的。而粳稻-籼稻独立起源假说认为,粳稻与籼稻是独立分别起源的:粳稻的祖先是普通野生稻,起源于我国长江中下游流域或华南地区;而籼稻则是由一年生野生稻驯化而来的,一种说法认为起源于我国华南地区,另一种说法则认为起源于印度。有意思的是,依据目前我们获得的基因组遗传变异,通过群体遗传学对种群发生历史的推演,可以获得粳稻从普通野生稻分化出来的时间是在距今10 000～8 000年前,与目前的考古发现相当吻合。近年来,又有一些学者根据遗传学的最新研究成果,认为栽培稻的起源在不同地区独立发生了3次:除了籼稻与粳稻以外,还有一类爪哇型栽培稻(*Aus*)在印度中部——孟加拉国区域独立起源。可见,即使在科学技术高度发达的今天,栽培稻的起源之谜依然没有完全解开。

顺带提一句,对于水稻起源与演化的研究,在早期实际上也不仅仅局限于学术观点的争论,同样伴随着文化与政治的角逐,是一段颇为曲折反复的斗争史。感兴趣的读者也可以对这一段科学史进行深入探究,相信这会是一段愉快且有意义的旅途。

二、孤独守望的陆稻

夏辉　王磊　罗志

陆稻,也称旱稻或旱禾,是一种长期在旱作农业生境中驯化的栽培稻生态型(图1-5)。其名称来源于自身特性,即能够像小麦一样在旱作条件下栽培,而无须持续的水层。陆稻的旱作适应性表现为以下三点。

（1）陆稻种植在旱田,无需灌溉,依赖降雨便可满足全生育期对水分需求,表现出节水和抗旱特性。例如,陆稻具有较为发达的根系,能够深入土壤吸收水分;陆稻的叶片具有较厚的蜡质,因而可以在干旱缺水时减少水分散失。

（2）传统陆稻农业生境实行诸如刀耕火种的粗放型耕作模式,无需像水稻一样育秧移栽,可采取旱直播模式。

（3）传统的陆稻农业生境基本不施化肥,土壤肥力差,因缺乏水层覆盖导致土壤腐殖质含量低。陆稻长期适应这样的生境,因此具有耐贫瘠的特性,养分利用效率较高。除此之外,陆稻对许多营养元素（如氮、磷等）的吸收利用方式与水稻也有很大区别,其与菌根真菌等土壤微生物群落的互作与水稻也有显著差异。

图1-5·陆稻原生生境 （云南景洪,罗利军摄,2018）

那么,陆稻是如何起源与演化的呢？关于陆稻的起源,长期以来认为水稻生态型是栽培稻的基本型,而陆稻是随着人类向山地丘陵地带迁徙、定居,部分具有一定旱作适应性的种质从水稻中脱颖而出,并且在长期适应旱田种植中进一步强化旱作适应性而形成的衍生类型。

那真相真的是这样的吗?先来列举一些饶有趣味的事实或现象。

(1) 普通野生稻主要分布于河口湖泊等水生生境,因此通常被认为是一种水生植物,而栽培稻从普通野生稻中驯化而来,因此水稻是栽培稻的基本型这一观点深入人心。但实际上,普通野生稻的分布极其广泛,除了河口湖泊以外,还广泛分布于沼泽、湿地、山谷等生境,面临季节性干旱,使得普通野生稻存在能够适应干旱的类群。此外,被认为栽培稻祖先之一的一年生野生稻对于季节性干旱展现出很强的适应性;也有观点认为野生稻从多年生转变为一年生,就是对季节性干旱的适应。

(2) 在栽培稻驯化的早期阶段,由于农耕条件极为落后且劳动力不足,原始稻田缺乏灌溉和蓄水条件,因此早期栽培稻(距今 10 000 年以前)的农业生境更接近于野生稻的沼泽湿地环境,需要面对季节性的干旱。同时,原始栽培稻的播种方式应为直播,因为确凿的育秧移栽技术要到很久以后才出现。由此可见,在栽培稻驯化早期的农业生境中,即使并非全部,也至少在多数特征上与陆稻农业生境相似。

(3) 相较于水稻,陆稻具有许多古老的来自祖先野生稻的表型性状,比如较长的中胚轴和胚芽鞘,比如陆稻种质资源中具有红色种皮的材料占比更高。

那么有没有可能陆稻才是栽培稻的基本型呢?

近年来随着对陆稻种质资源研究的深入,我们也获得了更多的遗传学与分子生物学方面的新证据,包括:①目前存有的陆稻种质资源数量虽然远不如水稻,但基因组的遗传多样性水平却略高于水稻,并且这种较高的遗传多样性并不是因为水稻面临选择压更大而导致的(注:定向选择压越高,会降低遗传多样性),因为在栽培稻关键性状(如驯化性状、产量性状等)的基因或位点所在区域,陆稻与水稻并没有本质性的差异。如果陆稻真的是从水稻中驯化而来,则会经历遗传瓶颈导致遗传多样性急剧下降,这与上述证据相悖;②在陆稻-野生稻与水稻-野生稻间基因流大致相同的情况下,陆稻与普通野生稻的亲缘关系更近,两者共享更多的生态型特有等位基因;③有大于 30% 的调控陆稻旱作适应的生理特性或表型性状(如中胚轴、氮素吸收转运、节水抗旱性等)基因,直接或间接来源于野生稻;④基于全基因组单核苷酸多态性（SNP）位点，对陆稻、水稻与普通野生稻的种群发生历史进行模拟，发现"陆稻先于水稻从野生稻中驯化出来，然后水稻再从陆稻中分化出来"的假设模型可能性是最高的（图1-6）。另外，模型中几个时间点也颇耐人寻味：陆稻从野生稻中驯化出来的时间点是距今10 000年前，这与目前人类对栽培稻驯化的认知及考古发现相吻合；而水稻从陆稻中驯化出来的时间点中位数是距今2 300年前，刚好是我国先秦时期，彼时农业科技获得极大发展（都江堰等大型水利设施）；陆稻与水稻的分化，也不是一蹴而就的，也是经历了一个较为漫长的时期，直到617年前才彻底完成分化。上述这些证据都指向陆稻是栽培稻的基本型，或者更确切地说，原始的栽培稻在生境上、性状上和遗传上都更接近陆稻。

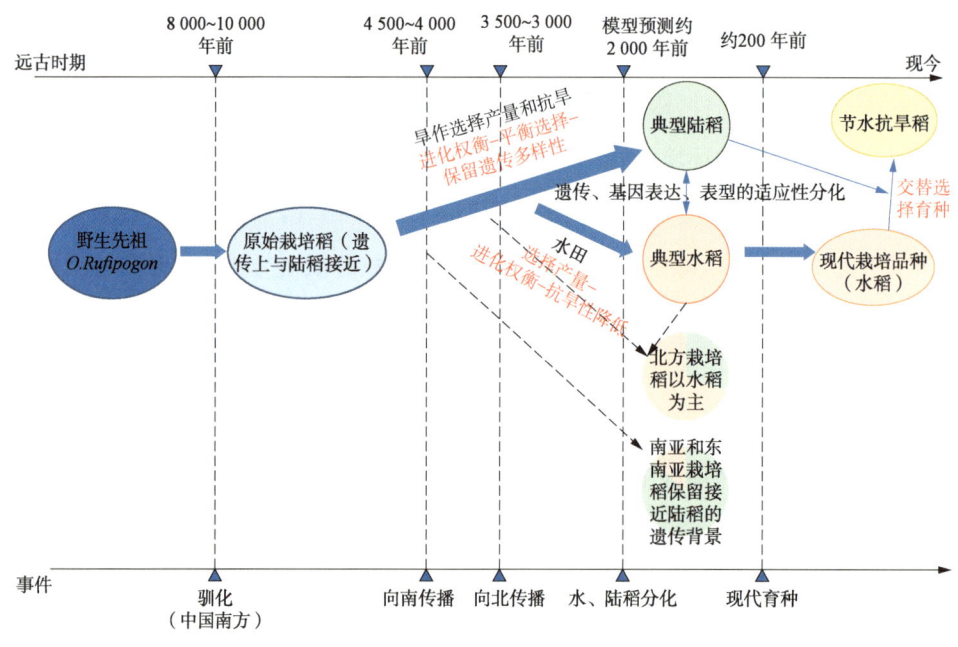

图1-6·陆稻起源模型

假设，陆稻真的先于水稻从野生稻中驯化，那就将重塑我们对栽培稻驯化与演化历史的认知。比如，栽培稻华南地区起源假说将得到强化，因为华南地区是我国陆稻种质资源多样性的中心。顺便提一句，在广东英德牛栏洞遗址中发现了两种形态的水稻硅质体，这是迄今岭南地区所见年代最早的水稻硅质体遗存，将广东地区稻谷遗存年代推至距今10 000年之前。那么问题来了，在10 000年前水稻耕作条件与技术尚不成熟的牛栏洞遗址中的稻谷，究竟是陆稻，还是水稻呢？

当然，我们对陆稻起源的研究到目前为止也只是提出了"原始栽培稻是陆稻"这样一个可供讨论的新观点，因为陆稻的起源与演化进程中还有很多问题没有解决，特别是缺乏完整的考古学证据链。虽然在稻作史研究中，也有少数学者是认同"陆稻在先"这一观点的。例如有学者认为，早在新石器时代晚期至青铜器时代，中国东南沿海即存在水、旱两种稻作环境，这一时期稻谷主要依赖自然降雨，因而具有许多旱稻的特征，并以陆稻的形式向东南亚岛屿及我国的台湾地区传播。因此，这些学者认为华南、西南地区及东南亚的早期稻作起源于旱作。日本学者渡部忠世在《亚洲稻的起源和稻作圈的构成》(1988)一书中提出，包括云南在内的阿萨姆地区早期栽培稻种为水、陆兼用类型，最初的稻子是在旱田或者烧地上种植的。汪宁生在《远古时期云南的稻谷栽培》(1977)一文中提出，早期云南的稻作以旱作为主。当然，相对于倾向于"水稻早于旱稻"观点的古籍记载与考古证据，上述这些论点还是远远不够的。所以，想要彻底搞清楚陆稻与水稻的前世今生，还需要更深的研究、更多的发现——科学本身就是在不停争论中前进的。

好了，让我们暂时搁置在陆稻起源观点上的争论，以陆稻旱作驯化最重要的适应性状——抗旱性为例，来探讨陆稻适应旱作农业生境过程中一些适应性状的来源与进化。

植物针对特定生境的适应性进化，通常是"定向选择"在发挥主要作用。例如，当某种杂草在农业生境中频繁面对除草剂时，一旦有某个个体因为突变获得除草剂抗性基因，那么该基因就会因定向选择而迅速在群体中固定，从而使整个群体都获得除草剂抗性。这一套逻辑似乎也可以套用在陆稻上，毕竟陆稻要适应旱作农业生境，需要应对频繁发生的干旱缺水，其抗旱性状及遗传基础就会逐步在旱作驯化中受到定向选择，有利于抗旱的等位基因频率就会逐步升高直至在群体中占据主导地位。而水稻由于良好的灌溉条件与蓄水设施，相对于陆稻而言，对抗旱性的选择并非第一需要，选择压就没那么大。近年来，我国的科学家们对陆稻与水稻的抗旱性进行了较为全面的评价，也确实发现陆稻的抗旱性要显著高于水稻，表明陆稻与水稻在抗旱性上发生了适应性分化。那么驱动陆稻抗旱性进化的主要动力真的是"定向选择"吗？

通过对陆稻与水稻基因组遗传分化的研究，科学家们又发现一个有意思的现象：陆稻群体中，在其与水稻高度分化的遗传区间，能够经常性地检测到"平衡选择"的信号，而非之前假设里应当出现的定向选择。所谓"平衡选择"是指位点呈现并保持多态性，例如同一位点的不同等位基因在多变的环境中谁也没法取得决定性优势，从而不同等位基因均得以在群体中保持一定的频率，呈现出多态性。"平衡选择"通常是生物适应复杂多变的环境所采用的策略并产生的结果。

那么，驱动陆稻抗旱性进化的动力为什么是"平衡选择"呢？科学家们注意到以下几个事实：①陆稻的抗旱性较高，但它的产量却较低，抗旱性与产量间存在显著的负相关关系，即抗旱性与生产性间存在权衡；②抗旱基因通常存在多效性，许多抗旱基因在提高抗旱性的同时，会对产量产生相反的影响；③在水稻基因组上，抗旱基因与产量基因的分布并非完全随机的，有超过5%的遗传区域同时含有1个抗旱基因与1个产量基因，远超随机概率。

那么我们再假想一下，如果自己是远古时期的"稻人"，会如何选育陆稻呢？在雨水充沛的年份，陆稻没有遭受干旱缺水的胁迫，那我们肯定是选择产量高、品质好的材料；而在干旱少雨的年份，陆稻受到干旱胁迫，我们仍会选择产量相对较高的材料。这里，干旱条件下产量较高就是抗旱性最朴素的定义。因此，对陆稻的选择，实际上是对产量与抗旱性的双向选择，有时选择产量、有时选择抗旱性，这就导致有利于抗旱性的等位基因与有利于产量的等位基因，谁都没法取得优势地位，在基因组上就表现出"平衡选择"。

因此，从总体上而言，陆稻抗旱性进化的驱动力是人类对陆稻抗旱性-生产力的"双向选择"，它使陆稻具有更高的抗旱性，但产量潜力则逊于水稻，同时大量有利于抗旱性的等位变异也就被保留在陆稻里。当然，这个结论是针对陆稻基因组全局而言的——当针对特定的抗旱性表型性状，如果决定该性状的基因并不会对水稻的生产力具有多效性的话，也会在"定向选择"的驱动下进化，比如根系介导的避旱性。

最后再来讲一下陆稻的现状。传统的陆稻，因其适应旱作的特点，所以种植区域广泛，主要集中在亚洲、非洲和拉丁美洲，并以山地、丘陵为主，且多为自耕农田。亚洲是陆稻种植最为集中的地区，在我国南部、东南亚以及南亚的部分地区均有大量种植。中国云南省和广西壮族自治区,由于特殊的气候条件,陆稻种植面积较大。这些地区具有悠久的陆稻种植历史,农民积累了丰富的陆稻种植经验,也存在丰富的陆稻种质资源。东南亚国家,如泰国、越南、菲律宾等,由于季风气候的影响,能够在雨季种植陆稻,可充分利用自然降水而无需人工灌溉。非洲大陆的陆稻种植主要集中在东非和西非的干旱地带,如埃塞俄比亚、肯尼亚、尼日利亚等国家,由于干旱和水资源短缺,陆稻代替水稻成为当地重要的粮食作物。拉丁美洲的巴西、哥伦比亚、智利等国家也有旱稻种植,这些国家由于地形多样,陆稻能够在不同的气候条件下生长,尤其是在干旱的高原和河谷地区,对于保障发展中国家人民的粮食安全功不可没。虽然,陆稻的分布广泛,但种植面积仅占栽培稻面积的8%左右,产量占比则不到4%,其平均亩产不足水稻的一半。

在古代,旱稻的种植不需要复杂的灌溉系统,这使得它在许多干旱和半干旱地区得到广泛种植。考古学家在中国南方和东南亚地区发现了大量新石器时代晚期和青铜器时代的旱稻遗址,对这些遗址的发掘显示,早期人类已经掌握了旱稻的种植技术,并且利用自然降雨来满足旱稻的生长需求。与水稻相比,旱稻的种植成本较低,技术要求也相对简单,这使得它成为早期农业的重要组成部分。旱稻在稻作历史上具有悠久的历史,它在古代农业中扮演了重要的角色,尤其是在那些自然条件不佳、灌溉设施不发达的地区。旱稻的出现和传播极大地促进了人类早期农业的稳定和发展。但随着农业技术的进步,尤其是灌溉技术的发展,水稻逐渐取代了旱稻,成为主要的粮食作物。在2 000~3 000年前,中国的许多地区开始广泛采用灌溉技术,水稻种植面积迅速扩大,高产的水稻品种逐渐取代了陆稻。在这些地区,由于水稻具有更高的产量和稳定的生产能力,成为人们的主要粮食来源。到20世纪初,随着现代育种理论与技术广泛运用以及在粮食安全问题的压力下,育种家们更倾向于将高产、优质作为水稻育种和品种改良的首选目标,因此陆稻与水稻之间的差距越来越大。所以,我们看到近几十年来在水稻生产大发展的同时,陆稻的种植面积越来越小,水稻也成了"栽培稻"的代称。而陆稻,在原始稻作中发挥重要作用的生态型,逐步成为默默无闻的路人角色。

那么,陆稻的未来之路该怎么办?

"失之东隅,收之桑榆",我国古代哲学中,得与失总是可以相互转化的,这在栽培稻驯化过程中也得到了淋漓尽致的体现：水稻得到农人们百般宠爱，给足够的水、施足够的肥、不惜劳力插秧除草，使水稻成为粮食界的明星，但长期"娇生惯养"也使它失去了面对逆境的韧性；而被遗忘在角落里的陆稻，虽然暂时失去了成为主角的机会，但也正因为缺水少肥、疏于管理，使它继承并发扬了祖先野生稻对环境的适应性——节水抗旱、耐直播、耐贫瘠、资源节约。环境友好成为陆稻的标签，成为栽培稻育种绿色性状的基因宝库。近年来，随着我们对农业生态安全越来越重视，随着全球气候变化与社会变迁对水稻生产的影响越来越大，绿色基因资源的研究和应用受到了前所未有的重视。因此，陆稻只是在等待一个契机，以便在一个重视生态环境、讲求农业效率的新时代，再次发光发热。

三、水稻的使命与贡献

夏辉　王磊　罗志

介绍完陆稻坎坷但不屈的一生，我们回到水稻身上。如果说陆稻蕴藏着野性与韧性，那么水稻可以说凝聚着我国劳动人民几千年来的血汗与智慧。水稻之于中华民族，不仅仅是最重要的粮食作物，同时也是中华民族文化与精神传承的载体，在我国不同时期的古籍中都可以看到水稻的影子。

在古代，水稻的驯化过程充满着偶然性和随机性。一个优质水稻品种的发现往往能让水稻的发展进程实现阶梯式的跨越。因此，我国先民很早就已经注意到了选种和育种的重要性，通过总结经验，归纳创造出许多行之有效的育种方法。诗云："种之黄茂，实方实苞。"可见，早在西周时期的先民就已经形成了培育良种的概念。汉代的《氾胜之书》记载："取禾种，择高大者。"这句话描写了当时田间的穗选技术，即使现在也并不过时。在西晋郭义恭撰写的《广志》中记载了当时丰富的稻种资源，有"虎掌稻、紫芒稻、赤芒稻、白米稻。"可见在这一时期，我国水稻的良种选育技术有了很大的进步，积累了丰富的稻种资源。到了唐代，水稻种植面积大幅增加，水稻成为人们的主要口粮之一，淮河以南和长江中下游流域的稻作尤为兴盛，才有了"苏常熟，天下足"的说法。可见，水稻生产支撑起了我国千古传颂的"盛唐"。想要回顾唐代水稻的繁盛，都无需翻阅《农家事略》《耒耜经》等农学专著，只要默诵唐代文人的诗篇即可窥见一斑,如"香稻三秋末,平田百顷间"(杜甫),"红粒陆浑稻,白鳞伊水鲂"(白居易),"昌谷五月稻,细青满平水"(李贺)……

到了宋代,发生了一件我国古代稻作史上比较重要的事件,就是'占城稻'的推广与普及。'占城稻'因原产于占城(位于现在越南中南部)而得名,具有耐水耐旱、适应力强、生长周期短的特点。唐末五代,'占城稻'就已经从东南亚经海上丝绸之路来到福建沿海。宋真宗时期春旱频发,严重影响了水稻生产,从而引发饥荒,并威胁到当时宋朝的统治。鉴于'占城稻'抗旱早熟的优点,于是在皇帝的推动下,宋朝开始扩大'占城稻'的种植面积,将其推广至江淮、两浙等地,并取得重大成功。'占城稻'也在各地与当地品种融合后又衍生出一些新品种,如'八十占''寒占城'等。'占城稻'对我国水稻生产的影响比较深远,至今在我国许多稻种资源中仍可以检测到'占城稻'的遗传成分。另外,值得一提的是,在一些史料中,'占城稻'也被认为是陆稻。如果真是这样,那么陆稻在我国水稻发展史上发挥的作用,就远比我们认为的更加重要。

'占城稻'之后,我国水稻生产虽然也有亮点,比如康熙之于御稻米,但水稻产量长期徘徊不前,也确是事实。其中原因众多,但最重要的是缺乏科学知识的引导。直到近现代,随着科学技术的输入,以及我们中华民族科学意识的觉醒和一代又一代"稻人"的努力,水稻科技与生产再一次步入发展的快车道,成为中华民族伟大复兴的一个小小注脚。在中华人民共和国成立到千禧年间的 50 多年里,水稻生产经历了两次重要的变革。

当然,每一次革命和变革并非偶然,而是好几代人的积淀和努力的结果。丁颖先生虽然没有直接参与两次革命,但却是我们必须提到的第一位"稻人",他被誉为"中国稻作科学之父"。早在 1926 年,丁颖先生就利用一株偶然发现的野生稻'犀牛尾'与栽培稻进行杂交选育,培育出水稻新品种'中山一号',创下了世界上第一个把野生稻抵抗恶劣环境的基因转移到栽培稻的成功先例。'中山一号'也是我国水稻近现代育种史上第一个标杆性品种,在两广地区广泛种植达半个世纪之久。20 世纪 30 年代,丁颖先生又利用印度野生稻与我国广东地区的地方种进行杂交选育,培育出水稻新品种'千粒穗',这项成果在当年轰动全球。可以说,丁颖先生是开启中国人自己进行水稻育种时代的代表性人物之一。

而引领新中国水稻育种与生产第一次革命的黄耀祥先生，则是丁颖先生的学生。20世纪初，水稻的平均亩产不到300千克，产量上不去的一个重要原因就是传统的水稻大多是高秆品种，不耐肥、易倒伏，导致收获指数低下。黄耀祥先生早年培育的高产品种'广场13号''广场36号'等，都因为高秆易倒伏，在推广应用时遭遇滑铁卢，因此黄耀祥先生萌生了培育矮秆水稻新品种的想法。品种的矮秆化改良，最重要的是寻找秆矮、节密的种质资源作为亲本。黄耀祥先生利用广西百色地方种资源'矮仔粘'与生产上推广的高秆品种'广场13号'进行杂交并通过系选，在1959年培育出第一个经人工杂交育成的矮秆籼稻品种'广场矮'。'广场矮'的育成，使水稻单产由每亩250千克提高到400千克以上，实现了水稻生产第一次质的飞跃。'广场矮'的选育，比国际上曾轰动一时的奇迹稻'IR8号'还早7年，是20世纪50—60年代由矮化育种带来的粮食产量大幅提高的绿色革命的重要组成部分。曾担任过中国水稻研究所（简称：中国水稻所，下同）所长的熊振民先生对此评价说："矮秆品种的育成并在生产上推广应用，中国比其他产稻国家领先了10年。矮化育种是中国水稻育种史上一个重要的里程碑，在国际水稻研究上也是划时代的成就。"

我国水稻育种的第二次重大革命，则是水稻杂交育种的理论与实践。在这次革命中，有3位重要人物是不得不提的。首先，是大家耳熟能详、被誉为"杂交水稻之父"的袁隆平先生。袁先生之于杂交水稻育种有两个最为重大的贡献：①发表了水稻杂交育种中具有里程碑意义的论文《水稻的雄性不孕性》（《科学通报》，1966），提出了通过杂交水稻提高产量的可能性与实现路径，为我国杂交水稻的发展奠定了理论基础与技术方向；②袁隆平先生的助手李必湖先生于1970年在野生稻群体中发现1株雄性不育株，是为野败型不育株，这是实现三系杂交水稻育种的关键性材料。袁先生团队将制备的不育系种子分享给全国相关科研单位，由此拉开了我国杂交水稻研究与生产应用的大幕。

此外，还有另外两位重量级人物：颜龙安院士和谢华安院士，在以水稻杂交育种理论与实践为引领的第二次水稻重大革命中也功不可没。1972年，颜龙安院士利用野败成功选育成野败型不育系'珍汕97A'和'二九矮4号A'轰动了全国，成为我国首批育成的野败型不育系，敲开了我国杂交水稻"三系"配套的大门。不育系在三系杂交稻中通常被用作杂交的母本,因此颜龙安院士也被称为"杂交水稻之母"。而谢华安先生则带领团队育成我国杂交水稻亲本遗传贡献最大的恢复系'明恢63',并主持育成中国稻作史上种植面积最大的杂交水稻良种'汕优63',真正促成了我国杂交水稻的大发展与大应用。这里说一组数据:'汕优63'累计推广面积近10亿亩,增产粮食近700亿千克,为国家粮食安全做出了重大贡献。

杂交水稻的研发和应用,使我国水稻单产节节攀升,"超级稻"的概念也随之而来。2023年,湖南杂交水稻研究中心培育的超级稻品种'粒两优8022'在位于四川省凉山州德昌县麻栗镇阿月村的"超级稻单季亩产1200千克超高产攻关示范项目"示范田中测得亩产1251.5千克,是至今为止水稻单产的世界纪录,也为以超高产为导向的第二次水稻革命做了一个阶段性总结。

在我国水稻生产两次革命背后不可忽视的是同期我国水稻科研的迅猛发展。20世纪末,我国水稻科研水平相对薄弱,远不如美、日等发达国家。比如在1998年"水稻基因组计划"正式启动的时候,我国科学家在水稻总共12对染色体中仅承担了1对染色体的测序任务,而日本分得了6对染色体。但在接下来的20年里,国家持续资助水稻研发,使我国水稻科研突飞猛进,如今已经屹立于世界之巅。其中,有两个国家级的水稻科研项目值得一提:"水稻功能基因组研究重大专项"(简称"水稻功能基因组")项目与"绿色超级稻新品种培育"(简称"绿色超级稻")项目。

"水稻功能基因组"项目于2002年首次立项,持续资助了4个"五年科技计划"。20多年来,我国在水稻功能基因组研究领域全面布局,绘制了多个代表性水稻品种的基因组精细图谱,绘制了超过5000份水稻品种的变异组图谱;构建了水稻功能基因组技术、资源与信息平台,完成了水稻重要基因的分离、克隆和功能鉴定,在水稻产量、品质、抗逆、营养高效等重要农艺性状的功能基因组方面取得了一批显著的成果。这些成果,使得未来的水稻育种不再是盲人摸象,而可以依据高质量的参考基因组按图索骥,实现高效精准育种。可以说,目前我国水稻科研水平已遥遥领先于世界,中国已经重新成为世界水稻科研的中心,在这一领域率先实现了中华民族的伟大复兴。

"绿色超级稻"的概念由中国科学院院士张启发先生于2004年首次提出,当时称为"绿色水稻"。次年,《分子植物育种》杂志发表了3篇学术论文,分别是张启发院士撰写的《绿色超级稻培育的设想》，中国农业科学院（简称：中国农科院，下同）黎志康研究员撰写的《我国水稻分子育种计划的策略》以及上海市农业生物基因中心（简称：基因中心，下同）的罗利军研究员撰写的《水稻等基因导入系构建与分子技术育种》。3位科学家分别从不同层面和角度思考了同一个问题，即"水稻育种的长远、可持续发展"。由此，"绿色水稻"正式更名为"绿色超级稻"。绿色超级稻的特点可以由20个字概括：少打农药、少施化肥、节水抗旱、优质高产、营养健康。2008年，"为非洲和亚洲资源贫瘠地区培育绿色超级稻"项目在中国政府与比尔及梅琳达·盖茨基金会联合资助下应运而生。该项目旨在培育能更多更好地适应气候变化的绿色超级稻品种，并配套相应的绿色增产增效技术，最大化地发挥绿色超级稻品种在这些目标国家的增产增效作用，促进目标国家农业的可持续发展。"绿色超级稻"的理念与实践表明，我国学界对水稻研发的认知逐渐摆脱了以超高产量为导向的单轨制，进入到一个既强调高产优质，又强调效率的新阶段。

水稻生产的进步与变革，除了不断的种源创新以外，也伴随着配套栽培技术与耕作制度的不断演进。"良种配良法"，品种与栽培技术永远是相辅相成的。在水稻驯化的早期阶段，正是农具的发明和使用，才促成了水稻的高效生产。实际上，栽培技术与耕作制度贯穿水稻发展的每一个关键节点，正是栽培技术的不断变革，才使水稻成为我国的主要粮食作物之一。

公元前3000年的神农时代就有"神农尝百草发明耕种，制造耒耜教民稼穑"的传说。而农耕器具也是稻作考古中不可或缺的证据。耒耜、犁、镰等工具也极大地促进了水稻早期生产力的发展，促成了水稻成为中华民族主粮之一。我国古代稻作技术长期引领世界，在我国古代农学典籍中有着丰富的著述。比如，我国五大农书都记载有传统稻作技术，从中可以发现我国水稻栽培技术逐步发展的脉络。

西汉的《氾胜之书》中记载："区田以粪气为美，非必须良田也。诸山、陵、近邑高危、倾坂及丘城上，皆可为区田。种稻，春冻解，耕反其土。种稻区不欲大，大则水深浅不适。冬至后一百一十日可种稻。稻地美，用种亩四升。始种，稻欲温，温者，缺其塍，令水道相直；夏至后，大热，令水道错。"书中提出了区田法，这是汉代推行的一种抗旱丰产耕作法。

北魏《齐民要术》中记载："稻苗长七八寸，陈草复起，以镰侵水芟之，草悉脓死。

稻苗渐长,复须薅。薅讫,决去水,曝根令坚。量时水旱而溉之。将熟,又去水。"首次提到稻田排水干田对于防止倒伏、促进发根和养分吸收的作用;现在水稻生产中流行的间灌法也来源于古人的智慧。

宋代的《陈旉农书》是我国现存第一部有关南方水稻种植区农业生产技术的著作,其中详细记录和总结了江南水稻栽培技术:"于秋冬即再三深耕之,俾霜雪冻冱,土壤苏碎""春二月又再耕,名曰耘田""早田获刈才毕,随即耕治暴晒,加粪壅培,而种豆麦蔬茹,以熟土壤而肥沃之"……这些记载都表明,宋代传统水稻栽培模式已经趋向精耕细作,水稻也更加"娇生惯养"。值得一提的是,南宋《宁国府劝农文》中有记述:"大暑之时,决去其水,使日曝之,固其根,名曰靠田;根既固矣,复车水入田,名曰还水""还水以后,苗日以盛,虽遇旱暵,可保无忧"。可见古人也一直在与干旱缺水作斗争,总结出许多沿用至今的有效栽培措施。

元代的《王祯农书》中百谷谱对水稻的特点与种植方式做了简要的归纳:"然非水则无以生,故种艺之法,宜选上流出水,便其性也"(指出了水稻对水的依赖性),"三月种者为上时,四月上旬种者为中时,中旬为下时"(介绍当时种稻的农时)。"又有作为畦埂耕耙,既熟,放水匀停,掷种于内,候苗生五六寸,拔而秧之"(可见那时育秧移栽已经是江南水稻种植的主流模式)。有意思的是,《王祯农书》百谷谱中还对旱稻进行了描述:"稻之名一,水旱名异,水稻宜近上流,旱稻宜用下田""其高田种者,不求极良,惟须废地""今闽中有得占城稻种,高仰处皆宜种之者,谓之旱占。其米粒大,且甘为旱,稻种甚佳"。因此,对栽培稻节水抗旱特性的追求,古已有之。

明代徐光启《农政全书》总结了明代的农业科学技术,对水稻种植栽培技术也做了全面细致的阐述:"水利,农之本也,无水则无田矣""田有良薄,土有肥硗。耕农之事,粪壤为急。粪壤者,所以变薄田为良田,化硗土为肥土也"。上面两句强调了良好的水、肥条件对于农作的重要性。"凡高仰田,可棉可稻者,种棉二年,翻稻一年,即草根溃烂,土气肥厚,虫螟不生。多不得过三年,过则生虫。"指出通过棉-稻轮作对于养土、控虫的作用。

随着科技的进步,稻作技术也不断更新。中国在继承传统智慧的同时,发展了高效的现代栽培技术。中华人民共和国成立后,化肥和农药的使用显著提高了水稻产量,同时高标准农田和水利设施的建设确保了水资源供应,推动了水稻研究和生产。近30年，机械化种植技术的兴起，如机械化插秧和直播，以及覆膜种植和间歇式灌溉等栽培模式的创新，标志着水稻栽培正朝着绿色和简化方向发展。未来水稻生产的变革将基于科学进步，结合绿色种源创新和简化栽培技术。

最后，用一组数据来说明水稻对我国乃至世界的意义与贡献。我国常年水稻种植面积占到全世界的近20%，产量多年保持在2亿吨以上，是世界最大的水稻生产国，播种面积居世界第二，而稻谷总产量居世界第一。我国约60%的人口以大米为主食。2023年，我国粮食产量约69540万吨，其中稻谷产量20660万吨，占比29.7%，是小麦的1.5倍，大豆的10倍，仅次于玉米。如果看单产，水稻则高居第一。2023年，全国粮食作物平均亩产为：豆类132.5千克，薯类285.1千克，小麦385.4千克，玉米435.5千克，而水稻则高达475.8千克。最后，也要提一句，2023年我国稻米消费量为20091万吨，产销刚好平衡。但是，如果考虑到全球气候变化与国际社会关系重塑下潜在的粮食危机，我国水稻研发与生产之路依然艰巨。

四、困境与挑战

夏辉　王磊　罗志

自水稻成为我国人民的主要口粮以来，水稻生产虽然经历了多次革命性的飞跃，但最近20年中产量进一步提升面临着多重困境。

首先，水稻生产受到如下各类资源制约。

第一，水资源，也是最主要的资源困境。水稻水田种植的特点虽然有抑制杂草生长，利于土壤肥力增加、养分富集等优势，但这种模式消耗了巨量的淡水资源。据统计，全国水稻灌溉用水占农业用水总量的70%以上。南方地区每亩水稻田灌溉用水量高达5000立方米以上，在北方也有2000～4000立方米，远高于小麦、玉米、高粱等旱地作物数百立方米的灌溉用水量，1吨水往往产不出500克大米。当然，水田灌溉用水中的相当一部分并非被水稻吸收，而是通过蒸发、渗漏等途径白白散失了。虽然晒田等耕作技术能够在不显著降低水稻产量的前提下减少水田灌水量，但依然无法完全改变水稻灌溉用水显著高于其他粮食作物的现状。不巧的是，我国是一个缺水大国，人均水资源量只有2300立方米，仅为世界平均水平的

1/4，每日缺水约1500万立方米。就农业而言，我国每平方米耕地用水量仅2.65立方米，只有世界平均水平的3/4。我国很多缺水的地方，通常需要挖几十米的深井，才能满足水稻种植需求（图1-7）。此外，我国降雨也存在时空分布不平衡的特点，这也进一步加剧了水资源短缺问题的复杂性，严重制约了水稻生产。因此，如果有下一次水稻生产的变革，那一定是重塑水稻与水的关系。

图1-7·黑龙江省正在抽水灌溉农田

第二，是肥料资源。以氮肥为例，在水稻生产中，施用氮肥是获得高产的关键措施，氮肥也是农民最常用的一种肥料。据统计，我国水稻生产所消耗的氮肥占世界水稻生产氮肥总消耗量的37%，且比例逐年增长。对于农民最常用的两种氮肥——尿素、碳铵来说，水稻生产上氮素损失率为50%～70%，旱作农田损失率为40%～65%。超级稻之所以被称为"超级"，不仅是因为高产、大穗、茎秆粗壮、抗倒性强，还因为耐肥。当农民应用这些新品种或组合时，通常会施用更多的氮肥以获得高产。因此，新育成的水稻品种或组合对氮肥反应的敏感性降低，导致氮肥利用率低，而且这一问题会因农民实际施氮量的增加而进一步加剧。氮肥如此，磷肥、钾肥也是如此。因此，新的水稻育种，必须解决耐贫瘠与养分高效利用的问题；新的水稻生产，也必须研发出绿色节肥栽培模式。

第三，是土地资源。根据国家统计局的统计，水稻育种与栽培技术不断取得重大突破，但平均产量却长年徘徊在475千克（图1-8）。抛开统计口径带来的些许误差，最主要的原因是高产及超高产的水稻品种对良好的水肥条件比较依赖，因此在灌溉条件不足、土壤肥力低下的中低产田无法实现其产量潜力，而中低产田占我国所有耕地面积约70%,这就严重拖累了水稻平均产量的提高。另外,我们也需要看到,水稻不仅平均产量长期徘徊不前,种植面积也有下降趋势。这是因为,一方面中低产田种稻效益低下,水肥使用成本较高,因此许多耕地不得不面对弃耕弃种的困境,也使得不少地区面临严重的土地撂荒问题;另一方面,水稻对水肥条件的依赖,也限制了其在水田以外土地的种植,不利于拓展新的种植场景,增加种植面积。

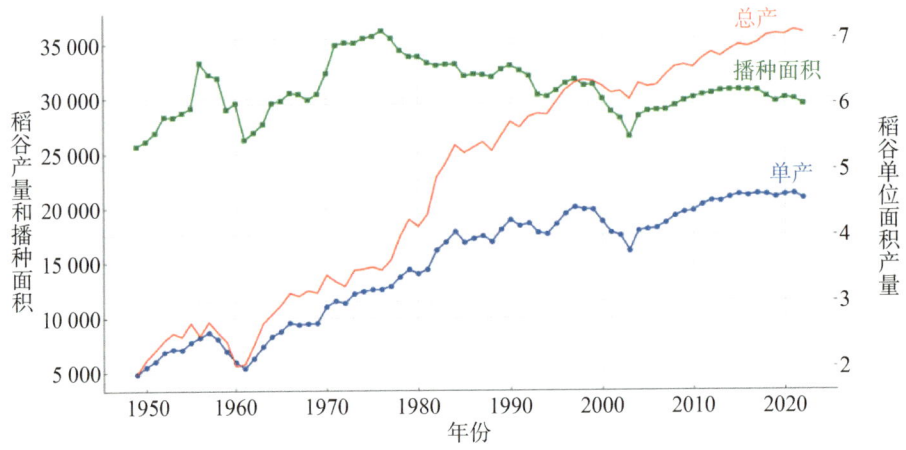

图1-8·我国水稻单产、总产和播种面积变化趋势 (数据来源:国家统计局)

第四,就是劳动力资源。传统的水稻生产是一个劳动密集型产业,育秧、移栽、水肥管理……每一个环节都需要悉心投入,自然就需要大量的劳动力。但现在,农村与农业面临的一个新问题是:上一代农民年纪渐长、力不从心,逐渐退出生产一线;新一代掌握新知识、新技术与新理念的新农民还没有完全就位,年轻人就业选择时对于从事一线农业生产的兴趣低下。如果再不改变传统水稻的种植模式,五年十年以后就会遇到"无人种地"的困境。

其次,水稻生产也面临着环境与气候带来的严峻挑战。

目前,全球气候变化日益加剧,各类极端气候频繁出现,近几年来降雨的时空不均衡性愈发严重,地区性的重大干旱、水涝频发,大面积持续高温气候也屡见不鲜。极端气候频发及其不可预测性,显而易见会对"娇生惯养"的水稻生产带来重大不利影响。比如,2022年江淮流域经历了一场持续1个多月的大旱并伴随着持续高温，就对多地的水稻生产造成了严重影响，导致很多稻田颗粒无收（图1-9）。这给我国当年粮食丰收造成了一些影响。2024年，华南地区、长江流域又相继出现了百年难遇的持续强降雨与洪涝灾害，对当地的水稻生产也造成了许多不良影响。因此，最近这几年来，"环境韧性"成为水稻研发中的一个热门词汇，培育适应多变环境，能在极端气候下获得稳定产量的水稻新品种成为育种的一个重要目标。

图1-9·2022年江淮流域旱情导致稻穗空瘪 （图片来源：中华粮网）

环境与水稻间的相互作用不是单向的，水稻生产也会给环境与气候带来困境。自从习近平总书记提出"绿水青山就是金山银山"的"两山"理论以来，我国对农业生态环境日益重视，传统水稻种植对环境的影响颇受关注。其中，最主要的是农业面源污染以及温室气体排放。面源污染是没有固定排污口的环境污染，而农业面源污染则是指农业活动过程中产生的未经合理处置的污染物，在降水和径流冲刷的作用下发生渗透，进而对水体、土壤、空气及农产品造成污染。各种农业活动均可能导致面源污染，但水稻由于其生产种植过程中需要经历多次灌水、放水，因此产生的面源污染问题比旱田作物严重得多。施用于水田中的化肥、农药和除草剂等很容易随灌溉水的排放而进入自然水体，导致水体富营养化，水中的浮游生物因富含氮、磷养分的污水而大量繁殖，并迅速耗尽水中的溶解氧，进而导致鱼、虾等水生生物乃至浮游生物自身因缺氧而死亡,这些生物尸体残渣因缺氧而难以被微生物分解,逐渐使得原本正常的自然水体发黑发臭,从而影响生产生活用水安全。

水稻温室气体排放,主要是指稻田排放的甲烷(CH_4)气体。甲烷是天然气、可燃冰和沼气的主要成分,同时也是除二氧化碳外最重要的温室气体。以全球增温潜势评估,甲烷的温室效应是二氧化碳的 25 倍。因此,尽管甲烷在空气中的含量比二氧化碳低得多,但对全球变暖的影响仍然是不可忽视的。水稻田之所以是这两种温室气体的重要排放源,与稻田的淹水环境有重要关系。淹水条件下土壤中含氧量极低,因此厌氧菌以土壤中的有机物残渣为原料大量繁殖,并源源不断地产生甲烷,整块稻田仿佛成了一个天然的沼气池(图 1-10)。据估计,稻田甲烷排放量占全球因人类活动而引起甲烷排放的 10% 以上。更为严峻的是,稻田温室气体排放导致全球温度上升,温度上升则会进一步促进稻田温室气体排放……这样就在水稻生产中形成了一个"死循环"。

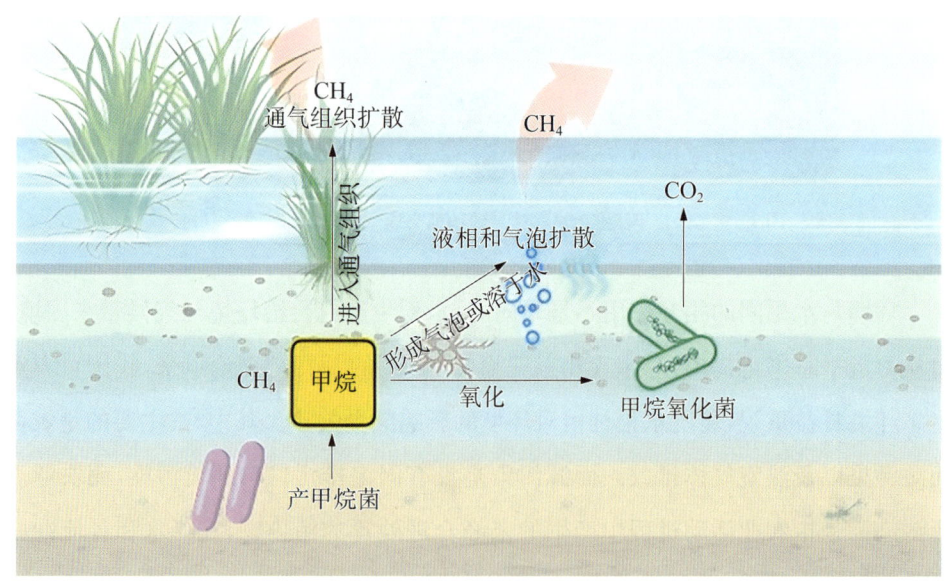

图 1-10 · 稻田甲烷排放模式

水稻面临的最后一个困境,则是它自身的基因"缺陷"。水稻在驯化过程中,人们对它倾注了无与伦比的关心,逐步发展出一套适合当时我国国情的精耕细作栽培模式,促成水稻成为我们中华民族的主要口粮。但在这样长期的"娇生惯养"条件下，也使水稻逐步丧失了对多变环境的适应性。比如水稻依赖水且不宜旱种、耐高肥但不耐贫瘠，许多与环境适应相关的遗传多样性下降，丢失了许多重要绿色性状（如抗旱、耐盐碱、耐高温、耐直播等）。这也是目前水稻生产遭遇的各种困境的内在根源。只有借助现代生物技术与育种方法，让水稻在保持高产优质的同时，拾回曾经拥有的绿色性状，才能从根本上解决水稻生产面临的所有困境。

综上所述，水稻生产正走在传统与未来的十字路口，亟须寻找到一条绿色可持续发展的道路，而绿色种源创新之路就是其中之一。所谓绿色种源创新，就是针对能实现"资源节约、环境友好"的绿色性状，如节水抗旱、养分高效、抗病抗虫、耐直播、耐高温、耐盐碱等开展种质创新。"绿色超级稻"的内涵，是指在高产优质的基础上同时兼有对多种病虫害的抗性、对肥料的高效吸收利用，以及较强的抗旱性或抗逆性等绿色性状的水稻新品种，从而实现"资源节约、环境友好"的可持续模式。除了理念的改变，育种技术的发展也日新月异。2010年前后，水稻育种就进入基因组时代。根据水稻功能基因组学研究进展，目前已经发掘和研究的水稻绿色基因资源超过500个，为未来水稻绿色性状的改良提供了良好的基础。在此基础上，分子设计育种与全基因组选择育种等新技术也在逐步开展，这些种源创新的新理念、新理论、新技术的形成与发展，为下一次水稻生产革命做好了思想、理论与技术上的储备。当然，种源创新的出发点始终是种质资源。虽然陆稻种质资源长期以来不受重视，但有越来越多的人开始关注陆稻身上具备的绿色性状及其应用潜力。目前，在我们国家的种质资源库里，躺着数以千计的陆稻种质资源，在这些小小的种子里蕴藏着未来农业所亟需的绿色基因资源，正摩拳擦掌等待着为我国绿色水稻生产贡献力量。

除了绿色种源创新之外，新的变革也需要配套的绿色轻简栽培模式与耕作制度保驾护航。就像前文提到的一样，水稻生产中的每一次革命，都与品种与栽培技术相关。所幸，在这一领域，也有许多科研工作者们始终孜孜不倦地探索着水稻生产绿色轻简栽培模式。在节约灌溉用水方面，新型水稻旱作技术正在逐步完善成熟，机械覆盖可降解膜配合膜下滴灌的旱种旱管模式，不仅能保温保墒，还能有效抑制杂草生长，可使水稻生产节水50%以上。该技术在相对缺水的北方稻区已得到广泛应用，并取得了良好的经济和生态效益。在减少稻田温室气体排放方面，研究人员提出了更多样化的方法:降低氮肥用量以减少土壤中氮素积累,从而减少氧化亚氮(N_2O)排放;采用旱作或雨养方式种植水稻,以及稻-麦、稻-玉米、稻-菜轮作等方式让土壤更长时间保持透气富氧状态,从而抑制厌氧的产甲烷细菌和反硝化细菌的繁殖;秸秆还田、生物质炭等除了能够改良土壤性质、提升土壤肥力外,还能将更多的碳固定在土壤中。此外,全过程机械化种管栽培技术、智慧化无人农场技术的发展也日新月异。所有的新技术正在等待一个主角的出现,从而使它们英雄有用武之地。

有了国家政策的保驾护航,具备了绿色种源创新与栽培技术革新的基础,当这两条路汇于一道,水稻生产的再一次变革即将开启……

第二章
稻亦有道——节水抗旱显锋芒

一、节水抗旱稻问世记

刘毅

2016年4月,中华人民共和国农业部正式颁布实施《节水抗旱稻 术语》(NY/T 2862-2015)农业行业标准,标志着这一兼具水稻高产、优质和旱稻节水抗旱特征的新型栽培稻得到行业的认可,在节水抗旱稻发展历程中具有里程碑式的意义。2018年,全国农业技术推广服务中心(简称:全国农技中心,下同)启动国家特殊类型节水抗旱稻区域试验,拓展了节水抗旱稻品种审定渠道,极大地推动了节水抗旱稻的发展。那么,节水抗旱稻这一粒种子是从什么时候开始萌芽的呢?通过节水抗旱稻发明人——罗利军研究员的回忆,我们可以一探究竟。

(一) 与农结缘

罗利军的故事,是一段与土地、农业和科研紧密相连的旅程。他的童年在湖北省崇阳县的田野中度过,那里绿意盎然和稻香四溢的环境,孕育了他对农业的无限憧憬。1978年,他跨入华中农业大学的校门,开启了他的农学之旅。

在大学期间,罗利军不仅深入学习了农业科学的理论,更在实践中锻炼了自己。他参与了杂交水稻的推广工作,亲身体验了农民的辛劳与智慧。这段经历,让他深刻理解到农业科技必须紧密结合农民的实际需要才能真正发挥其价值。他在后来的一次采访中回忆道:"我与土地有着天然的亲近感,从小就对农业充满热爱。"

大学毕业后,罗利军被分配到原武昌县农业局农业推广站做技术员,致力于杂交水稻的推广。在田间地头,他与农民一同劳作,一同观察水稻的生长,一同解决水稻种植中遇到的问题。这段时间,他不仅积累了宝贵的实践经验,而且对农业有了更深层次的认识,产生了更深的感情。正如他所说:"在农田里,我学会了倾听土地的声音,感受作物的生长。"

1984年,由于深感专业知识不足,他再次踏入校园,师从华中农业大学谢岳峰教授攻读硕士学位,硕士毕业后进入位于杭州的中国水稻研究所工作。当时,我国前期的品种资源考察已经结束了,中国水稻研究所要承担水稻品种资源的收集保存任务,因此罗利军被分配到品种资源系。其间,他认为水稻品种资源仅仅收集保存起来还不够,更重要的是评价、研究和利用,所以就成立了一个评价利用研究组。随后,罗利军赴国际水稻研究所[简称:国际水稻所(IRRI),下同]进修9个月,学习有关稻种资源的考察、搜集、鉴定、整理、编目、保存、评价和创新利用的基本原理和方法,这为今后陆稻种质资源的研究、利用奠定了基础。

(二) 陆稻的震撼

1988年,罗利军在广西进行稻种资源考察过程中,被山坡上生长的传统陆稻深深吸引。这些陆稻在缺乏灌溉的环境下,仅靠自然降水便能茁壮成长,彰显出它们顽强的生命力。罗利军站在山坡上,凝视着那一片片坚韧不拔的旱田,内心涌现出一股强烈的愿望:若能将陆稻的节水抗旱特性与水稻的高产优质特性相融合,那将是一项多么了不起的创新!正是在这一刻,节水抗旱稻种子的孕育之旅悄然开始。

后来,在国际水稻研究所的资料室里,一篇经济学家的文章再次触动了他的神经:农业用水占人们总用水量的70%,而水稻用水又占了农业用水的70%。这两个惊人的数字,让他意识到水稻研究是水和稻两个问题的研究,水稻的发展必将受到水资源的制约,因此更加坚定了他研究节水抗旱稻的决心。他在笔记中写道:"中国是贫水大国,水稻生产用水量巨大,我们必须找到一种方法,既能保持水稻的高产,又能大幅减少(水稻生产的)用水量。"

在随后的日子里,罗利军带领团队深入陆稻种植区,进行了一系列的田间试验和品种选育。他们在山坡上、在干旱的土地上，一年又一年地播种、观察、记录。旱稻的耐旱性、生长周期、产量潜力等特性，逐渐清晰地展现在他们面前。罗利军在一篇论文中写道："陆稻的生长不需要大量的水分，这一点对于我国水资源紧缺的现状具有重大意义。"

(三) 亚种间杂交的启示

在中国水稻研究所工作期间，罗利军主持了"水稻广亲和资源鉴定、评价和利用"项目的研究工作，1994年他带领团队育成了我国首个三系法亚种间杂交稻'协优413'，并基于"籼粳亚种间杂种优势利用"获得了国家发明专利"一种杂交水稻的育种方法"的授权，这一成果证明了通过亚种间的杂交，可以有效利用杂种优势，提高水稻的产量和抗逆性。罗利军提道："我们往往希望利用好籼稻和粳稻之间遗传距离比较远这一特点，遗传距离越远，就意味着杂种优势就越强。"这一理念为后续的"水陆杂交培育节水抗旱稻"研究奠定了基础性的指导原则。在随后的研究中，罗利军团队不仅关注了水稻的高产特性，更将目光投向了陆稻的节水抗旱能力。他们广泛收集陆稻资源，通过科学的鉴定和筛选方法，逐步建立起一个抗旱性评价体系。在这个过程中，罗利军深刻体会到了理论与实践相结合的重要性，他曾说："只有将研究成果写在大地上，才能真正解决农业面临的问题。"

(四) 节水抗旱稻的萌芽

早期的研究工作是广泛引进陆稻种质资源，并对其进行筛选鉴定和系统选育，育成的'中旱3号'等也通过了国家旱稻品种审定，但还是存在若干问题：首先，概念界定不够明确，育成品种与传统陆稻之间的差异较大；其次，抗旱性鉴定评价的方法过于简化，无法准确反映作物实际的抗旱能力。

2002年，罗利军团队被引进到上海市农业生物基因中心，并开始水稻抗旱性研究的国际合作，建立了科学的田间抗旱性鉴定设施和评价体系，构建了抗旱核心种质，并对避旱性、耐旱性、水分利用效率等不同抗旱类型进行深入研究。

2003年，基于水陆稻配组，结合田间高强度胁迫筛选注重抗旱不同机制与产量、米质的整合，育成首个节水抗旱稻三系不育系'沪旱1A'（图2-1，图2-2），并

图 2-1 · '沪旱 1A'鉴定会

图 2-2 · '沪旱 1A'(左)与'沪旱 1B'(右)

成功实现三系配套,杂交组合'旱优 2 号''旱优 3 号'通过上海市品种审定,'沪优 2 号'参加国家南方水稻区域试验并通过审定,标志着其产量潜力和米质均达到当时杂交水稻的水平,节水抗旱稻从理论走向实践,从实验室走向田间。

2009 年,罗利军在第三届国际干旱大会上提出的"节水抗旱稻"理念,不仅是对现有水稻育种理念的一次大胆创新,更是对未来农业发展方向的一次深刻洞察。他在国际权威期刊《实验植物学期刊》(*Journal of Experimental Botany*)上发表的论文中指出:"节水抗旱稻的发展,为应对资源与环境的严峻挑战提供了较好的解决方案。"这一理念的提出,立即引起了国内外农业科研界的广泛关注。

2016年,《节水抗旱稻　术语》(NY/T 2862-2015)的颁布(图2-3),为节水抗旱稻的研究、育种和推广提供了标准化的术语和定义,这在节水抗旱稻的发展史上具有里程碑式的意义。2018年,国家特殊类型节水抗旱稻区域试验的启动,为节水抗旱稻的品种审定和推广开辟了新的渠道,极大地推动了节水抗旱稻的发展。2022年,罗利军及其团队在国际权威期刊《分子植物》(*Molecular Plant*)上提出"水稻蓝色革命"的理念,即通过发展节水抗旱稻,实现旱作栽培,使水稻摆脱对水的依赖,大幅度减少面源污染和甲烷排放。

图2-3·节水抗旱稻　术语

(五) 突破与挑战

研究节水抗旱稻并非一帆风顺。在探索的道路上,罗利军及其团队遭遇过诸多挑战。他们必须解决的关键问题包括:如何确保水稻在高产的同时,也具备旱稻的节水抗旱特性,以及如何确保节水抗旱稻在不同的生态环境中均能展现出良好的适应性。这些问题都需要他们逐一攻克。

罗利军曾说:"在节水抗旱稻的培育过程中,我们遇到了许多难题,但每一次克服困难,都让我们对节水抗旱稻的理解更加深入。"他们通过不断地试验和筛选,终于找到了一条可行的育种路径:通过分子标记辅助选择、基因编辑等现代生物技术的应用,结合传统的杂交育种方法,逐步改良和提升了节水抗旱稻的性状。

(六) 未来展望

节水抗旱稻的成功培育,不仅仅是农业科技的一次重大突破,更是对传统农业种植模式的一次深刻变革。它不仅能够大幅减少水稻种植过程中的水资源消耗，还能降低化肥和农药的使用量，减少对环境的影响，提高农业生产的可持续性。

未来节水抗旱稻的研究和应用前景广阔。随着全球气候变化和水资源短缺问题日益严重，节水抗旱稻的推广将对保障世界粮食安全和应对环境挑战发挥重要作用。节水抗旱稻的研究成果已经引起了国际社会的广泛关注。在多次国际会议上，罗利军分享了节水抗旱稻的培育经验，展示了其在农业生产中的潜力和价值。他提出的理念和取得的成果得到了国际同行的高度评价和认可。

此外，节水抗旱稻的推广也得到了国际组织的支持。例如，比尔及梅琳达·盖茨基金会对节水抗旱稻的研究给予了资助，推动了其在亚洲、非洲多国的示范推广。这表明，节水抗旱稻不仅在中国有着广阔的应用前景，更有可能为全球农业可持续发展做出重要贡献。尽管节水抗旱稻已经取得了显著的研究成果，但罗利军和他的团队并没有停止探索的脚步。他们继续在节水抗旱稻的遗传机制、育种技术、栽培方法、全产业链等方面进行深入研究，以期进一步提高节水抗旱稻的性能和适应性。

节水抗旱稻的问世，是罗利军和他的团队多年辛勤工作的结果，也是中国农业科技创新的缩影。这一成果不仅体现了科研人员的智慧和努力，更展示了中国在全球农业可持续发展中的重要作用。

随着节水抗旱稻的进一步研究和推广，我们有理由相信，这一绿色、高效的农业生产模式将为解决全球粮食安全和环境问题提供有力的支持。正如罗利军所说："节水抗旱稻是我们对未来农业的一次美好憧憬，也是我们对蓝色地球的一份深情告白。"

二、节水与高产同样重要

毕俊国

水稻是世界上最重要的粮食作物之一，也是中国最主要的粮食作物。长期以来，水稻高产一直是农业生产追求的首要目标。然而，随着全球水资源日益紧张，水稻的节水问题已经成为与高产同等重要的议题。

(一) 水资源紧缺是水稻节水的首要动力

1. **全球水资源形势严峻** 水是生命之源,是人类赖以生存和发展的基本资源。然而,随着全球人口增长和经济发展,水资源短缺已成为全球性问题。据联合国数据显示,目前全球约有 20 亿人生活在水资源严重短缺的地区,到 2025 年这一数字可能会上升到 35 亿人。农业用水占全球淡水消耗的 70% 左右,其中水稻种植多采用淹灌模式(图 2-4),用水量巨大,约占农业用水的 70%。在水资源日益紧张的背景下,提高水稻灌溉用水效率,实现节水增产,已成为全球农业发展的重要课题。

图 2-4 · 水稻的水分管理

2. **中国水资源状况堪忧** 中国是一个水资源严重短缺的国家。虽然中国水资源总量居世界第六位,但人均水资源量仅为世界平均水平的 1/4,是世界上 13 个最缺水的国家之一。同时,中国水资源时空分布不均,北方地区水资源尤为紧张。水稻是中国第一大粮食作物,种植面积约 200 万公顷(3 亿亩),年产量超过 2 亿吨。在水资源紧缺的情况下,如何在保证水稻产量的同时实现节水,是中国农业面临的重大挑战。

3. **气候变化加剧水资源压力** 全球气候变化导致极端天气事件频发,进一步加剧了水资源压力。一方面,干旱频率和强度增加(图 2-5),导致农业用水需求增加;另一方面,暴雨、洪水等极端天气事件增多,造成水资源时空分布不均与浪费。水稻作为需水量大的作物,更容易受到气候变化的影响。因此,提高水稻抗旱能力,改善灌溉系统,实现精准灌溉,对于应对气候变化、保障粮食安全具有重要意义。

图 2-5 · 旱灾对水稻生产的影响

(二) 粮食安全需求与水资源约束的矛盾

1. **人口增长对粮食需求的压力** 随着全球人口不断增长,粮食需求持续增加。据联合国预测,到 2050 年全球人口将达到 97 亿,粮食需求量将比 2005 年增加 70%。作为主要粮食作物,水稻产量的增加对保障全球粮食安全至关重要。然而,在水资源紧缺的情况下,如何在有限的水资源条件下实现水稻增产,是一个巨大的挑战。

2. 有限耕地资源制约产量提高 全球可耕地面积有限，且呈现下降趋势。城市化、工业化、生态保护等因素导致耕地面积不断减少。在耕地资源有限的情况下，提高单位面积产量成为增加粮食产量的主要途径。传统的高产栽培模式往往依赖大量灌溉用水，这与水资源短缺的现实相矛盾。因此，探索节水高产的栽培模式，实现水资源利用效率和粮食产量的双重提升，成为解决这一矛盾的关键。

3. 水稻生产与其他用水需求的竞争 随着工业化、城镇化的推进，工业用水和生活用水需求不断增加，与农业用水形成竞争。在许多地区，水资源短缺已经成为制约农业发展的瓶颈。水稻作为耗水大户，面临着来自其他行业的用水压力。如何在有限的水资源条件下保证水稻生产，同时兼顾其他行业用水需求，是一个亟待解决的问题。

(三) 生态环境保护的迫切需求

1. 过度灌溉导致的生态问题 传统的水稻灌溉方式往往采用大水漫灌，不仅造成水资源浪费，还带来一系列生态问题。过度灌溉可导致土壤盐碱化、地下水位上升、土壤结构被破坏等问题，同时大量抽取灌溉用水则会导致地下水位下降，从而引发地面沉降、地裂等地质灾害。此外，过度灌溉还会增加农田温室气体排放，加剧全球气候变化。

2. 水质污染问题日益严重 农业是水质污染的重要污染源之一。水稻生产中过量使用化肥和农药，会导致氮、磷等营养元素和有害物质随灌溉排水进入自然水体，造成水质富营养化。同时，大量抽取灌溉用水会导致地下水位下降，引发地下水污染。水质污染不仅影响生态环境，还威胁人类健康和其他生物的生存。因此，水稻节水灌溉不仅可以减少用水量，还能降低农田排水量，减少水质污染。

3. 维护生态系统平衡的需求 水是维持生态系统平衡的关键要素。过度取水会破坏河流、湖泊、湿地等水生态系统，威胁生物多样性。在一些地区，为了保证农业灌溉用水，甚至出现了断流、湖泊水面萎缩等生态灾难。实施水稻节水灌溉，可以减少农业用水量，为生态用水留出空间，有利于维护生态系统平衡，保护生物多样性。

(四) 经济效益与可持续发展的考量

1. 节水灌溉可降低生产成本 水稻灌溉用水量大，因此水费在生产成本中占有较大比重。实施节水灌溉,可以显著降低用水量,从而减少水费支出,降低水稻生产成本。同时,节水灌溉还可以减少抽水、输水等过程中的能源消耗,进一步降低成本。此外,节水灌溉技术的应用还可以提高肥料利用效率,减少肥料流失,从而降低肥料投入。

2. **提高水资源利用效率,增加经济效益**　水资源的稀缺性决定了其具有重要的经济价值。提高水资源利用效率,可以在相同水资源投入条件下获得更高的经济产出。节水灌溉技术的应用,可以显著提高水稻的水分生产率(即单位水资源投入产生的粮食产量),从而实现水资源的高效利用。同时,节约的水资源可以用于其他高附加值作物种植或工业生产,创造更高的经济效益。

3. **促进农业可持续发展**　可持续发展是当今世界的主题,农业可持续发展是其中重要的组成部分。水稻节水与高产并重,符合可持续发展的要求。一方面,节水技术的应用可以减少水资源消耗,保护水资源;另一方面,高产技术的应用可以提高土地生产力,减少对新增耕地的需求,保护生态环境。两者结合,可以实现资源节约、环境友好、经济高效的可持续发展模式。

(五) 节水与高产技术的协同发展

1. **节水栽培技术的进步**　近年来,节水抗旱稻的节水栽培技术取得了显著进展。节水抗旱稻是在水稻科技进步的基础上,引进旱稻节水、抗旱特性选育而成一种新的栽培稻类型。在栽培技术的配套上,需要根据其栽培特性,集成创新性的栽培技术。"节水抗旱稻旱直播节水栽培技术"是经过多年研究和不断完善,契合节水抗旱稻栽培特性的一项栽培技术(图 2-6)。在技术的研究过程中,首先建立了节水抗旱稻耗水量测定的栽培装置和方法体系,明确了节水抗旱稻的最佳耗水量和关键需水期,阐明了节水抗旱稻水分高效利用的生理机制。在此基础上,建立了节水抗旱稻水分管理技术。其次,解析节水抗旱稻在节水条件下的氮、磷利用特征,阐明节水抗旱稻磷高效的生理机制,并在此基础上,明确节水抗旱稻的氮、磷施用方式,建立了节水抗旱稻的氮、磷施用技术。最后,明确了节水抗旱稻耐直播的特性,解析了节水抗旱稻耐直播的遗传基础,并在此基础上研发了旱直播条件下提高发芽率和成苗率的种子处理技术,同时根据节水抗旱稻田杂草的发生规律,提出

图 2-6 · 节水抗旱稻旱直播节水栽培技术

了"播前灭茬、播后苗前封闭和苗后茎叶处理"的杂草防治方案。

2. 节水抗旱稻品种的培育　培育抗旱品种是实现水稻节水与高产的重要途径。通过常规育种和分子育种技术，科研人员已经培育出一批耐旱性强、水分利用效率高的节水抗旱稻品种。这些品种在节水条件下仍能保持较高产量，为水稻节水增产提供了重要支撑。

（六）未来展望与挑战

1. 技术创新的持续推进　未来水稻节水与高产技术将继续向精准化、智能化方向发展。如物联网技术、大数据分析、人工智能等新技术应用，将为水稻精准灌溉提供强大支持。同时，生物技术的进步将有助于培育更多耐旱、高产的水稻品种。

2. 气候变化带来的不确定性　气候变化给水稻生产带来了新的挑战。极端天气事件频发、水资源时空分布变化，都会对水稻生产造成影响。如何在气候变化背景下实现水稻节水与高产,需要更多的研究和技术创新。

3. 水资源管理体制的完善　　未来需要进一步完善水资源管理体制,建立更加科学、合理的水资源分配机制。如何在不同用水主体间合理分配水资源,如何建立有效的水权交易市场,都是需要解决的问题。

4. 小农户与现代农业的矛盾　　中国农业以小农户为主,这与推广现代节水灌溉技术存在一定的矛盾。如何在小农经济条件下推广节水技术,如何整合小农户实现规模化经营,是未来面临的重要挑战。

5. 全球粮食安全与水资源保护的平衡　　在全球人口持续增长的背景下,如何在保障粮食安全和保护水资源之间找到平衡点,是人类面临的长期挑战,需要国际社会的共同努力和集体智慧积极应对。

水稻节水与高产同等重要,这不仅是当前水资源短缺形势下的必然选择,也是实现农业可持续发展的必由之路。它涉及水资源管理、粮食安全、生态环境保护、经济效益等多个方面,需要从技术创新、政策支持、管理措施等多个层面综合推进。

未来,随着科技进步和管理水平的提高,水稻节水与高产的矛盾将得到进一步缓解。但同时,气候变化、人口增长等因素还会带来新的挑战。因此,我们需要保持对水资源问题的高度重视,持续推进水稻节水与高产技术的研究和应用,不断完善相关政策和管理措施,为实现农业可持续发展、保障粮食安全和生态安全做出贡献。

只有将节水与高产放在同等重要的位置,统筹考虑,协同推进,才能真正实现水稻生产的可持续发展。这不仅关系到农业发展,更关系到人类社会的长远未来。因此,政府、科研机构、农业生产者和整个社会都应该共同努力,推动水稻节水与高产技术的创新和应用,为建设资源节约型、环境友好型社会做出贡献。

三、抗旱是必备的基本技能

毕俊国

水稻作为全球半数以上人口的主要粮食作物,在人类文明发展进程中扮演着举足轻重的角色。千百年来,人们通过不断改良水稻品种和耕作技术,实现了水稻产量的大幅提升,为养育日益增长的人口做出了巨大贡献。然而,随着全球人口持续增长、水资源短缺日益严峻、环境问题更加突出,传统的以高耗水为代价追求水稻高产的生产模式已难以为继。在新的历史时期,实现水稻节水与高产的协同并进,已成为保障粮食安全、促进可持续发展的重要课题,也是时代赋予我们的重要使命。

(一) 水稻生产面临的干旱威胁

1. 全球气候变化导致干旱频发 全球气候变暖导致极端天气频发,干旱成为影响农业生产的主要灾害。过去100年全球平均气温上升0.74℃,预计21世纪末将上升1.8~4.0℃。气温升高和降水模式改变将导致干旱频率和强度增加。中国近50年旱灾发生频率上升,年均粮食减产超2000万吨,尤其华北、西北地区受干旱影响较大。由于中国北方降水量减少,使华北平原地下水位下降,从而导致水资源短缺。印度和东南亚等主要稻米产区也面临干旱威胁,影响水稻生产。

2. 干旱对水稻生长发育的影响 水稻生长周期需水量大,干旱会严重影响其生长和产量。干旱影响水稻生长的4个阶段:①播种和出苗时,影响种子萌发和幼苗生长;②分蘖期,抑制分蘖形成;③孕穗和抽穗期,影响花粉发育和结实,最终导致颖花退化(图2-7);④灌浆和成熟期,抑制光合作用和籽粒灌浆。此外,干旱还会引起水稻生理生化变化,如叶片卷曲(图2-8)、气孔关闭等。长期干旱对水稻生长和产量影响很大,可导致产量损失超过70%,并影响稻米品质。因此,提高水稻抗旱性对保证产量和品质至关重要。

图2-7·水稻受旱后颖花退化

图2-8·水稻受旱后卷叶

(二) 水稻抗旱性及其生理生化机制

水稻抗旱性是指水稻植株对干旱胁迫的抵抗与耐受能力，是植株在干旱条件下生存与生产能力的总和。当干旱来临时，植株通过形态与生理的响应主动地吸收水分，减少水分散失，增加细胞渗透调节，清除有害物质，以适应水分胁迫并最大限度地获得较高的产量。水稻的抗旱性涉及3个重要的生理范畴：一是在干旱条件下植株维持高含水量，二是植株在低含水量的情况下保持其生理功能，三是受旱后植株含水量和生长发育功能的恢复。根据其表现，抗旱性可分为以下3种类型。

(1) 避旱性(Drought Avoidance)：植物在干旱时减少失水或增强吸水，保持体内水分平衡。如旱稻根系深扎，减少蒸发，增强避旱能力。

(2) 耐旱性(Drought Tolerance)：植物在干旱下维持生理活动，通过调节内部物质，保持生命活力。如增强抗氧化能力，减少细胞损伤。

(3) 复原抗旱性(Drought Recovery)：植物经历干旱后，恢复生长的能力。如新叶长出，展现其耐旱与恢复力。

水稻植株在长期进化过程中形成了一系列适应机制，了解这些机制对于培育抗旱品种具有重要意义。水稻的抗旱机制主要包括形态学、生理生化和分子水平的适应性变化。

1. 形态学适应机制

(1) 根系发育：抗旱品种通常具有发达的根系，包括更深的根系分布和更大的根冠比。深根性有利于吸收深层土壤水分，而发达的侧根系统则有助于提高水分吸收效率(图2-9)。

图2-9·分蘖期抗旱性不同品种的根系表现(上：抗旱性强；下：抗旱性弱)

(2) 叶片结构：抗旱品种的叶片往往具有较厚的角质层、较小的气孔密度和叶面积，这些特征有助于减少水分蒸腾损失。

（3）蜡质沉积：在叶片和茎秆表面形成蜡质层，可以减少水分蒸发。

2. 生理生化适应机制

（1）气孔调节：干旱条件下，植株通过关闭气孔来减少水分损失。抗旱品种往往具有更敏感的气孔调节能力。

（2）渗透调节：通过积累可溶性糖、脯氨酸等渗透调节物质，降低细胞内渗透势，维持细胞膨压。

（3）抗氧化系统：干旱胁迫会导致活性氧积累，抗旱品种具有更强的抗氧化酶活性，如超氧化物歧化酶（SOD）、过氧化氢酶（CAT）等。

（4）光合作用调节：通过调节光系统Ⅱ活性、碳同化等过程，维持光合效率。

（5）激素调节：干旱条件下，脱落酸（ABA）等植物激素含量增加，参与调控植株的抗旱反应。

3. 分子水平适应机制

（1）抗旱相关基因表达：干旱胁迫诱导一系列抗旱相关基因的表达，如编码脱水蛋白、热休克蛋白、转录因子等的基因。

（2）信号传导：干旱胁迫信号通过各种信号转导途径传递，如 MAPK 级联、钙信号等，激活下游抗旱机制。

（3）表观遗传调控：DNA 甲基化、组蛋白修饰等表观遗传修饰参与调控抗旱基因的表达。

了解这些抗旱机制为水稻抗旱育种提供了理论基础。通过强化有利的抗旱特征，可以培育出更加适应干旱环境的水稻品种。

■（三）节水抗旱稻的抗旱性筛选鉴定

节水抗旱稻的抗旱性是避旱性、耐旱性和复原抗旱性的总和，但不同节水抗旱稻品种在不同类型的抗旱性上存在差异，比如避旱性与耐旱性就具有不同的遗传基础。在干旱的早期，避旱性起主要作用，而随着干旱的加重，耐旱性被认为是抗旱性的第二道防线。在生产上，往往以综合抗旱性，即在干旱胁迫下的经济产量来衡量品种的抗旱能力。特别是对农作物而言，不仅要在干旱胁迫下生存下来，还要获得足够的产量，因此在育种过程中，针对不同的抗旱性，设置不同的目标环境进行交叉选择是育种的关键。有研究表明,通过常规杂交,结合目标环境高强度胁迫筛选,可使抗旱基因及其网络在世代中进行传递。

所以,采用水稻和旱稻杂交配组,结合强胁迫筛选是培育节水抗旱稻的有效途径。因为抗旱性是由微效多基因控制的复杂数量性状,其表现是品种基因型与环境互作的结果,环境条件对抗旱性的表达有着十分重要的影响,要准确鉴定品种的节水抗旱性,必须建立科学的鉴定设施(图 2-10)和合理的评价标准,且鉴定设施必须最大限度地模拟大田生产实际,并可以进行有效的水分控制。

图 2-10 · 抗旱性鉴定设施鸟瞰

四、"四大家族"各领风骚

张安宁

■(一)绿野新希望:节水抗旱稻的四重奏,共绘农业绿色未来

在我国广袤的大地上,一场关于粮食安全与水资源匮乏的危机正悄然逼近。随

着人口的增长和工业化进程的加快,全球水资源日益紧张,而传统的水稻种植模式却消耗着大量的淡水资源。农民们望着干涸的水渠和龟裂的土地,心中充满了忧虑。

在这样的背景下,以罗利军研究员为首的育种团队肩负起了寻找解决方案的重任。他们穿梭在田间地头,观察、记录、试验,只为寻找一种能够适应干旱环境、节约水资源的水稻新品种。经过无数次的失败和尝试,节水抗旱稻品种终于应运而生,迎来了系列品种四重奏:籼型常规稻、籼型杂交稻、粳型常规稻和粳型杂交稻。它们不仅具备出色的节水抗旱能力,而且在适应性、高产和稻米品质方面,在目标推广区域均展现出各自优势。

随着这些新品种的出现,节水抗旱稻能更好地服务于我国的农业事业。它们不仅能够在干旱的环境中顽强生长,而且还能保持高产,为保障国家粮食安全提供新的选择。节水抗旱稻的诞生,不仅是科技进步的象征,更是我国农业向绿色可持续发展迈出的重要一步。

想象一下,烈日炎炎下,传统稻田因缺水而干裂,水稻植株萎靡不振;而在不远处,一片片节水抗旱稻田却郁郁葱葱,生机勃勃。这不仅是一幅对比鲜明的画面,更是我国农业科技进步的真实写照。节水抗旱稻,这一农业科技创新成果,正以其独特的魅力,引领着农业向更加绿色、可持续的方向迈进。

(二) 籼型常规稻:稳健的守护者

首先登场的是籼型常规节水抗旱稻家族,它们是农田稳健的守护者。说起我国水稻抗旱性研究就必须提到大名鼎鼎的巴西旱稻'IAPAR9',20 世纪 90 年代在我国引种和试种成功后,引起许多科研院所对旱稻的重视,并加强了旱稻种质资源的收集保存和遗传改良等工作,相继审定了一批适合不同生态区的旱稻品种。然而,这些品种仅通过旱稻与旱稻杂交,只注重抗旱性改良,故产量低、稻米品质差,在有灌溉条件的高产田并没有竞争优势,因此没有在我国水稻生产上大面积推广应用。

罗利军研究团队创造性地提出利用水稻与旱稻杂交,培育兼顾水稻高产、优质特性和旱稻节水、抗旱特性的新型栽培稻类型。团队通过建设各种抗旱性鉴定设施,从成千上万份旱稻种质资源中,筛选出一批具有育种利用价值的旱稻品种。利用这些旱稻品种与高产水稻杂交,经过水田产量筛选和旱地抗旱性筛选,培育出兼顾高产和抗旱性的新型水稻品种。经过精心选育的这类水稻品种,不仅保留了水稻的高产性和广适性,更在节水抗旱方面展现出了非凡的能力。在干旱少雨的季节里,它们能够依靠自身强大的根系深入土壤深处寻找水源,减少对灌溉水的依赖,同时又能保持较高的产量水平。对于许多水资源紧张,特别是沿淮地区广袤的望天田,籼型常规节水抗旱稻无疑是保障粮食安全的得力助手。当地的农民朋友们纷纷表示:"自从种上了这种稻子,再也不用担心稻田没水浇田了!"

以水稻'七秀占'与旱稻'中旱3号'杂交选育而成的籼型常规稻品种'沪旱15号'于2006年通过了国家品种审定,在安徽大面积推广种植。以水稻'佳辐占/黄华占'与旱稻'沪旱1509'杂交选育而成的籼型常规稻'沪旱1516'于2021年通过国家品种审定,并被转让给3家龙头种业企业,在长江中下游稻区分区域大面积推广,年销售种子超过50万千克。该品种在长江中下游作一季稻种植,全生育期114.5天,株高103.1厘米,穗长22.9厘米,每亩有效穗数23.3万穗,每穗总粒数148.7粒,结实率86.9%,千粒重22.6克。'沪旱1516'是国家特殊类型试验审定的第一个常规节水抗旱稻品种,适宜在湖北省、湖南省、江西省、安徽省、江苏省的长江流域籼稻区以及浙江省中部稻区、福建省北部稻区、河南省南部灌溉条件较差的稻瘟病轻发区稻田作一季稻种植(图2-11)。

图2-11·丰收在望的'沪旱1516'

(三) 籼型杂交稻：高产稳产的先锋

紧接着是籼型杂交节水抗旱稻家族的横空出世。相较于籼型常规稻，籼型杂交节水抗旱稻则是高产与高效的典范。1970年，水稻野败不育株的发现，成功实现了杂交水稻的三系配套，培育出的高产杂交水稻品种被西方称为"东方魔稻"，使水稻产量发生质的飞跃。籼型杂交节水抗旱稻研究也始于优异旱稻种质的发掘。以水稻优良不育系'珍汕97A'与旱稻种质广泛测配，发现从东南亚引种的旱稻品种'EAIC139-55-1-2'测交种可保持不育，继而进行回交转育，于2003年育成世界上首个节水抗旱不育系'沪旱1A'，从此拉开了杂交节水抗旱稻品种培育的序幕。作为现代农业科技的结晶，杂交育种赋予了这些品种前所未有的产量潜力。它们不仅继承了杂交稻的高产特性，还融入了节水抗旱的优异基因，使得杂交节水抗旱稻在同等条件下，产量超越了普通水稻。在水资源日益短缺的农业环境下，籼型杂交节水抗旱稻的育成对于缓解我国因人口增长带来的粮食需求压力具有重要意义。然而，籼型杂交节水抗旱稻的培育也充满了坎坷和挑战。由于不育系'沪旱1A'柱头活力差，异交结实率偏低，导致杂交组合制种产量低，杂交种子价格太高，无法商业化推广应用。育种团队在保留该不育系优良农艺性状的基础上继续开展开花习性改良工作，利用开花习性好的水稻雄性不育保持系与'沪旱1B'（'沪旱1A'的保持系）杂交，通过近十年的不懈努力，最终培育出配合力、稻米品质和香味保持不变，异交结实率高的节水抗旱稻新不育系'沪旱7A'，并于2012年通过安徽省农作物品种审定委员会鉴定，成功实现杂交节水抗旱稻三系配套。

现在，以'沪旱7A'为母本，已培育出20多个杂交节水抗旱稻新组合，并通过国家和省级审定。其中，'沪旱7A'与'旱恢3号'配制的杂交节水抗旱稻组合'旱优73'于2014年通过安徽省品种审定。作为籼型杂交节水抗旱稻家族的"王牌"成员，'旱优73'（皖审稻2014024、桂审稻2021221号、鄂审稻20210001、滇审稻2023036号）在我国各地有着优异的表现。'旱优73'在长江中下游地区作一季稻种植，表现为株型适中、生长势中等、剑叶中到长、直立，性状整齐一致，穗型中长，粒多，谷粒细长形，稃尖无色、无芒，后期转色好，株高121.6厘米，每亩有效穗22.3万，穗长24.5厘米，每穗总粒数157.8粒，每穗实粒数133.2粒，结实率84.4%，千粒重29.47克,全生育期109.6天。

'旱优73'是目前推广面积最大的节水抗旱稻,适宜在安徽省、湖北省、湖南省、江西省、浙江省、福建省、河南省、广西壮族自治区、云南省、四川省等地区种植。该品种荣获了第二届全国优质稻品种食味品质鉴定(籼稻)金奖(2019年)、国家粮油生产主导品种(2022年),并被列入首批国家农作物优良品种推广目录(2023年)。'旱优73'的培育成功,极大地推动了节水抗旱稻的发展,随着种植面积的扩大,节水抗旱稻不断展示着它的优势,越来越受农民的喜爱。每当秋风送爽、金黄稻浪翻滚时,籼型杂交节水抗旱稻的丰收景象总能让人感受到科技的力量与自然的馈赠(图2-12)。

图2-12 '旱优73'是目前推广面积最大的节水抗旱稻

(四) 粳型常规稻:温润的绅士

上海市民历来喜欢以粳米为主食,自从20世纪80年代中后期籼改粳以来,上海郊区全部种植粳稻。而今,这一家族也加入了节水抗旱的行列,成为温润如玉的"绅士"。它们在保持原有粳稻品种优良食味品质的基础上,通过抗旱性遗传改良,显著提高了对干旱环境的适应能力。从国际水稻所引进的巴西旱稻品种

'CNA6187-3'分离群体中,经系统选育而成的常规旱稻品种'中旱3号'是首个通过国家审定的粳型常规节水抗旱稻。在'中旱3号'的基础上,育种团队通过遗传改良,导入粳型水稻品种的优质和高产特性,相继选育出节水抗旱、优质高产的粳稻新品种'WDR48''沪旱68''沪旱6220'和'沪旱61',米质均达国家《优质稻谷》标准(简称:国标,下同)三级优质米及以上,且稻米食味品质优良。这些品种无论是在北方的辽阔平原还是南方的丘陵地带,都展现出良好的适应性,为当地农业生产贡献出力量。

"今年种植'沪旱61'采用水种旱管的种植方式,在节水50%、节肥30%的情况下,还能有这么好的产量,真了不起!……"这是来自上海齐茂粮食专业合作社(简称:齐茂合作社,下同)一位老农户的原话。'沪旱61'在田间长势喜人,沉甸甸的稻穗上洋溢着丰收的喜悦,是各大农户的"心头好",引来大家争相称赞。'沪旱61'在上海作单季晚稻种植,全生育期161.6天,与对照'秀水128'熟期相当。株高95.1厘米,每亩有效穗21.4万,穗长14.3厘米,每穗总粒数132.7粒,结实率90.4%,千粒重25.8克。抗旱性综合评价3级,抗倒性强,田间调查病害发生轻,稻米品质达到国家《优质稻谷》标准二级。该品种株型紧凑,叶色淡绿,叶片挺拔,长势繁茂,分蘖力强,有效穗多,穗大粒多,结实率高,熟期转色好(图2-13)。

图2-13 · 粳型常规节水抗旱稻'沪旱61'

(五)粳型杂交稻:中国馆中展英姿

最后压轴出场的是粳型杂交节水抗旱稻家族。自 20 世纪 90 年代起,上海杂交粳稻种植比例一直处于全国领先水平。为培育粳型杂交节水抗旱稻,育种团队以培育节水抗旱稻粳型不育系为突破口,从种子库保存的抗旱资源中筛选粳型保持系材料,将抗旱性整合到现有优良粳型保持系中,培育粳型节水抗旱杂交稻的不育系,进而配制粳型杂交节水抗旱稻组合。

团队利用节水抗旱稻'沪旱 3 号'改良优良粳型水稻不育系'寒丰 A'的抗旱性,通过十多年努力培育出粳型不育系'沪旱 2A'。该不育系于 2009 年通过上海市不育系田间鉴定,具有抗旱性强、米质优、配合力好等优点,开启了粳型杂交节水抗旱稻家族新品种选育工作。'沪旱 2A'与水稻恢复系'湘晴'配组的粳型杂交节水抗旱稻组合'旱优 8 号'是基因中心培育的首个粳型杂交节水抗旱稻组合,于 2010 年通过上海市审定。

2010 年,举世瞩目的第 41 届世界博览会(简称:世博会,下同)在上海举办。凡是参观过世博会中国馆"希望的大地"展区的观众,都对仅 10 平方米的玻璃箱柜内展示的活体水稻田啧啧称奇。这片生机勃勃的"稻田",一眼望去,由谷穗组成的稻浪仿佛正在轻舞,一片丰收的景象迎面扑来。此次展示的水稻品种都是前期经过严格试验,从五六十个优良水稻品种中筛选出的精英中的佼佼者,其中就有最新培育的粳型杂交节水抗旱稻——'旱优 8 号'。采用特定的技术措施,在会展期间'旱优 8 号'克服水稻发育的生物钟,表现出优异的节水性和广适性,在馆内一茬接一茬地展示出生机勃发的场景。

'旱优 8 号'在上海作一季稻种植,全生育期 155 天左右,抗旱性和产量皆出类拔萃,即便是完全干旱种植,结实率仍能达到 90% 以上,稻米品质达到国标二级优质米标准。'旱优 8 号'具有节水抗旱、高产优质、便于轻型栽培等特性,既可在高产水稻田作普通杂交稻栽培,也可在工业抛荒地、新开垦的盐碱地、无灌溉条件的中、低产田种植。上海气候自然条件雨水充足,以及农户种植习惯等因素,'旱优 8 号'在灌溉条件较差的市郊工业抛荒地也能大显身手,比当地高产品种可获得更高的产量和水分利用效率。上海近郊有大片征而未用的工业抛荒地,因长期闲置且无人管理而杂草丛生。2009年,浦东新区老港镇130亩工业抛荒地上,粳型杂交节水抗旱稻在这块贫瘠缺水的荒地上创出亩产500千克的佳绩。同时,粳型杂交节水抗旱稻的稻米更适合上海及长三角地区市民的口味(图2-14)。

图 2-14 · 粳型杂交节水抗旱稻'旱优8号'

节水抗旱稻的这"四大家族",如同四颗璀璨的明星,照亮了我国农业可持续发展的道路。它们各自发挥优势,相互补充,共同构成了我国节水抗旱稻产业的强大阵容。在这片充满希望的田野上,每一株节水抗旱稻都在用自己的方式讲述着关于坚持与创新的故事。我们相信,在未来的日子里,随着科技的不断进步和政策的持续支持,节水抗旱稻将会迎来更加广阔的发展前景,为我国乃至全球的粮食安全和水资源保护做出更大的贡献。

让我们携手并进,共创一个更加绿色、可持续的美好未来!

第三章
广阔天地——穿上皮鞋种稻去

一、水田旱种不插秧

赵洪阳

"手把青秧插满田,低头便见水中天,六根清净方为道,退步原来是向前。"这是南北朝时期的布袋和尚作的《插秧诗》,不仅描述了水稻插秧的场景,也蕴含人生经营的大道理。水稻插秧历史由来已久,公元1149年南宋时期的《陈旉农书》在"善其根苗篇"中提出了育苗壮秧的总原则,这是我国最早提出用育苗移栽的方法种植水稻的古文献。到了宋元时期,我国水稻育苗移栽技术逐步完善,水稻栽培基本采用育苗移栽方式了。

其实,水稻栽培最早的方式是直播。据史书记载,原始农业时期,人们清明节后在山坡上放火烧山草,通过刀耕火种,乃至象耕鸟耘的方式整地,然后直接在土地上撒播种子,靠雨水发芽,在大自然的阳光、温度和雨水的滋养下,水稻开始生长分蘖,直至抽穗开花、结实收获,这个过程并没有移栽环节,最多只是将个别植株由稠密处移至稀疏处,进行补苗。这种原始的栽培方式在云南、广西等一些少数民族聚集地被保留至今。随着人口的增长、迁徙和社会的发展,水稻栽培经过几千年的实践演进,其技术不断创新,就栽培方式而言,经历了由直播到育苗移栽的转变,也造就了直播和育苗移栽在我国的稻作史上长期并存的现象(图3-1)。

近年来,随着城镇化的加速,农村青壮年劳动力大量向城市转移,留守农村的人口则以老、幼、妇女为主,同时受到水资源的制约、种植结构的调整、稻区转移和成本增加,以及直播稻田除草技术的成熟,原来靠大量人工插秧的水稻育秧移栽方

图 3 - 1 · 上海金山廊下机械水直播旱管种植节水抗旱稻

式又逐步转向了直播栽培,特别在我国西北水稻种植区更是如此。以宁夏水稻种植为例,2020年宁夏全区水稻种植面积93.01万亩,其中97.6%采用了直播栽培。

在长江中下游稻区,水直播旱管栽培方式是水稻种植农户自我创新发明的新型栽培技术。水直播旱管是指在水稻生产上,前期种子催芽后采用水直播(即在水稻田表面不积水或湿润状态下播种),出苗后根据田间土壤墒情,在水稻关键需水时期进行科学灌水的栽培方式。水稻生产采用水直播旱管栽培技术的核心是管水,依据水稻生长过程中对水分的需求规律,充分利用自然降水,在关键时期进行科学的水分管理,最大限度地提高水分利用效率,达到节水稳产的效果。

水直播旱管与水稻育秧移栽相比,具有节约成本、管理简单的优势。首先在节水上,根据稻田的土壤特点,充分利用自然因素,提高了水分利用效率,把水源用于水稻需水关键时期,保障其正常生长,减少灌溉用水量;其次是省工省本,水直播旱管省去了秧田管理、移栽等工序,减少了灌水次数,降低了种植成本;第三,降低病虫害发生概率,后期采用旱管种植方式,促进了水稻根系的下扎,根系活力更强,植株长势更健康,同时田间不保留水层,改良了田间高温高湿小气候环境,降低了纹枯病等病害的发生概率,也进一步减少了农药的使用量,从而更加安全环保(图3-2)。

图3-2·安徽肥西县铭传乡水直播旱管种植的杂交节水抗旱稻'旱优82'

近些年,在安徽、江苏等水稻种植区,水直播旱管的栽培方式越来越受到欢迎,但并非所有水稻品种都适宜采用这种栽培方式。经过多年调研考察发现,一定是具有早生快发能力、抗旱性好、根系发达的品种才适宜采用直播旱管。采用直播栽培后,水稻能够快速生根发芽,在最短时间内完成幼苗期的生长,迅速吸收营养,积累能量长成植株,从而提高成苗率,这就是早生快发的优势。研究表明,籼稻比一般粳稻苗期长势更快、更旺盛,不同水稻品种间种子谷壳的厚薄程度也影响早生快发能力。水稻抗旱性是一个比较复杂的概念,从基因与表观遗传的角度讲,多个生理代谢网络和基因功能表达与之都有关联。一方面是水稻吸收水分能力与蒸腾作用的平衡控制,另一方面是水稻在受到干旱胁迫时的自身抗氧化还原物质的协调能力,具有一定抗旱性的水稻品种才能够在旱管的栽培条件下,依然能够正常生长,最终获得较好的产量。水稻的根系除了用来吸收营养以外,还具有固定植株、改良土壤的作用,直播水稻的根系一般都比较发达,特别是向下扎根的能力比较强,这样的根系既能满足吸水、吸养分的要求,又能起到抵御风吹雨打、抗倒伏的作用。

节水抗旱稻具有苗期早生快发、抗旱能力强、根系发达、稳产优质的优势,普遍适宜直播旱管种植。节水抗旱稻在常规水田里可以采用水直播旱管,改变原来育苗移栽需要长期淹水的种植习惯,因此田间不再需要长期建立淹水层,只要田间土壤湿润即可,后期旱管过程中,人即使穿鞋站在田里,也不会出现"深陷泥潭"的情况,真正可以实现"穿上皮鞋去种稻"的愿望。

在上海,以常规粳型'沪旱61'为代表的节水抗旱稻特别适合采用水直播旱管的栽培方式,与常规水稻长期淹水的种植方式相比,水直播旱管能够减少农田灌溉用水,减少肥水流失,减少传统水稻种植过程中所产生的甲烷气体排放,达到节能环保的目的。同时,水直播旱管降低了水稻纹枯病等病害发生的概率,因此减少了农药的施用量。由于节水抗旱稻比一般水稻根系更加发达,扎根深,吸水吸肥能力比较强,因此进一步提高了肥料的利用效率。在生产上,这种模式与目前上海正在推广的机穴播结合起来,可大幅减少水稻生产成本。2017年,'沪旱61'在上海市崇明区港沿镇惠军村连片种植300多亩,采用水直播旱管,表现优秀。当年11月3日,上海市农业技术推广服务中心(简称:上海市农技推广中心,下同)组织专家对其进行田间考察测产,专家测产意见如下:'沪旱61'采用机穴播,水种旱管种植方式,5月25日播种,9月25日齐穗,11月3日成熟收获。经现场考察,田间表现整齐一致,无倒伏,熟期适宜,后期落色好,病虫害轻。经现场实地收割机测产,收割1010.5平方米,收湿谷1040千克,扣除水分和杂质后,每亩实际产量581.5千克。

在安徽,近年来麦套稻的种植面积越来越大,麦套稻是一种创新的农业栽培技术,集成了免耕、套种、秸秆还田于一体的稻作栽培技术,其核心是在小麦灌浆后期,将处理后的稻种直接播种在麦田里,与小麦形成一定的共生期,在小麦收割时,留20~25厘米麦茬直接还田,多余麦秸秆就地均匀散开,随后通过一系列配套的管理措施,使得水稻能够健康成长并最终获得理想的产量。据调查统计,仅在安徽六安、淮南、蚌埠等地,每年麦套节水抗旱稻栽培面积近百万亩。2020年9月28日,安徽淮南寿县九联粮油种植专业合作社组织专家对寿县茶庵镇麦套杂交节水抗旱稻'旱优73'免耕直播旱管种植的田块进行现场考察,测产田块具体生产管理措施是:5月31日于麦收前2天人工撒播'旱优73',播种量为2千克/亩,麦收后2天灌出苗水;生长期间于6月25日施尿素5千克/亩,7月5日追施复合肥40千克/亩、尿素7.5千克/亩,8月7日追施钾肥5千克/亩;全生育期除草1次,病虫害防治2次,灌水2次。现场收割机实收测产,经专家组对面积、水分、杂质等数据进行记录并确认后得出。茶庵镇麦套'旱优73'免耕直播旱管田块的产量折合干谷为665.7千克/亩。麦套节水抗旱稻作为一种新型的稻作方式,在节约成本、耕地环境保护等方面具有一定的优势,随着科学技术的进步和推广力度的加大,麦套节水抗旱稻有望在未来农业生产中发挥更大的作用(图 3-3)。

图 3-3 · 安徽淮南寿县麦套节水抗旱稻种植模式

在湖南,节水抗旱稻因具有发达的根系,强劲的生长能力,因此再生能力也较强。再生稻是利用一季稻收获后稻桩上存活的腋芽,经合理的肥水管理,长成新的稻株后,再抽穗成熟的水稻。再生稻具有栽培简单、生育期短、省种省肥、米质优良等特点。近几年在湖北、湖南、江西、福建、浙江等地,由于"用工荒"出现了大量的"双改单"现象,"一季+再生"栽培模式逐渐成为这些光温资源一季稻有余而两季不足的稻区提高复种指数,增加稻谷产量和经济收入的有效途径之一(图 3-4)。2017 年,节水抗旱稻'旱优 73'在湖南常德地区作再生稻示范种植,表现出节水抗旱能力和再生能力强、生育期短、抗逆性和适应性好、米质优良等特点。在湖南常德澧县梦溪镇浠河村'旱优 73'采用"一季+再生"栽培模式示范种植 200 亩,采用人工水直播旱管方式,于 4 月 14 日播种,7 月 20 日齐穗,头季稻 8 月 17 日成熟收获,湖南省作物学会组织专家进行田间考察,现场收割机收割测产,产量达 690.1 千克/亩;再生稻于 10 月 28 日成熟收割,平均产量 210 千克/亩,两季合计产量超过 900 千克/亩。

图 3-4 · 节水抗旱稻再生模式,种一季收两季

节水抗旱稻在水田的示范推广成功,改变了水稻传统的种植方式,实现了资源节约和环境友好,通过科研人员和推广人员研发,总结形成的《节水抗旱稻旱直播节水栽培技术》,2022年被农业农村部列为主推技术,这项技术是节水抗旱稻栽培技术中的基础技术,也是节水抗旱稻栽培技术培训的主要参考资料。通过推广节水抗旱稻节水减肥绿色种植技术,可减少水稻田灌溉用水50%、温室气体减排90%以上,生态环境效益显著。

二、旱地旱种保丰收

赵洪阳

(一) 低洼易涝地的实践

在我国长江、淮河流域以及辽河平原(内蒙古段)等一些地区,存在大量的低洼易涝旱地,这些区域传统以种植玉米和大豆为主,如果遇到连续降雨天气,易发生涝害；如果种植一般水稻，遇到连续高温干旱，水稻抗旱能力差，会造成大幅度减产甚至绝收。节水抗旱稻水旱两用的适应性，刚好可以解决低洼易涝地的粮食生产问题。节水抗旱稻在低洼易涝旱地可采用旱直播旱管的种植方式，这种方式在土壤干旱状态下直接将干种子或浸种后的种子，采用机械条播或者人工撒播的方式播种到地里，覆土后出苗前进行除草剂封闭处理，在不淹水的情况，后期基本依靠自然降雨和地下水满足节水抗旱稻正常生长所需水分而完成全生育期的一种栽培管理方式。2019年在安徽怀远，6月15日旱直播旱管的籼型杂交节水抗旱稻'旱优73'，全生育期浇灌"跑马水"3次，10月10日组织专家现场收割测产，扣除水分与杂质，干谷产量达到650.7千克/亩（图3-5）。

图3-5·2019年长三角节水抗旱稻发展论坛暨蚌埠万亩现场观摩会

（二）旱地"棉改稻"助增效

长江流域棉花种植区域原来是我国第二大棉花种植区，主要包括浙江、上海、江西、湖南、湖北，以及苏、皖的淮河以南部分、四川盆地、河南南部。伴随种植制度和生产方式的转变，棉花生产成本升高和收益的降低，浙江、上海、江苏、河南南部棉花种植面积已经很小了,原来的棉花种植大省四川、湖南、湖北、江西、安徽种植面积每年也在大幅度缩减。

近几年,伴随国家棉花种植补贴政策的改变、种植成本的增加和收益的降低,预计长江流域棉花种植面积将进一步萎缩,原来的棉田与现在推广节水抗旱稻的淮河流域的旱地情况相比,土壤条件、水源条件都要好一些,一般情况可实现有水灌溉;原来的棉田,已经不再种植棉花,主要改种水稻(简称"棉改稻")、玉米、大豆、高粱、芝麻和蔬菜等粮食作物或经济作物。但长江流域棉区夏季高温(35 ℃以上)伏旱时间较长,市场需求大量的作物如玉米难以在如此气候条件下获得高产,而大豆、高粱、芝麻等作物因市场需求波动大,导致效益不稳定;种植蔬菜等经济作物则需要精细管理,故成本投入大、人工成本高,且与现在的机械化、规模化、粗放型栽培方式相悖。目前,水稻种植可以机播机收,并进行规模化种植,投入成本也不算大,效益也不错,因此"棉改稻"是棉田比较有效的选择(图3-6)。

图3-6·江西九江棉花田里种植节水抗旱稻

一般水稻种植需要大量的水资源,而节水抗旱稻则不需要长期淹水种植,因此在"棉改稻"过程中节水抗旱稻的优势得到了发挥。棉田一般犁底层被破坏,不能长期保水,水肥比较容易流失,因此不适宜种植一般水稻。而节水抗旱稻恰恰弥补了一般水稻不耐旱的弱点,只需要在关键的出苗期、孕穗期、抽穗扬花期保持田间土壤湿润即可,其他阶段可利用其根深、根粗的优势,充分吸收深层土壤中的水分,维持水稻的正常生长发育。节水抗旱稻系列品种的推广实践表明,抗旱性好的品种一般抵抗高温能力也较强,而且节水抗旱稻播种时间比较宽泛,可以从每年的 4 月底播种到 6 月初,适应性比较广。在机械化方面,节水抗旱稻可采取机条播、直播等轻简栽培,田间可粗放管理,收获时可机械收割,因此是"棉改稻"的最优选择。

江西九江彭泽县位于江西省最北部,长江中下游,九江市东北角上,素有"赣北大门"之称。彭泽县原是国家优质棉生产基地,棉花种植面积最高时每年超过 30 万亩。近些年,随着棉花种植效益降低,棉花种植面积急剧缩减。2014 年,彭泽芙蓉镇的种田大户闻朝鲜,原来在长江中的小岛(木耳洲)上种植了近万亩的棉花,因此开始改种节水抗旱稻,当年种植杂交节水抗旱稻'沪优 2 号'近千亩,6 月 12 日机械旱直播,全过程旱种旱管,粗放型管理;10 月 14 日经彭泽县农业局专家测产验收,亩产 499 千克,表现出抗旱和耐高温能力强、稳产优质的特点,深受周边种植户的认可(图 3-7)。

图 3-7 · 江西九江彭泽芙蓉镇木耳洲上种植的杂交节水抗旱稻

2015年在九江市农业局的大力支持下,通过多方宣传以及配套栽培技术培训,彭泽"棉改稻"模式迅速辐射推广到九江全市。当年九江地区"棉改稻"种植节水抗旱稻面积超过5万亩。2016年8月26日,在九江永修县三角乡周坊村,绿色超级稻项目组组织有关专家对"棉改稻"种植的'旱优73'进行了田间测产。示范田共计360亩,采用人工旱直播方式,4月15日播种,8月1日齐穗,每亩施25千克复合肥(N∶P∶K=16∶16∶16)作为基肥;后期追肥每亩15千克尿素,全生育期未灌水,仅靠自然降雨,病虫害防治按一般水稻田管理。绿色超级稻项目组及江西省水稻专家现场考察后,对该品种评价为:田间表现整齐一致,熟期适宜,后期落色好,病虫害少,田间无倒伏,经现场收割机实地收割整丘田0.72亩,收湿谷565.3千克,折合湿谷亩产786.23千克,按13.5%标准水分计,扣除水分和杂质后,实际每亩产量636.06千克。

(三)"玉改稻"保丰收

沿淮、江淮分水岭有很多夜潮土区域,这些地方土壤是砂质类型,地下水位一般较高。白天温度高的时候,地表层的土壤水分容易蒸发;到了夜晚,气温降低后,浅层土壤中的水分又可以上升到表层土壤中。节水抗旱稻在农业供给侧结构性改革上的应用体现在"玉改稻"上。

安徽蚌埠地处安徽省北部,地势平坦低洼,属于南北气候的过渡带,淮河由西向东流经全境,降雨量变化较大,丰水年与枯水年经常连续发生,雨量在年际和季节间分配不均。近几年,该地区降雨量多集中在夏季,当期降雨量占整个汛期降雨量的80%以上,对于农作物生产而言,易形成"前涝后旱"的局面,从而导致减产减收。蚌埠也是安徽省主要的粮食产区之一,粮食生产上主要采用"麦+玉米"或"麦+水稻"的轮作种植模式。在蚌埠种植玉米费时费力,抗风险能力低,若受旱涝灾害影响,农户种植玉米的收入甚至不能覆盖玉米种植成本。玉米种植管理粗放,区域间差别较大,如果水肥管理滞后,特别是在低洼易涝地区,由于没有排水条件,容易引起涝害,使玉米产量大幅下降,严重时甚至绝收。另外,随着我国工业化进程的加快,大量农村劳动力向城市转移,农村劳动力紧缺,导致种田成本不断增加,因此有必要对传统种植业结构进行调整。就蚌埠而言,种植水稻的效益往往显著高于种植玉米,但传统水稻生产分布于水田,需要有较好的灌溉条件。而玉米生产分布于旱地,要在旱地将"小麦+玉米"的种植模式改为"小麦+水稻",其前提条件是水稻品种必须具有节水抗旱、生育期适当、适合直播等优良特性。

图3-8·安徽怀远节水抗旱稻与玉米间作

2016年,蚌埠市怀远县双桥村示范种植'旱优73'50亩,采用人工撒播方式,旱直播旱管,6月12日播种,田间基肥施用量30千克/亩复合肥(N:P:K=15:15:15)加5千克/亩尿素,在分蘖期、孕穗期灌水2次;10月13日蚌埠市种子管理站组织专家进行测产,平均亩有效穗17.1万,穗粒数178粒,结实率83%,千粒重29.5克,田间实测产量631.2千克/亩(图3-8)。同年,在蚌埠市固镇磨盘村示范种植'旱优73'80亩,采用机条播种植方式;6月9日播种,基肥施用量33千克/亩复合肥(N:P:K=15:15:15)加4千克/亩尿素,在分蘖期、孕穗期、灌浆期灌水3次;专家测产平均亩有效穗17.9万,穗粒数157.3粒,结实率88%,千粒重30.9克,田间实测产量649.7千克/亩。

安徽阜南县鹿城镇赵庄村,年近70的乡镇零售服务商老赵说:赵庄是典型的沿淮"小麦+玉米"轮作模式,玉米前几年由于前涝后旱,单产只有300~350千克/亩,而且品质不好,收购价格也只有1.40~1.60元/千克,因此经济效益低,大户种植玉米都是亏损的。自从他了解到节水抗旱稻,就开始推广'旱优73',它不仅耐淹耐旱,而且产量好、米质优。2018年,老赵带头与乡亲们试种了50亩的'旱优73',平均亩产600多千克,老赵自己碾米销售给周边农户,600千克稻谷可以碾出425千克左右大米,每千克大米能够卖到6元,每亩收入有2 400多元。这样,1亩稻子的收入相当于3亩玉米的收入,这是对节水抗旱稻"玉改稻"模式的真实评价。

目前,在沿淮地区,"玉米改种节水抗旱稻"的面积正在逐步扩大,农民从实际应用中提高了收入,同时,由于种植节水抗旱稻还可减少农药和化肥施用,有利于"资源节约、环境友好"型农业产业体系建设。

三、山坡也能翻稻浪

葛常青　赵洪阳

洪范八政,食为政首。习近平总书记多次强调"中国人的饭碗任何时候都要牢牢端在自己手上"。浙江省委、省政府高度重视粮食生产,大力实施科技强农和机械强农,在全面推进耕地"非农化"和"非粮化"整治的同时,千方百计提高旱坡地和新垦地利用水平,挖掘粮食生产潜力,努力实现粮食生产扩面增产。

浙江的地形可以简单概括为"七山一水二分田"。近些年,由于城市建设的扩张发展,不仅使浙江粮食种植面积难以保障,而且粮食自给率也达不到50%。浙江的水稻田多数在丘陵山坡上,土壤肥力相对贫瘠,且水源条件较差,种植传统水稻,如果遇到干旱年份,减产严重。近几年,浙江多地通过土地垦造、农保田"上山"等措施加大耕地建设力度,仅杭州新垦、复垦土地就超过30万亩,但这些土地80%以上存在地力条件差、缺水、水肥保持能力低等问题,无法种植传统水稻品种,因此粮食生产扩面增产途径相对狭窄。

节水抗旱稻可旱地种植的特点给浙江粮食生产扩面增产带来了新思路,给山地带来新希望。节水抗旱稻兼具水稻高产、优质和旱稻节水抗旱特性,在望天田和山坡旱地种植时具有较好的抗旱增产能力,是解决缺水田、望天田以及山坡旱地种粮问题的有效途径。浙江省从2017年开始,组织引进并试种节水抗旱稻,通过这些年的推广应用,已经在山坡旱田上建立了一批高产示范片,涌现出一批高产典型,培育了一批产业化发展主体,因此节水抗旱稻的种植面积正逐年扩大(图3-9)。

2019年,上海市农业生物基因中心深入践行国家"藏粮于地、藏粮于技"战略,与杭州种业集团有限公司(简称:杭州种业,下同)深入合作,在浙江合作开发推广节水抗旱稻,当年在杭州富阳、临安、建德等地新复垦土地上试种杂交节水抗旱稻

图 3-9 · 浙江台州新改田上种植的节水抗旱稻

'旱优73'。2020年多点试验成功后,基因中心与杭州种业签订战略合作协议,引进节水抗旱稻新品种以及直播旱管的轻简栽培技术,在杭州示范种植节水抗旱稻超过5 000亩。其中,在富阳区永昌镇种植的'旱优73',当地农业农村局测产,亩产达553千克,比一般水稻增产幅度达到50%,节水50%;2021年,节水抗旱稻在浙江20多个县市大面积示范推广,种植面积超过5万亩。种植节水抗旱稻,在节水的情况下还能减少化肥和农药的使用,不仅生态环保,而且稻米食味更佳,因此浙江很多种植户都把节水抗旱稻当作口粮。这种模式不仅扩大了水稻种植面积,增加了粮食产量,而且为新复垦土地种植粮食提供了一种解决办法,提高了农户的种粮热情。2021年9月10日,由浙江省种子管理总站组织召开的节水抗旱稻栽培技术培训会在嵊州举行。会议认为,节水抗旱稻对于优化浙江省粮食生产结构,保障粮食安全具有重要意义,浙江省农业部门将加大节水抗旱稻品种的选育、筛选、推广,进一步强化良种配良法,加快水稻品种创新,强化品种在保障粮食安全方面的科技支撑作用,助推耕地"非农化""非粮化"整治,落实"藏粮于地、藏粮于技"战略。

2021年9月,杭州种业组织了节水抗旱稻全省种植情况调研,在金华市磐安县万苍乡刚刚复垦的3200亩土地上,2000亩杂交节水抗旱稻'旱优73'的长势明显比1200亩传统水稻品种要好得多,彻底刷新了水稻种植大户徐舟的认知,他说:"'旱优73'种植已经3个多月了,只浇过1次水,虽然中间二十几天没下雨,但长势依然很好,预计后续亩产可以超过450千克/亩。"(图3-10)

图3-10·浙江磐安新改田上种植的节水抗旱稻

衢州市是浙江的粮食主产区,近年来大力推进撂荒地和耕地非农化整治,节水抗旱稻有效解决了这些新垦、复垦土地种植水稻水源不足与土地贫瘠的问题,为稳粮扩面和充分挖掘粮食产能奠定了基础。

在嵊州市东风茶叶有限公司248亩茶园改稻田的土地上,节水抗旱稻稻浪滚滚,金黄的稻穗和绿色的茶园交相辉映,呈现一派美丽田园的丰收新景象。茶园新改的土地是比较贫瘠的,第一年种杂交节水抗旱稻'旱优73',采用覆膜旱种旱管的模式,不仅可以防草,还可以保温保湿。采用生态种植方式,不仅稻米品质好,而且合作社卖米价格也高(图3-11)。

图 3-11 · 浙江嵊州市东风茶叶有限公司新改田种植的节水抗旱稻 （图片来源：周政法）

杭州市建德许潮林是杨桥镇杨家水库家庭农场的负责人，承包了家门口的新改山坡地。2020年，老许经杭州种业推荐，种上了节水抗旱稻，当年亩产达450多千克。2021年，老许将节水抗旱稻种植范围从垦造山地扩展到果树林，进行粮经套作，老许说仅当年用于抽水的电费就省了2万多元，人工费省了1.5万元，周边农户都到他这里买他种的稻谷吃，今年感觉长势很好，明年还会继续扩大种植面积。

节水抗旱稻系列品种在浙江种植全生育期125天左右，比其他杂交籼稻短10~15天，但产量、米质与传统水稻持平，代表品种'旱优73'还获得2019年第二届全国优质稻品种食味品质品鉴金奖。2019年以来，上海市农业生物基因中心节水抗旱稻应用向浙江省丘陵坡地、新垦复垦土地、山坡田纵深推进，在浙江60多个县、市、区，建立示范基地8000余亩，在杭州、衢州、金华、台州、丽水等地深入开展绿色、节本、增产、增效配套栽培技术培训，组织现场观摩活动，浙江省从南到北的上山农保田、山坡田、新垦山地处处可见节水抗旱稻的喜人长势。"学习强国"学习平台、农民日报、浙江日报新闻客户端、浙江电视台、中新社浙江分社等多家媒体也对此纷纷报道。据统计，2021—2023年浙江全省节水抗旱稻种植面积累计推广

31.33万亩,多次在遭遇百年不遇的台风、高温、干旱等灾害气候情况下,仍然取得了良好收成。节水抗旱稻在浙江的推广,不仅有效解决了水源不足,土地不能种植水稻的难题,而且实现了"藏粮于技、藏粮于地"的完美结合,更是为浙江省贯彻落实《浙江省粮食安全保障条例》提供了坚实基础,并拓展了水稻生产空间,是山地变粮仓的成功样板。

太湖是我国重要的水体资源,尤其南太湖地区水质优良,绿水青山环绕,是习近平总书记"两山理论"的发源地。2021年,安吉县依据湖州市"南太湖精英计划"引进节水抗旱稻项目,在南太湖地区开展品种创新、栽培技术集成及推广应用。该项目的实施对南太湖地区保护生态环境和保障粮食生产安全发挥重要作用,同时也将助力耕地"非农化""非粮化"整治,加快推进我国水稻生产向清洁生产方式的转变,从而助力我国农业生产实现"碳中和""碳达峰"目标。2023年,安吉县水利局针对安吉耕地面积少、水资源空间分布不均衡等农业短板,结合农业水价综合改革、农田灌溉水有效利用系数测算、灌区节水配套及现代化改造等,谋划开展节水抗旱稻品种推广试点工作。其中,在安吉赋石水库灌区、老石坎水库灌区,选取新垦耕地、山坡旱地、旱改水田等类型地块,引进种植节水抗旱稻,开展了节水、减排、减污评价试验(图3-12)。试验结果表明,在当年降雨丰沛、产量相当的情况下,节水抗旱稻较水稻节约农田灌溉用水72%,节水抗旱稻田未形成地表径流,发挥了海绵农田蓄水作用,同时节肥26.3%,实现氮、磷、钾面源污染零排放,与水稻传统淹水种植相比减少稻田净温室气体累积排放量90%以上。同时,也为编制"节水抗旱稻生产定额灌溉"提供了基础数据,为探索水权、排污权交易,形成可复制、可推广的节水科研成果奠定了基础。在此基础上,安吉县水利局和浙江安吉农投高新集团有限公司梳理形成《基于节水抗旱稻的技术集成及推广项目》,申报并入选湖州市2023年碳达峰、碳中和创新典型案例培育试点名单。项目从节水抗旱稻有效节水减排降低面源污染、降低"犁底层"减少和降低洪涝灾害的影响、轻简高效栽培助力农业提质增效3个方面出发,深度探讨节水抗旱稻对加快水稻生产的绿色、生态、高效发展,保护生态环境和保障农产品质量安全,优化调整种植结构和促进农业生产提质增效具有重要意义。

图 3-12 · 在浙江安吉七彩灵峰示范基地种植的节水抗旱稻

四、复垦耕地稻花香

黄辉　赵洪阳

节水抗旱稻参与成都环城生态公园复耕，助力天府粮仓建设。成都环城生态公园位于绕城高速两侧各 500 米范围及周边 7 大楔形地块。从卫星地图上看，它的位置正好在整个大成都的中间，贯穿了许多热门土地，比如锦城湖、白鹭湾等，不说寸土寸金，但绝对算得上是中心城区。作为天府绿道体系"三环"中的重要一环，按照总体规划，环城生态公园项目将建成"5421"体系——500 千米绿道、4 级配套服务体系、2 万亩水体，以及重中之重的 10 万亩粮油产业带。从 2020 年开始，成都环城生态公园就开始了大规模的复垦、复耕。在 2021 年时，环城生态公园就已经完成 3 万亩高标准农田建设，2022 年完成了 2.83 万亩，计划在 2024 年完成"复耕

10万亩"的目标。

成都环城生态公园复耕土地都是用以前修建高速道路时挖出来的建筑土方堆填出来的,由于没有耕作层,几乎没有肥力,土壤很硬而且石子很多,所以传统水稻根本无法在这种土壤上种植。虽然成都天府绿道建设投资集团有限公司之前引进过陆稻并在该地种植了2年,但产量很低,效果很差。2023年开始引进节水抗旱稻在此试验示范种植,与原来陆稻相比,产量、米质都有了质的飞跃。其中,当年在青龙湖湿地公园复耕地试种了近10亩,采用机械旱直播方式,整个生育期只进行了2次喷灌,取得了非常不错的试种效果(图3-13)。

图3-13·2023年青龙湖湿地公园种植的杂交节水抗旱稻'旱优73'

在2023年节水抗旱稻试种成功的基础上,2024年成都环城生态公园复耕土地一次性种植了近6000亩杂交节水抗旱稻'旱优73',全部采用机械旱直播方式,后续采用节水抗旱稻轻简化栽培模式,大大地节省了耕作成本,且田间长势非常好,9月下旬开始陆续收割。目前,绕城绿道两边还有不少土地还在进行复耕中。有人认为,作为千年古城、天府之国,"万亩良田稻金黄"才是成都最硬的底气。在农业丰产期时,环城生态公园的复耕地可以给2100万成都人民每人增加5千克的粮油果蔬。是的,未来绕城这个环在节水抗旱稻的参与下,不再只是生态上的翡翠项链、骑行上的魔力大圈,还将成为天府的粮仓、四川的饭碗。

撂荒地复垦种植节水抗旱稻,探索新"稻"路。广东是我国人口大省和经济强省,也是我国粮食主销区之一。近年来,广东省粮食生产面临产能不足、水稻种植面积下降、土地撂荒问题日益突出等问题。自2018年起,广东省开始引进节水抗旱稻及相关技术,经过数年试种示范,已取得初步成效。目前,在佛山、清远、河源、茂名、韶关等地市多有种植,因其高产、稳产、优质、高效的特点,深受市场欢迎,年推广面积已达1万余亩,已成为撂荒地复耕的重要选择和增加粮食产能的有效途径。

图3-14·节水抗旱稻在复垦耕地上的应用现场会

2024年8月3日上午,位于广东省佛山市三水区大塘镇的种植示范田里,一片金黄色稻穗已经沉甸甸的稻田即将开镰收割(图3-14)。这片耕地的所有者——佛山市三水区澳农生态农业有限公司(简称:澳农公司,下同)董事长林雪梅穿着便鞋走进田中,弯腰用镰刀割下一把稻穗,向来宾们分享丰收的喜悦。相较于广东常见的水田,这样的旱田丰收在望,令不少参观者惊叹称奇。更令人惊喜的是,在中午的品尝环节,煮熟后的稻米口感甜糯,丝毫不逊于常见的水稻丝苗米。这神奇的一幕,发生在"节水抗旱稻在复垦地上的应用"现场会上。据介绍,本次现场观摩会共种植了 500 余亩节水抗旱稻,采用节水旱管模式,全生育期只浇灌 3 次"跑马水",主要依靠自然降雨。该示范点复耕前为香蕉种植园,2024 年初经土地整治复垦为水稻田,但因其沙质土壤无法种植普通水稻,故在华南农业大学节水抗旱稻绿色产业研究院指导下,澳农公司于当年 4 月引进杂交节水抗旱稻'旱优 73'与'旱优 78'两个品种进行示范种植,采用机械旱条直播、机覆全生物降解膜旱直播、无人机水直播 3 种直播方式。在炎炎烈日下,不同方式播种的节水抗旱稻均呈现出良好的长势,株挺叶茂、稻穗齐整,预示着此次复耕试种的成功。

华南农业大学领导表示,农业多元化发展的目标,对农业产业发展提出了更高要求。作为区域特色鲜明的产业,农业也需要针对不同区域的需求和社会发展目标来提供科技支撑。华南农业大学立足广东区域特色,于 2024 年 2 月联合上海市农业生物基因中心成立节水抗旱稻绿色产业研究院,积极推广节水抗旱稻示范种植,开展科研攻关,推动种质创新,保障粮食安全。未来将进一步加强节水抗旱稻种植与人工智能、智慧农业等方面新兴技术的融合,利用节水抗旱稻的特色优势改变传统生产模式,提升土地利用效益和农民收获效益,推动规模化产业发展。

根据广东省粮食安全需求,当地制定了基于节水抗旱稻的新增 4 亿千克粮食行动方案,提出发展节水抗旱稻,五年实现撂荒地规模化复耕 100 万亩,新增稻谷产量 4 亿千克的目标,为保障广东省粮食安全全力以赴。未来节水抗旱稻绿色产业研究院将加快培育适合广东种植的节水抗旱稻新品种,研发配套的轻简绿色栽培技术,因地制宜进行推广;同时,通过产学研合作,推动节水抗旱稻产业链的延伸和完善;助力撂荒地的规模化复耕复种与扩面增产,积极探索稻豆轮作、烟稻轮作、农广互补等创新种植模式,进一步优化种植结构,提高土地种植效益,为发展广东农业新质生产力、助力"百千万工程"贡献力量(图 3-15)。

图 3-15 · 广东佛山三水大塘镇香蕉园复垦种植的节水抗旱稻丰收在望

五、征服盐碱有力量

刘国兰 陈之豪

俗话说:"盐碱地里种庄稼,十年九不收"。盐碱地,是农民最发愁的一种土地,因为土壤表层的盐类、碱类累积,导致大部分作物不能在其中生长,即便长成也会大幅减产。联合国粮农组织(FAO)的调查数据显示,全球近 10 亿公顷盐渍化土壤因盐碱程度过高而不能被有效利用,其中碱化土壤约占盐渍化土壤的 60%。我国有 1 亿公顷盐碱地,其中适宜种植粮食的有 0.33 亿公顷,利用潜力巨大。

我国盐碱地治理历史悠久,相传公元前 2200 年,大禹治水就有建立沟渠排灌网改良盐碱地的实践,并在农书《禹贡》中对卤土(盐碱土)进行了分类与专门描述。在公元 6 世纪成书的《齐民要术》中,也有"绿肥轮作改碱"的记载。但大规模的盐碱地改良利用工作主要从中华人民共和国成立后开始,且与水利事业发展息息相关。进入 21 世纪后,国家持续推进盐碱地治理工作。尤其是党的十八大以来,习近平总书记高度重视盐碱地综合改造利用工作,多次深入盐碱地区域实地考察,发表了一系列重要讲话,并作出一系列重要指示。在主持召开二十届中央财经委员会第二次会议时习近平总书记指出,盐碱地综合改造利用是耕地保护和改良的重要方面,开展盐碱地综合改造利用意义重大,要充分挖掘盐碱地开发利用潜力,加强现有盐碱耕地改造提升,有效遏制耕地盐碱化趋势,稳步拓展农业生产空间,提高农业综合生产能力(图3-16)。

图3-16·江苏南通如东县海边盐碱地准备试种节水抗旱稻

如何唤醒沉睡的盐碱地呢？经过多年探索,目前盐碱地治理主要有"以地适种"和"以种适地"两大技术路线,而从改良措施上又可分为工程措施、农艺措施、化学措施和生物措施。"以地适种"主要从"改土"入手,即通过各种改良措施降低土壤盐碱含量;"以种适地"主要从"改种"入手,即通过各种手段选育耐盐碱的农作物。种稻改良盐碱地是古今传承的科学方法,盐碱地种稻"寓改良于利用",是劳动人民的伟大贡献。目前,培育和推广耐盐碱的水稻品种是发展盐碱地水稻生产的最为经济有效的措施。水稻属于中度盐敏感作物,从生产应用出发,常说的耐盐碱水稻是指能在盐(碱)浓度3‰以上的盐碱地生长且单产可达300千克/亩以上的水稻品种。国外最早开展耐盐水稻品种筛选和培育工作的是斯里兰卡,1939年培育出抗盐水稻品种'Pokkali'。印度于1944—1945年制定了耐盐水稻的杂交育种计划,此后巴西、日本、比利时、美国、英国、澳大利亚等国也相继开展了水稻的耐盐性研究。国际水稻研究所(IRRI)于1975年实施了"国际水稻耐盐观察圃计划",培育出一些耐盐品系。

我国的水稻耐盐性研究始于20世纪50年代,80年代开展全国稻麦抗盐碱协作研究。"七五"期间国家启动了水稻种质资源的耐盐性鉴定,开展了全国范围内的大协作,取得了一定的进展。1986年,在我国广东遂溪县近海滩涂地发现了一份珍贵的稻种资源,它自然生长于盐碱滩涂地,可耐受海潮短暂淹灌,具有极强的耐盐碱特性,俗称"海水稻",但对于其研究一直未受到应有的重视。2013年,农业部组织专家对其进行现场鉴定并正式命名为'海稻86',这一发现逐步引起国内外的重视,特别是近年来袁隆平团队提出培育"海水稻"(实质上是耐盐碱水稻),以利用盐碱地扩大水稻种植面积的技术思路。

节水抗旱稻的抗旱性包括避旱性和耐旱性等,耐旱性与耐盐碱之间存在着明显的生理和遗传重叠,将耐盐碱基因与抗旱基因聚合,培育耐盐碱节水抗旱稻新品种并推广应用,是扩大水稻种植面积,实现粮食增产,保障我国粮食安全的有效途径。

上海潮滩土地资源十分丰富,海拔2米以上的滩涂面积为2.7万公顷,海平面以上滩涂面积有9万公顷;海平面以下到-2米以上的滩涂面积有15.2万公顷;-5米以上到海平面的滩涂面积则高达26.99万公顷。这些淤积潮滩每年以20～350米的速度不断地向外海淤涨,是上海市最大的土地后备资源。上海市农业生物基因中心于2014年引进'海稻86'种质资源,并启动系统的基础理论与应用研究,主要目的是将'海稻86'的耐盐碱性与节水抗旱稻的抗旱性重组,实现耐盐碱性与节水抗旱性相结合,以创造新种质,从而培育耐盐碱节水抗旱新品种。2014年冬季,在海南利用耐盐种质'海稻86'分别与'沪旱3号''早玉香粳''沪旱19'等不同类型节水抗旱稻进行杂交,接着2次回交,得到BC_2F_1进行混合种植,继续在上海和海南收取自交种子。从BC_2F_3开始分别在崇明东滩湿地、海南陵水及奉贤海湾盐胁迫下(沿海滩涂地)种植,然后通过系统选育获得BC_2F_5株系(图3-17)。

全生育期在盐含量5‰左右的海水胁迫下,获得的改良株系及亲本均出现不

图 3-17 · 耐盐碱节水抗旱稻品种选育

同程度的盐害症状,材料间差异明显。以单株产量胁迫指数来看,'海稻 86'单株产量胁迫指数为 18.80。'沪旱 3 号''WDR61'单株产量胁迫指数分别为 42.60、58.18,盐害评价为 3 级。'沪旱 19''WDR48''WDR56''早玉香粳'单株产量胁迫指数分别为 60.10、68.33、73.74 和 64.69,盐害评价为 4 级。依据盐胁迫条件下植株表现,从 150 份品系中目选耐盐表现较好的材料 20 份进行考种。在盐胁迫下,改良品系的株高、有效穗数、穗长、单株产量、百粒重等农艺性状均受到抑制,与正常水田相比,各农艺性状存在不同程度的降低。其中,单株产量在盐胁迫下受到的影响最大,结实率、百粒重、有效穗、株高等性状受盐胁迫影响次之,穗长受盐胁迫的影响相对较小。耐盐性极强的品系有 NYS5、NYS117,盐胁迫指数分别为 17.2 和 18.2;耐盐性强的品系有 NYS6、NYS8、NYS10、NYS11、NYS15、NYS17、NYS39、NYS55、NYS83、NYS87、NYS92、NYS105 等 12 个品系。在山东昌邑市滩涂地示范展示,以'盐丰 47'为对照,种植了 3 个材料,每个品种(系)种植 800 平方米,旱直播全程旱管,成熟后进行田间实收测产,NYS5、NYS15 和 NYS11 田间实收产量分别为 234.0 千克、372.2 千克和 213 千克,对照'盐丰 47'的产量为 259.6 千克。其中 NYS15 的产量显著高于对照,每亩产量达 310 千克,比对照'盐丰 47'增产 43.3%。耐盐碱节水抗旱稻的选育使盐碱地破"碱"重生,创出高产(图 3-18)。

通过创制耐盐碱能力强于'海稻 86',同时具有节水抗旱特性的新种质,培育

图 3-18 · 耐盐碱节水抗旱稻育种筛选

适合上海市和我国沿海滩涂地及内陆盐碱地种植的耐盐碱节水抗旱稻新品种,对于扩大我国耕地面积、维护国家粮食安全具有重大意义。

新疆作为我国重要的农业生产区之一,面临着盐碱地分布广泛的问题。根据相关资料,新疆几乎到处都有盐渍土,这使得土地的生产能力下降,同时也引发了土地流失等一系列问题。2021年,在上海市对口支援克拉玛依市前方指挥部的大力支持和沪克两地科技人员的共同协作下,克拉玛依市从上海市引进'沪旱6220'等多个节水抗旱稻品种进行种植试验。试验结果表明,'沪旱6220'节水抗旱稻品种表现突出,显现出节水、抗旱、抗风、产量高等良好特性,为在当地大面积推广种植打下了基础。在克拉玛依市综合性农业生产企业——新疆西部绿洲生态发展有限责任公司开发了200亩节水抗旱稻试验田,并从上海市引进'沪旱6220''沪旱3032''沪旱6005'等多个节水抗旱稻品种,进行了不同灌溉量、覆膜、裸地种植对节水抗旱稻产量影响的试验。试验结果表明,'沪旱6220'在引进种植的多个节水抗旱稻品种中表现突出。该品种每亩年用水量仅为500立方米,是普通水稻每亩年用水量的三分之一,完全满足节水种植的需求。该品种植株矮,稻秆只有70厘米左右,但稻秆粗壮,抗风抗倒伏能力强,能很好适应克拉玛依市秋季大风天气;该品种播种晚、生长期短,只有120天,适合克拉玛依市的气候特点,且用种量较低,但产量较高。10月中下旬,克拉玛依市对试验种植的'沪旱6220'品种进行了测产,平均亩产近500千克(图3-19)。

图3-19·在新疆克拉玛依市种植的节水抗旱稻'沪旱6220'

'沪旱6220'的试种成功,为新疆大面积推广种植节水抗旱稻提供了科学依据,也为进一步提升克拉玛依市本地粮食生产供给能力,更好地保障市民"米袋子"提供了有力支撑。

荒漠化和粮食安全问题正在让全球面临前所未有的威胁,可用于绿色生产的农业土地是人类赖以生存的支柱,突破自然条件的限制,可持续地增加农业生产空间,是实现节水抗旱稻"1522"发展目标的重要途径之一。节水抗旱稻通过品种和栽培技术的创新,助力推进"藏粮于种、藏粮于技"。未来,节水抗旱稻在新疆的示范推广的发展模式将向"一带一路"共建国家复制推广,为世界粮食安全和绿色农业发展提供"节水抗旱稻方案"。

六、沪上飘出八月香

张婧琪　胡海峰　张珍　赵洪阳

在上海市金山区廊下镇社区事务受理服务中心楼前,种着一小块节水抗旱稻。

到了每年收获的季节,金黄的稻穗成为这里亮丽的风景。在廊下镇万亩粮田里,种着成片的节水抗旱稻'八月香',正成为推动上海农业高质量发展的新路径(图3-20)。

图3-20·金山区廊下镇社区事务受理服务中心楼前的'八月香'

土地资源是上海的稀缺资源,上海发展农业生产的同时还需要协调好城市建设、经济发展的关系,因此上海的农业生产要充分提高土地利用效率,采用高效、高产值发展模式。上海水稻生产可持续发展面临土地资源约束趋紧、对生态环境冲击较大等挑战。上海水稻耕作制度以一季晚稻为主,水稻收割后稻田一般种植绿肥或闲置,土地利用效率较低。因此,都市农业生产要充分提高土地的利用效率,采取高效、高产值发展模式。

上海属于亚热带季风气候,光照充足,雨量充沛,气候温和湿润,适宜开展稻菜轮作高效农业生产。稻菜水旱轮作是一种独特的生态类型,是实现水稻、蔬菜产业绿色可持续发展的有效途径,稻菜轮作模式不仅可以合理地安排粮食作物与经济作物的种植结构,提高土地等资源的利用效率,还可以改良土壤结构,提高肥料利用效率,减轻病虫害发生,减少化肥农药施用,从而提升农产品品质、节本增效,实现农业绿色循环发展目标。要实现上海农业的高质量发展,可以借助农业供给侧结构性改革的契机,通过创新提质增效,促进水稻、蔬菜两个产业同时升级和高质量发展。

目前，上海地区对稻菜轮作研究和应用较少，适宜稻菜轮作的水稻品种几乎没有，主要原因是稻菜轮作种植模式中，除需要满足水稻品种的短生育期特性外，对品种的抗高温能力、米质等方面要求也非常高；同时水旱轮作会打破稻田犁底层，一定程度上降低稻田保水性，也要求相应的水稻品种有一定的抗旱能力，因此培育适宜上海地区稻菜轮作专用的水稻品种，筛选出适宜稻菜轮作的蔬菜品种，进行稻菜轮作模式的示范推广，对于保障上海的粮食和蔬菜供应，有效提升地产稻谷和蔬菜在市民消费中的比例具有积极作用。

节水抗旱稻具有抗旱能力强、省工省肥、节药环保的特点，直播旱管种植可以改变传统水稻栽培的淹水习惯，更加节能低碳。特早熟优质节水抗旱稻'八月香'系列品种培育成功，以及采用稻菜轮作高效生产模式，为提高土地利用效率，改良土壤结构，提升农产品品质等提供了有效途径。2022年在上海金山，4月底5月初水直播旱管种植节水抗旱稻'八月香'，8月18日水稻成熟收割，成为上海最早上市销售的新鲜大米；水稻收获后，9月中旬定植优质生菜，11月中旬完成生菜的采收，每公顷可以实现产值14.4万元。稻菜轮作模式在保障上海土地粮食生产功能的同时拓展了地产蔬菜种植面积，在保障"米袋子"的同时补充"菜篮子"，满足了市民对大米和蔬菜的需求，是一种绿色安全有效的生产方式（图3-21）。

图 3-21 · 节水抗旱稻在金山廊下"八月粳"绿色栽培示范

每年 8 月中旬,上海金山廊下万亩粮田内总是热闹非凡。一脚踏入坚实的旱地,两手抚摸金黄的稻穗,抬头是连片种植、鲜少田埂的金黄稻浪。盈车嘉穗,八月飘香,一派丰收景象。

这收割的正是源自上海并为上海需求量身打造的节水抗旱稻品种'八月香'雪花粳。其具有"旱种旱管""稻+模式""高农产品价值"等亮点,为都市水稻生产提质增效带来了一种新方案。

从 2016 年开始,基因中心罗利军团队就启动了符合以上海为核心的长三角城市群需求的特早熟优质节水抗旱稻品种培育项目,以种源创新带动"稻+"茬口搭配生产模式,从而实现既保障粮食生产,又提高土地利用率,增加农民收入的目标。'八月香'雪花粳在种植过程中显示出了多项优势特征,成为农户和市民关注的稻种新星。

(一) 一稻"合并单元格":连片种植扩面积

和传统水稻田不同的是,'八月香'雪花粳的田块不再是"田字格",而是"合并单元格",将一块块的稻田连接起来,降低了田坎系数,减少了进排水明沟渠,提高了土地的利用效率。

长期以来,传统水稻的种植方式使得农田周围不得不保留进排水明沟渠和田坎,这些排水沟面积占农田面积的 7.5% 以上,严重降低了农田利用率。而节水抗旱稻'八月香'雪花粳就有效地缓解了这一问题。在上海金山的示范种植中,采用了"旱种旱管"种植方式,在发挥节水抗旱稻节水抗旱优势特性的基础上,不再淹水漫灌,实现"水改旱"种植。节水抗旱稻'八月香'雪花粳还可以搭配机械,在种植过程中可降低犁底层,增加耕作层深度,有效利用了自然降水,给本就节水抗旱的'八月香'加上了稳产的"双保险"。

由此,农田降低了对进排水明沟渠和田坎的依赖,节省下来的面积可继续用于节水抗旱稻的种植,大大增加了稻田的使用面积。据测算,"水改旱"后的稻田实际生产面积可增加超过 4%。

(二)"稻田魔方"组合多:"稻+"模式优化种植结构

上海传统水稻生育期长,占地时间久,水稻生产成本高。而'八月香'雪花粳生育期仅 105 天,产量可以达到 450 千克/亩。尽管'八月香'雪花粳的生育期较短,但其米质丝毫不差,做成米饭软糯飘香,食味值达 82 分。2023 年,金山廊下的节水抗旱稻'八月香'雪花粳种植面积超 1 000 亩,收割后采用"稻＋"模式,即收割后还可以再收一批再生稻,也可以接茬种植鲜食玉米、生菜或油菜。基于'八月香'应用"稻＋"模式,如魔方一般,为都市农业带来了更多可能性。"稻＋"模式可以优化稻田种植结构,实现资源节约、环境友好、农田增值、农民增收。

在推进'八月香'种植的过程中,配套技术研究也在同步开展。如针对旱地杂草问题,'八月香'探索控草效果好、持效期长的"加强版二甲戊灵"防草效果,并使用增效减量助剂,探索处理旱地种稻面临的杂草问题。除了杂草防治技术,'八月香'雪花粳在种植过程中还应用了覆膜旱直播栽培技术,在防治杂草方面开展积极探索并取得成效。这些配套技术和"稻＋"模式的应用,将为都市水稻生产提质增效带来可借鉴经验。

当前上海农业生产模式面临着水稻生育期长、成本高、产值低、环境污染严重、农田利用率低等诸多问题,都市现代农业提质增效这一难题亟待解决。节水抗旱稻"稻＋"产业发展模式,将会有效提高土地全年利用效率,优化稻田种植结构,提高农户的经济效益。节水抗旱稻收割后,将会接茬种植生菜,因此在提升经济效益的同时,也为都市农业带来更多可能性。

■（三）效益的 N 次方：'八月香'提升农业产业价值

'八月香'雪花粳具有极高的生态价值。根据对水稻生产、运输、加工环节的碳足迹评估,发现水稻在生产环节的碳排放占比最大。而'八月香'雪花粳采用了旱直播旱管种植模式,降低稻田温室气体排放幅度达 90％以上。同时,罗利军团队还对'八月香'雪花粳氮肥施用量和缓释肥施用效果进行了研究。研究发现,'八月香'比上海市水稻生产平均施氮量减少 11 千克/亩,极大地降低了水稻种植中化肥对环境的污染。相比传统水稻,'八月香'系列品种'沪旱 16'不仅生育期短,还具有节水、减肥、减药等特性,且成熟期又恰逢高温时节,故病虫害较少,可大幅度减少农药使用量,因此特早熟优质节水抗旱稻的减排生态效应非常明显。在碳交易、排污权等不断完善的背景下,'八月香'的生态价值将得到进一步展现。

在提升生态价值的同时，'八月香'应用"稻＋"模式拓展经济效益让人眼前一亮。与传统"国庆稻"相比，'八月香'销售大米的综合利润更高，化肥和农药的施用量则明显减少。与传统水稻相比，其农药和化肥成本分别降低了67％和61％，种子、人工费用和土地租赁费比传统"国庆稻"分别降低25％、13％和3％。得益于'八月香'可采用旱直播旱管种植方式的优势，"稻＋"模式拓展出"生菜＋稻＋生菜""生菜＋稻＋玉米"的多种模式，极大地提高了农户的经济效益。除了稻米种植本身，对农产品的深加工也进一步提升了农产品的附加值。

（四）水稻产业发展的"节水抗旱稻方案"

节水抗旱稻'八月香'自诞生之日起，就带着"特早熟"的光环。正是这一关键特性，催生出了"稻＋"模式。'八月香'比常规粳稻生育期短了50天，同时再生能力强，8月收割后，10月份可再收一季晚稻稻谷，或接茬种植生菜、油菜、玉米等作物。"稻＋"模式的应用，推动了相关领域技术的创新升级和上下游、多层次生产环节的互融合作。

2021年，在上海市农业农村委员会（简称：上海市农委，下同）的支持下，'八月香'走出节水抗旱稻试验田，稻菜轮作高效生产模式被大面积推广应用。2023年，立足于金山廊下，得益于'八月香'旱种旱管和极早熟特性，集成创新了节水抗旱稻"八月香-生菜"轮作机械化生产关键技术，实现了稻田秸秆粉碎、深翻、起垄、生菜播种和移栽的全程机械化，极大提升了生菜种植的效率、产量和品质，促进塑造优质生菜品牌，对上海开展生菜的全程机械化生产具有重要意义。

近年来，基因中心罗利军团队依托行业内人员、信息、技术等要素的协同共享和高效利用，竭力打造广泛参与、资源共享、精准匹配、紧密协作的节水抗旱稻绿色产业蓝图，推动节水抗旱稻不同种植区域之间、大中小企业之间、上下游环节之间高度协同耦合，探索水稻产业发展的新业态、新模式、新路径。2023年，基因中心牵头成立了全国节水抗旱稻全产业链创新联盟（简称：节水抗旱稻联盟，下同），探索产业链上、中、下游互融共生、分工合作、利益共享的一体化组织新模式。在上海，基因中心深化与种业企业的合作，围绕节水抗旱稻推动跨领域技术交叉融合创新，加快节水抗旱稻配套技术突破。在金山漕泾水库村，上海煜海水稻种植专业合作社开展了稻谷种植、稻米销售、稻菜轮作、机覆膜绿色栽培等技术的科普教学和推广应用,助推金山区水稻产业高质量发展。

(五)'八月香'走出金山,走出上海

'八月香'发源于金山廊下,并走向全国各地。2021年,'八月香'品种开始在浙江安吉、安徽淮南、江苏无锡、江西南昌等地开展试种示范,反响热烈。2022年,'八月香'系列品种在上海及周边地区推广面积超过3000亩。如今,为上海市民量身定制的'八月香'系列品种已经遍布上海闵行、奉贤、浦东等多个区,并走进江苏无锡、山东临沂和江西南昌等地试种示范,有力地提升了土地利用效率和农田产值。在闵行浦江东风村,上海谷杰粮食专业合作社在新复垦的耕地上种植节水抗旱稻'沪旱16',克服了沟渠灌溉、土地性状、土壤质量等条件较差的困难,取得超出预期的良好表现。'八月香'系列品种将进一步释放节水抗旱稻的经济、生态、社会效益,以节水抗旱稻高质量潜能助力农业高质量发展。

如今,'八月香'雪花粳在全国多地生根,各地对"稻+"模式的探索也在不断推进,节水抗旱稻得到了上海农业主管部门和农户的高度肯定。每年8月,和开镰同步开展的还有"'八月香'论坛"。论坛为科研单位、农业主管单位、合作企业提供了一个集中交流和展示的平台,为推进节水抗旱稻在各地的推广应用提供支持。

特早熟优质节水抗旱稻的成功种植和收获,为进一步促进闵行区种植业结构调整,实现农田增值,农民增收做出了贡献。2023年,基因中心与闵行区农业农村委员会签订了合作框架协议。双方将共建节水抗旱稻闵行专家工作站,开展节水抗旱稻栽培技术试验示范和品种大面积推广,充分发挥双方优势资源,协调政策支持、科技创新、技术推广、产业化开发,共同提升节水抗旱稻创新发展水平和社会影响力。节水抗旱稻正在上海这片土生土长的地方发光、发亮,在辐射全国、面向世界的同时,为上海都市农业发展探索新路径、提供新思路(图3-22)。

节水抗旱稻'八月香'逐渐实现了由"点"到"线"的重要跨越:这一高度契合上海市民饮食需要的新品种,走出了金山,在闵行、浦东、奉贤遍地开花。'八月香'系列品种在各地的推广,将助力水稻产业高质量发展,为贯彻发展农业新质生产力提供"节水抗旱稻方案",做出上海贡献。

图 3-22 '八月香'走出金山,走进闵行浦江 （图片来源：闵行区农业农村委员会,罗贞）

第四章

长夜行者——众里寻他千百度

一、学习和培训散记

梅捍卫

（一）布翁指导识干旱，多方观摩优方案

罗利军领衔的节水抗旱稻研发团队肇始于中国水稻研究所品资系，起初成员更多地熟悉稻种资源传统特性的鉴定和超高产杂交稻育种。那时团队尚未开始关心水稻抗旱性问题，虽然已经了解到非洲外引稻种资源中存在较多的旱稻品种或者说具备抗旱性的水稻品种，但团队并未开展稻种资源的抗旱性筛选和鉴定工作。而团队的水稻抗旱性遗传改良研究工作，始于最初一二年间借用中国水稻研究所绿化苗圃的一小块土地搭建塑料薄膜拱棚，种植几十份材料，简单地观察在旱种条件下，这些材料的长势、综合农艺性状和产量表现。但对于水稻抗旱性鉴定的技术方法，团队成员并不具备明晰的概念和知识体系，也缺乏实践经验，更谈不上有效控制土壤水分条件进行干旱胁迫处理的鉴定设施和监测植物水分胁迫生理生化指标的仪器设备。

2001年刚到上海之时，上海市农业生物基因中心的大楼还是建设工地。当时除了借用一栋红砖小楼一楼的两间办公室外，水稻试验和育种材料都种植于上海市农业科学院（简称：上海市农科院，下同）的重固基地，才使育种材料的加代繁殖和选育工作能无缝对接，没有受到大的影响，而团队能真正建立水稻抗旱性鉴定技术要归功于一位以色列专家——布鲁姆（Blum）博士。

布翁乃亚伯拉罕·布鲁姆博士(1934—2018),以色列人,国际著名农作物抗逆性研究和育种专家。布鲁姆博士 1967 年毕业于以色列耶路撒冷希伯来大学,获得植物育种专业博士学位;1969 年获得联合国粮农组织 Andre Mayer 奖学金,在美国内布拉斯加大学从事博士后研究,此后多次到美国得州农工等大学开展短期合作研究;1970—1977 年负责以色列 Volcani 中心高粱研究,选育抗干旱高粱品种;1978—2000 年负责该中心禾谷类作物研究,领导小麦育种项目并育成抗旱和耐热新品种,在此期间担任 12 个国际合作项目的首席科学家,组织来自美国、意大利、葡萄牙、肯尼亚和德国的科学家开展缺水地区的作物改良攻关工作。2001 年起担任美国洛克菲勒基金会"贫穷人口粮食安全"项目中亚洲作物抗旱育种的咨询专家,创建和管理植物环境胁迫研究专业网站 www.plantstress.com。布鲁姆博士是国际干旱大会(Inter-Drought Conferences)的发起人之一,担任 2005 年意大利罗马第二届国际干旱大会和 2009 年中国上海第三届国际干旱大会主席。担任国际农业研究磋商小组(CGIAR)挑战计划(GCP)"抗干旱鉴定能力"和"抗旱表型鉴定网络"等项目的咨询专家。此外,布鲁姆博士曾担任国际农业发展合作以色列中心的咨询专家,帮助东南亚、东西非和拉丁美洲国家发展谷类生产;受邀为国际热带农业研究所和美国农业部、澳大利亚、意大利等国的研究机构评估研究进展;在中国、古巴、南非、西班牙、意大利和澳大利亚等国家教授干旱作物改良国际培训课程。他还先后担任国际权威学术刊物《大田作物研究》(*Field Crops Research*,1980—1989)和《植物育种》(*Plant Breeding*,1996—2000)的编辑;受邀几十次在国际研讨会上做主旨报告,发表 100 多篇科学论文;1988 年出版著作《逆境环境下的植物育种》(*Plant Breeding for Stress Environment*),2004 年合作出版著作《植物育种生理学与生物技术汇编》(*Physiology and Biotechnology Integration for Plant Breeding*)。

布鲁姆博士担任美国相关基金会粮食安全部抗旱项目咨询专家期间,先后 5 次来华,到上海市农业生物基因中心、华中农业大学、中国农业科学院等单位指导水稻抗旱性研究和育种工作,帮助这些单位设计和建设专门的鉴定设施,建立技术体系、培训专业人才,使得这些单位研究水平从起步阶段迅速提高到国际先进水平。布鲁姆博士 1999 年首次来华,参加在海南召开的作物抗旱国际研讨会并作报告。2001年受美国相关基金会委托,在上海市农科院重固基地举办植物抗旱鉴定培训班,来自上海市农科院、华中农业大学、中国农科院、青岛大学等单位的青年科技人员不仅学习了抗旱生理的基础理论,而且在他亲手指导下学习抗旱鉴定方法。2003年在泰国举办田间鉴定设施的培训班,向来自亚洲、非洲等地10多个国家的专业人员介绍当时国际上最先进的抗旱性鉴定设施和技术,上海市农业生物基因中心和华中农业大学6位研究人员应邀参会。布鲁姆博士以上海和武汉两地建成的抗旱鉴定设施作为范例,通过 www.plantstress.com 网站介绍给国内外同行。作为洛克菲勒基金咨询专家,布鲁姆博士对上海市农业生物基因中心所承担项目的研究进展给予充分肯定,在评估报告中几次给出最高的评价和推荐。因此,上海市农业生物基因中心团队连续3轮共9年得到洛克菲勒基金经费支持,共计获得近50万美元科研经费,并且有15人次得到全额资助,参加在菲律宾国际水稻研究所、墨西哥国际小麦玉米改良中心和意大利罗马召开的国际水稻遗传和作物干旱国际研讨会。

经上海市农科院推荐,布鲁姆博士获得2008年上海市国际合作白玉兰纪念奖。

1. 边学边做,重固举办首次抗旱鉴定培训班　上海市农业生物基因中心的水稻抗旱性研究和育种工作最早获得的经费支持来自美国相关基金会,也许是国际合作科研项目管理的惯例,基金会在提供经费的同时,还聘请国际上著名的农作物抗旱研究专家,负责项目执行情况的跟踪评估和技术指导。我们习惯性地称呼他们为"技术官员"和"技术咨询专家"。

基于这样的缘由,上海市农业生物基因中心在后面若干年里迎来了约翰·奥图尔博士(Dr. John O'Toole)和亚伯拉罕·布鲁姆博士(Dr. Abraham Blum)的多次来访和悉心指导。奥图尔博士曾经在国际水稻研究所从事水稻抗旱性研究,与其团队成员或者合作伙伴一起,开展了水稻抗旱性鉴定技术研发、稻种资源抗旱鉴定和抗旱性遗传机理研究,发表了大量文章,也编辑出版了一些国际会议论文集和专著。值得一提的是,早在1984年奥图尔博士与合作者就在农艺学杂志(Agronomy Journal)上介绍了利用线源喷灌(Line-source sprinkler system)形成灌溉水量梯度的干旱胁迫处理方法,观察旱地水稻品种对多达6个等级水分梯度的响应,其中第

1级所在区域紧靠线状排列的喷灌头,其供水量设定为蒸发量的1.1倍;而第6级则远离喷灌头,以至于喷灌水雾难以达到,该处的水稻植株只能依赖于喷灌供水之前土壤中原有的水分,经过一段时间的干旱天气之后,该区域的水稻植株严重枯死,即便能够抽穗也完全不能结实。两年之后,该团队选择不同抗旱性的代表性水稻品种,在这一测试体系中进行不同程度的干旱胁迫对比处理,详细的调查、测定了大量农艺和生理指标,观察不同品种的抗旱能力。之所以在此处较为详细地介绍这一方法,是因为在上海市农业生物基因中心后续抗旱鉴定设施设计和建设过程中,学习和应用了这一原理,建立了基于土壤水分梯度的水旱对比处理方法,应用于水稻遗传群体的抗旱性鉴定和遗传定位研究,并取得了良好效果。

图4-1·奥图尔博士赠送的图书封面及随书标签

奥图尔博士还赠送给上海市农业生物基因中心大量水稻抗旱性研究和育种相关书籍和期刊论文复印件。在很长的一段时间里,这些书籍和学术论文是中心科研团队成员和研究生同学们的主要学习资料。尽管在20年后的今天,有些会议论文集和期刊论文已显得有点"古老",而且现在大家都已经习惯于电子版的论文资料。但有些需收费下载的刊物论文和找不到PDF文件的专著章节,大家偶尔还会翻阅陈列于资料室的这些书籍和已经泛黄的论文"Hard copies"(图4-1)。

前文所述来自以色列的布鲁姆博士,是农作物抗旱性研究领域的国际著名专家,他与基因中心团队产生交集的时候,已经是以色列耶路撒冷希伯来大学和农业研究机构(Agriculture Research Organization,ARO)的退休教授,担任洛克菲勒基金会的高级专家。

2001年9月份,布鲁姆博士来上海举办水稻抗旱鉴定技术培训班,这是基因中心尚未正式落成之前的首次培训活动。接受培训的人员主要是基因中心的科研人员和技术工人,也有个别学员来自当时的莱阳农学院等其他单位。培训班只有十几位学员，主要是刚刚从杭州转到基因中心科研团队的成员。培训班放在上海市农科院重固基地那栋小楼二楼的一个小会议室里。印象中还记得布鲁姆博士让我们事先挖了一株水稻养在塑料桶中，他就着水稻植株实物给大家讲解水稻抗旱性的内在机理和重要鉴定指标。更多时间里，他让学员们分组进行水稻抗旱性指标观察和记载的实际操作，还对记载的数据进行统计分析，比较不同小组鉴定结果的差异和稳定性。

由于2001年所有与抗旱性研究和育种相关的工作都还刚刚起步，这次培训班中需要的实验器材也是依照布鲁姆博士事先发来的资料专门订购的。为了进行水稻叶片相对含水量的测定，购买了原先专门为水稻花药培养设计的带有旋盖的平底小玻璃瓶。田间剪取叶片样品后拧紧盖子带回室内称重，加水浸没过夜，取出叶片用滤纸吸去表面水分后称重，在烘箱中烘干后再次称重，最后计算得到叶片的相对含水量。记得布鲁姆博士随身带过来一把红外测温仪，讲解了探测角度、测量范围和测量距离之间的关系，指导大家对水稻植株和试验小区进行冠层温度测定的方法。

叶片水势是能够反映植株内部水分状况的重要抗旱生理指标，然而用于叶片水势测量的压力室（Pressure chamber），听名称不太像一种科学仪器，仪器本身除了那个表盘很大的压力表，其构造看起来就是一个铁疙瘩，即便是便携式的压力室，看起来也像个小手提箱，拎起来很有分量。当年为了能从国际水稻研究所借到这样一台仪器也是花费了不少周章，其中艰辛，现在回想起来依然历历在目。

压力室的工作原理其实很简单，通过高压气体挤压从植株上剪下来的叶片或者其他组织，抵偿其内部的负水势，使得剪断后维管束中内缩的液流回到切口表面，在放大镜下看到刚刚冒出小水泡的时候，记录下当时压力表上的读数即可。便携式压力室配备一个小压力气瓶，可以把大的压缩氮气钢瓶中的氮气分装到小钢瓶中，以便带到田间使用。为了完成大群体叶片水势的测定，后来我们干脆把大钢瓶搬到抗旱鉴定温室中，直接连接仪器进行长时间的连续测量。叶片水势和相对含水量的测定都非常耗时，原则上同一批次材料的取样间隔时间不宜过长。一个超过300份株系的遗传群体，加上水旱对比处理、区组和重复个体，测定叶片水势和相对含水量的工作量非常巨大。布鲁姆博士把这种颇具挑战性的试验计划和实际完成过程比作"Army's work"，可见当年基因中心那几位"元老级"博士研究生和小伙伴们还是很有战斗力的。

2. 席地而坐，泰国田头抗旱育种人"圆桌"讨论会 2003年12月15—19日，洛克菲勒基金会在泰国孔敬府（Khon Kaen）组织了一次名为"育种家圆桌讨论：水稻耐旱性筛选与育种"（Breeders Roundtable Discussion：Screening and Breeding for Drought Tolerance in Rice）交流讨论会，约有40名参会代表，除了洛克菲勒基金的约翰·奥图尔博士、亚伯拉罕·布鲁姆博士和泰国孔敬大学和国家雨养稻育种组的专家和会务人员，大多是洛克菲勒基金资助的水稻抗旱育种项目骨干成员，他们分别来自亚非多个国家。基因中心有5人参会，华中农业大学也派出多位老师。

第一天会议选择一些项目承担单位简单介绍工作进展情况，提出实施过程中碰到的问题，以圆桌会议的方式展开讨论，奥图尔博士和布鲁姆博士就这些问题与大家交流，也给出一些解答和建议。第二天组织参会人员参观位于春蓬县（Chum Phae）的水稻研究试验站（Rice Research & Experiment Station），考察水稻抗旱育种的大田和鉴定设施现场。在雨养水稻选种圃的大田与线源灌溉水量梯度抗旱鉴定田块之间，有个约1米高的大土台，长着一棵树冠很有型的大树，树下平坦的区域铺上了大块的篷布，树边架起一块白板。大家在干旱胁迫选种大田和水量梯度抗旱鉴定试验区了解土壤水分胁迫控制，观察不同胁迫程度和不同水稻品种的表现，听泰方专家介绍抗旱鉴定设施的具体性能参数以及前期监测的参试材料性状指标，并就一些试验的技术细节互相交流（图4-2）。

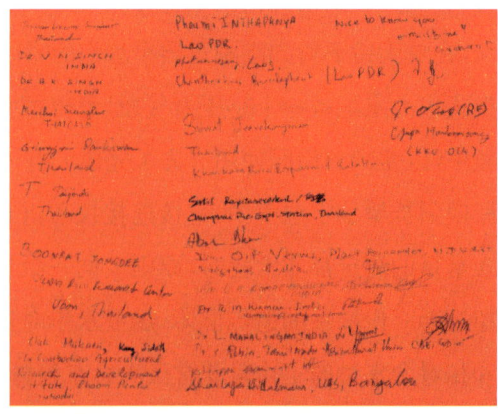

图4-2 · 2003年泰国孔敬水稻抗旱育种家圆桌讨论会［左：参会人员合影；右：签名留念（局部）］

快到中午时分，大家回到树荫下席地而坐，继续这一"圆桌"讨论会。布鲁姆博士把大家提出的问题列在白板上，组织大家讨论并逐一进行讲解。之后，东道主分发快餐给大家，虽然现在想不起来那天午餐吃了啥，抑或是汉堡、三明治或者泰国特色的什么餐点，但依稀还记得在树荫下就餐的惬意感觉。

这次会议其实很大程度上也是一次抗旱鉴定和育种技术的培训会，令人印象深刻的当然是基于线源灌溉水量梯度抗旱鉴定设施。基因中心团队成员第一次零距离来到鉴定田块之中，穿行于不同灌溉水量的种植小区之间，直观地感受到这一干旱胁迫处理方法的良好效果。不同供水量梯度之间，同一水稻品种的植株从株高和营养生长量、生育期延迟、卷叶程度和枯死叶比例、抽穗数量和穗颈伸出长度、结实率和籽粒饱满程度等各个方面都呈现梯度变化，而且能够从线源处往外划分不同等级供水量的条带，看作不同干旱胁迫程度的处理小区。比较严重干旱胁迫处理区域的不同水稻品种，对干旱敏感的品种在最严重胁迫等级区域已全部枯死，更多次严重胁迫区域的植株表现严重的胁迫症状；而抗旱水稻品种则仅在最严重胁迫区域有明显的株高、分蘖和结实率下降，但仍然可以收获到一些成熟的籽粒，还有那么一点产量。为了防止不同喷头出水量差异或者部分受堵等因素影响试验结果，在离线源不同距离上等间隔插了几排比水稻植株高出一点的木棍，上面固定一个小塑料杯，形成测量实际水量的网格，因此描述灌溉水量梯度的数据不是来自喷灌流量的估计，而是各个网格点上测量的"降水量"。

在雨养田选种圃田里，大家与布鲁姆博士就水稻抗旱育种对鉴定技术的依赖性有一些讨论，至今还记得布鲁姆博士的一个观点，他说以前没有这些先进、昂贵的设施，育种家也能选育水稻抗旱新品种，只要在合适的地方把材料种好，施加均匀的干旱胁迫处理，肉眼就能看见哪些材料抗旱，从而完成选种任务。

基于线源梯度灌溉水量的干旱胁迫试验体系看起来非常完美，能够实现多至6个从正常对照到极度干旱的水分胁迫程度等级，不同水稻品种的抗旱特性得到非常充分的表达，几乎可以说实现了定量化的考察评估，也就是说通过不同水分胁迫等级之间生理和农艺性状指标的对比计算，能够鉴别出高抗、抗旱、中等、较敏感和敏感等不同抗旱性水平，也能得到具体品种的减产程度与灌溉水量之间的量化关系。通过这一试验体系得到的一个常见折线图，即不同品种在不同水分胁迫等级下的产量或者其他抗旱相关指标的变化情况，能够直观展现品种的极限抗旱能力和造成产量等指标快速下降的临界灌溉水量，其优越性明显而且可能还不限于这些。凡事都有正反两面，这一体系也有显而易见的不足之处，需要在很宽的田块中实现灌溉水量的梯度变化，从线源向垂直方向的喷灌水量分布，由单个喷头喷出水滴在圆形范围里的密度分布，以及沿线源方向排列的相邻喷头覆盖圆圈的部分重叠共同决定，需要在较大空间中利用高压喷头的大射程来布局水量差异条带。这次会议合影照片的背景就是线源灌溉水量梯度抗旱设施所在的大田，可以看到同一水稻品种从左侧线源位置一直种到了整个田块的对侧田埂，这么大一块试验田只能布置 10 余个水稻品种重复区组试验。也正是这样的原因，基因中心在后续抗旱鉴定设施建设、海南基地抗旱鉴定大田的规划中都没有考虑采用线源灌溉水量梯度干旱胁迫处理体系。

■（二）积淀岁月，海南基地养成一块抗旱鉴定"大田"

在对水稻盆栽、根管种植进行精细化干旱胁迫处理和性状考察的同时，基因中心抗旱性遗传研究团队的主要工作之一，是充分关注大田条件下水稻材料的抗旱性表现，并且以干旱条件下水稻籽粒产量为最终目标。

在国际水稻所（IRRI）2003 年出版了费舍尔和拉菲特等编著的 *Breeding Rice for Drought-Prone Environments* 一书，中心抗旱研究和育种团队在林榕辉老师指导下翻译该书进行出版，中文版书名为《水稻抗旱育种手册》。该书除了简单介绍水稻抗旱性的基本原理，提供可参照的实际操作方法和若干成功案例，有两个观点非常明确。其一，籽粒产量是基本性状，可以直接依据产量表型选育抗旱水稻品种，其他诸如根系特征等形态指标或者响应干旱胁迫的生理指标则为二级性状；其二，易旱环境本身多种多样，应依据拟种植区域实际情况选育品种。

如此说来，开展水稻抗旱育种，或者希望抗旱性遗传研究结果能够有效应用于育种，需要具备一个基本条件，就是在拟种植区域或者相近环境条件的大田中种植水稻材料，施加均匀有效的干旱胁迫处理，考察不同材料的产量以及与产量相关的次级性状，选择表现最好的单株、株系或者品系，这样选育而成的新品种具备稳定遗传、与当地易发干旱程度和时空特征相匹配的抗旱能力。

然而，听起来简单的事情，比如找一块能够进行均匀、有效干旱处理的大田，其实颇有难度。首先，这块田要足够大，一个成规模的育种计划，需要在早、中、晚期3~5个世代对分离群体或者株系材料的抗旱性进行鉴定筛选，或者要布置一个300个株系以上遗传群体的随机区组试验，至少需要设置3次重复，而且希望做干旱处理的田块与种植正常对照的田块有可比性，因此需要几亩甚至几十亩面积的一整块田，而且田块的地势、土壤肥力等需非常相近。其次，处于干旱少雨的地区或季节，要求田块地势较高，以便降雨后能够迅速排干积水，避免因地下水位过高而影响干旱处理进程；第三，具备良好的灌溉水源、沟渠、水泵及动力。

如何选择合适的土地作为抗旱鉴定筛选的专用试验区或者选种圃，布鲁姆博士也专门给予我们详细的指导。首先，田块面积、地势和排灌等条件符合要求；其次，要观察土壤条件是否均匀，有可能的话尽量选择长期耕种的田块，观察常规种植的水稻或者其他作物生长情况是否均匀，最好用同一个品种种植一个季节，观察不同生长发育阶段的整齐度；第三，整个区域种植同一个品种，在预设干旱处理的时期停止灌溉并做好排水措施，在干旱胁迫形成和发展的过程中观察作物生长的整齐度、卷叶、枯叶、延迟抽穗等缺水症状出现的早晚以及严重程度，了解总体土壤失水形成旱情的速度和均匀性。有条件的话，拍摄整个区域的红外图像，了解冠层温度的极端差异程度、分布均匀度和分布模式。布鲁姆博士曾给我们展示了将曲臂高空作业车开到田头，然后把他自己送到二三十米高处去拍摄整个试验区域的方法。现在，无人机摄影技术已经在农作物表型鉴定试验中得到广泛应用，相较于早期的这种高空作业车或者借助气球等方法要方便、安全很多了。

基因中心海南南繁基地扩建并升级为上海市农科院南繁基地时，在那栋被誉为"第一高大上"南繁宿舍楼的后面新开垦出来一整块"大田"。

第一季种植水稻并进行干旱胁迫处理时，由于是新开垦土地，所以水稻长势偏弱。因为担心肥力不均匀的问题，没有一次性大量施用有机肥来改良土壤，而是通过多年多个季节里均匀施肥来培育土壤肥力。好在海南南繁试验主要在每年的冬季，也就是当地的旱季进行，而夏天雨季"农闲季节"时，可以施用有机肥来改良土壤（图4-3）。

图 4-3·海南基地用于抗旱鉴定大田的新开垦土地(左:摄于 2011 年 12 月 26 日)及浅土层区域深挖改造(右:摄于 2012 年 6 月 12 日)

我们的海南基地是全国水稻南繁科技人员串门的热点之一,更何况绿色超级稻"863"重大专项实施期间,每年年会都要来上海基地看一看。抗旱鉴定大田就在主干道旁边,抗旱鉴定试验效果和参试材料抗旱性表现必然是焦点之一。如果水稻材料种得不好,干旱胁迫不均匀,看到东一块西一块像"癞痢头"一样的枯死区域,便无法展现不同品种、株系材料之间抗旱性的对比差异,不能得到同行朋友们的认可,岂不是砸了基因中心主攻节水抗旱稻的"招牌"!

在干旱胁迫处理达到最严重的时候,也就是复水之前,用细竹竿和包装绳把干旱程度明显高于周边区域的范围圈出来。在试验全部结束之后,再把我们标出来的范围按照 50 厘米以上深度进行挖掘翻耕。与原先估计的情况一致,这些区域的土层很浅,挖出来很多红褐色的硬块,说明这些地方都是原来平整时留下来的山脊基底岩层,还好都是砂砾岩,挖出来的大块岩土用压斗稍稍压一压就都散开了。

经过这一次改造以及连续多年的土壤培肥,并做到每一次施肥等农事操作尽量均匀一致,现在这块抗旱鉴定大田中,每年都可利用海南 3 月份高温少雨的热带旱季气候特征,在停止灌溉 3 周后能够形成均匀的中度,或者严重干旱胁迫处理。我们先后进行了稻种资源、导入系、重组自交系和育种选系等大规模群体的抗旱性鉴定筛选。这里已经成为上海市农业生物基因中心抗旱性研究和节水抗旱稻育种计划的重要基础设施。

(三) 他山之石，考察学习全国各地作物抗旱鉴定宝贵经验

20世纪末和21世纪初我们开始把研究重点转向水稻抗旱性遗传和育种的时候，团队几乎是零基础起步的。那个时候，国内有2个颇有建树的陆稻育种团队：中国农业大学王化琪团队，选育'旱稻'系列品种，主要在我国北方推广应用；云南省农业科学院陶大云团队，选育'云陆'系列品种，在我国云南省和东南亚邻国种植。2000年，基因中心罗利军和中国农业大学王化琪共同主持在中国农业大学召开的"全国旱稻发展研讨会"，记得会上报告人还是用老式幻灯机播放幻灯片来讲解，王化琪非常详细地介绍了他们团队的研究和育种成果。而基因中心与云南省农业科学院多个团队有长期合作，后来由于绿色超级稻项目的现场考察活动，有机会来到云南参观陶大云团队选育的品种。几个品种在半山腰缓坡上旱直播种植，长势旺盛，生物量和产量水平都令人印象深刻。安徽淮河流域后来成了基因中心品种试种的首发主战场，并建立了长期合作关系。华中农业大学熊立仲领衔的水稻抗旱性遗传和分子生物学研究团队，率先建立了国内用于水稻的移动顶棚式抗旱鉴定设施和根管种植抗旱鉴定等方法。基因中心与华中农业大学国家重点实验室水稻团队有师承渊源和历时几十年的合作关系，双方在研究策略、种质资源、遗传群体、人才和研究生培养等环节都有充分的互动交流。基因中心建有作物遗传改良全国重点实验室种质资源分室（平台），双方合作承担了水稻抗旱性方向的国家自然科学基金重点项目，合作发表重要论文，联合申报并获得上海市和国家科技奖励。近期，在熊立仲倡导下，基因中心团队进一步融入国家重点实验室，在华中农业大学国重楼有了独立的实验室。

南方多雨湿润、北方少雨干燥是我国气候的典型特征之一，我国华北和西北地区的农作物生产面临更多、更严重的旱灾风险，因而总体上比南方更加重视作物的抗旱性研究和育种工作，故北方有一些历史悠久、经验丰富的科研院所。尽管这些单位主要开展小麦、玉米、高粱和谷子等旱粮作物的研究和育种，但基因中心还是多批次派出研究和育种团队成员到北方传统优势单位考察，参观各类抗旱鉴定设施，学习鉴定技术和育种经验。

中国农业科学院作物科学研究所（简称：中国农科院作科所，下同）景蕊莲团

队是国际知名的小麦抗旱性研究小组,她们介绍的根系观察方法,将2米多长的PVC管剖成两半,捆绑起来排列在预先挖好的深坑中,填土后播种小麦,到成株期完成干旱胁迫和地上部调查之后,挖出根管解开,冲洗后观察、测量根系性状。相比较之下,水稻根管试验一般采用封底的 1~1.2 米长 PVC 管,定制相同口径的塑料袋,把塑料袋放进 PVC 管后填土,排列在水泥地坪上就可以开展干旱胁迫对比试验了。试验表明,小麦充分适应北方深厚的通气土层,根系可达 2 米或更高深度,而水稻的根系主要分布在土表以下 30~50 厘米深度的土壤之中,适应有犁底层的水田环境。后来,中国农科院作科所刚建成移动顶棚抗旱设施,还没有正式投入使用的时候,基因中心团队就利用进京开会的机会到现场参观,印象中顶棚很高,跨度比在其他地方看到的移动顶棚式抗旱鉴定设施都要宽一些。

洛阳市农林科学院从 20 世纪 80 年代开始就开展小麦抗旱性研究和育种,育成'洛旱'系列旱地小麦品种,根系长度可达 2~3 米,根量是一般小麦品种的 2~3 倍。该院参与制定了国家标准《小麦抗旱性鉴定评价技术规范》(GB/T 21127 - 2007)和农业部行业标准《小麦冬春性鉴定评价技术规范》(NY/T 2644 - 2014),是国家黄淮旱地小麦、河南省旱地小麦区域试验主持单位,也是中华人民共和国农业农村部指定的小麦新品种抗旱性鉴定依托单位。印象中我们去参观时看到的移动式抗旱棚和根室等抗旱鉴定设施的规模还不是很大,根据该院网页介绍,目前已拥有 8 座国内先进的全生育期抗旱性鉴定大棚。

2012 年,笔者参加种质资源"973"项目会议后到石家庄市农林科学研究院及其马兰试验站参观,看了院部的移动式抗旱鉴定设施,在马兰试验站看到大规模的养分梯度大田试验和轻型移动遮雨棚,而给人印象最深的是他们选育的抗旱小麦品种示范田,所展示品种具有"一水稳产、二水高产"的突出表现。示范田边挖了一个 2 米多深的根系观测坑,可以看到土表往下 1 米多土层都干了,但小麦根系还能长到 2 米左右深度,吸收利用深层湿润土壤中的水分,并维持良好的生长状态。2024 年 1 月 30 日,在央视二套《大河之北Ⅲ——生存之道》栏目中看到专门介绍'马兰 1 号'节水小麦品种,再次看到测坑和根系的特写镜头,依然记忆犹新,具有很强的视觉冲击力(图 4-4)。

图 4-4·石家庄市农林科学研究院移动式抗旱鉴定棚(上图)和马兰试验站抗旱小麦品种示范田中的根系观测坑(下图)

笔者于 2012 年 3 月底参加了在西北农林科技大学举办的为期 7 天的"全国农业节水高级研修班",会中聆听了来自西北农林科技大学和中国科学院水利部水土保持研究所专家教授的系列辅导讲座,与来自全国各地的学员交流讨论农业节水不同环节、不同农作物节水抗旱等方面的经验和遇到的问题,令人印象最深的是参观了多种多样的农业节水现场和农作物抗旱、水土保持研究的先进设施和设备。

小麦节水灌溉示范试验区种植高产、抗旱的新品种,田间安装气象站和分区土壤水势传感器、冠层温度传感器,通过无线物联网和灌溉自动控制系统实现智能化高产、高效的节水栽培。多座移动或固定顶棚的抗旱鉴定筛选设施,用来鉴定筛选抗旱种质资源或者育种材料,以便研究各种节水灌溉方案或者节水栽培配套技术。

还有多种用于定量灌溉、水分耗散和根系观察的技术设备,如用于作物苗期试验的微根管,装载在网格支架推车上,晴天可推到露天地坪,下雨天则推进固定大棚,从而节省移动式顶棚设施的建设投资;几个移动式抗旱棚的地下为大型根室廊道,除了通过玻璃窗口可以观察根系,还配置了用于监测土壤墒情、酸碱度、盐分、养分的传感器和下渗水分收集系统。当时尚在施工之中的一座超大型抗旱鉴定设施,采用2~3米高的大口径透明有机玻璃管,分层装填土壤,每个管子底下有一台秤,可连续监测水分耗散情况,数据自动汇集到管理分析界面,通过透明管壁可观察根系,还留有小窗便于土壤和根系取样分析。还有两台大型蒸渗仪,用来实现作物群体级别,也就是小区规模的全生育期水分生理对比试验(图4-5)。据报道,西北农

图4-5·西北农林科技大学的大型抗旱鉴定棚(上图)和大型蒸渗仪(下图)

林科技大学节水中心与旱区节水农业研究院设计研发的作物根系观测系统和作物蒸发蒸腾量测定系统,于 2017 年 1 月被世界土壤科学大百科全书(*Encyclopedia of Soil Science*)收录(https://www.xianjichina.com/special/detail_303641.html)。

(四) 交流培训,全方位分享理念、经验和设施空间

基因中心团队的成员和研究生们开展抗旱性鉴定试验的目的、材料数量和生长阶段等都各不相同。他们先后建立了多种多样的水稻抗旱鉴定试验方法,例如苗期水培渗透胁迫试验、小苗盆栽土培干旱胁迫试验、单株盆栽或者根管种植水旱对比试验、利用土壤水分梯度的长行种植和水旱对比、移动顶棚水旱裂区的小区品比试验、开放大田株系间比试验和品种区组试验等。此外,还有两种鉴定方法比较特殊,即针对深根性的篮子法,我们沿用了日本和国际水稻所学者提出来的方法和相近规格的塑料篮子,并把篮子埋到水田中,然后在篮子中央进行播种或移栽秧苗,生长一段时间后把篮子挖出来,统计出从篮子底面、侧面伸出来的根系数量,计算深浅根比值,这一特性是作物避旱性的重要指标,与抗旱能力密切相关,但整个过程并没有实施干旱处理。此外,为了针对性地鉴定耐旱性,避免根系深浅对避旱性的干扰,把 30 厘米左右土层搬开,铺上土工布或双层塑料薄膜,再回填土层,这样所有材料的根系只能在受限的表土层中生长,施加干旱胁迫处理之后,植株的农艺、生理指标和产量等不同表现,就能反映出不同基因型耐旱能力的差异。

归纳来看,抗旱性鉴定筛选试验由干旱胁迫处理和抗旱指标测量这两个部分构成。受到干旱胁迫之后,植株农艺、生理和产量等各类指标的调查和测量,基本上有成熟的方法,不同地区或者环境下也基本上互相通用。而干旱胁迫处理的过程和效果,往往存在不同方法体系,需要控制胁迫程度和一致性,根据环境条件和植物材料生长发育进程做出调整。因此,干旱胁迫处理成功与否,反而比抗旱指标测定更加具有技术难度,更有可能决定整季试验的成败,需要投入昂贵的保障条件、积累更多经验,才能建立稳定有效的设施硬件体系以及配套的技术规范。

抗旱性鉴定可以在植株不同时期进行，可以采用水培、土培盆栽或者大田试验，可以采用多种多样的表征指标。但基因中心团队开展抗旱性研究和育种材料抗旱性筛选，长期坚持一个理念，就是以解决生产实际问题为根本目的。由此出发，我们更加看重全生育期，或者说影响产量关键生育期的抗旱能力，更加看重大田试验，更加看重群体表现，重视抗旱鉴定设施中筛选出来的材料在推广应用之后遭遇高温干旱极端气候时的产量表现。

在上海一带，或者说在我国南方地区开展水稻抗旱性鉴定，除了海南岛热带旱季之外，水稻生长在春、夏、秋季，干旱胁迫处理容易因为降雨而中断，或者失败。作为最基本的要求，应选择地势较高、不容易积水的地块，或者堆高土层，即便碰到中小雨量的降雨，土壤水分在后续高温晴天中呈现下降的趋势。上海春夏季降雨较为频繁，在露天地块中开展干旱胁迫试验常年难以实现中等或者严重的干旱胁迫，而且半数年份完全不能形成干旱胁迫。除了降雨因素，土壤黏性重，保水能力强，也是土壤含水量难以快速下降的原因之一。

最早在上海市农科院重固基地建立的第一座水稻抗旱鉴定设施，采用连栋塑料大棚挡雨。当时有高矮两种型号的连栋大棚，一座高的三连栋大棚作为抗旱鉴定设施，另外三座矮的连栋大棚则用于制繁种隔离。用于抗旱鉴定的三连栋大棚中，拱顶薄膜可以通过电动卷膜机从大棚肩部向上部分别卷起，侧面薄膜由手动卷膜机控制。晴天薄膜全部打开，充分实现通风降温，同时降低薄膜对阳光的遮挡；下雨前全部放下，防止雨水进入大棚。由于这一连栋大棚有较高的肩高，内部空间大，即使是雨天关闭薄膜，棚内温度也不会升高太多。在微风小雨天气，侧面薄膜也可以部分卷起，以促进水稻植株冠层高度的空气流动。由于三连栋大棚仅两跨用于建设抗旱鉴定岛，第三跨空间用于建设养分试验水泥池和盆栽试验地坪，这一边的侧面薄膜可以始终部分打开。因此，在多连栋大棚设施仅部分用于抗旱鉴定的时候，尽量把抗旱试验区域安排在中间位置，这样侧面薄膜可以经常打开，一方面防止雨水进入抗旱鉴定区域，另一方面防止侧风直接吹到水稻植株上，造成水分快速散失的边际效应。这一设施被布鲁姆博士在著名的植物抗逆性网站（plantstress.com）上列举为固定式挡雨设施的实例，指明了促进通风的细节结构，也介绍水稻生长呈现系统预设的梯度胁迫效果（图 4-6）。

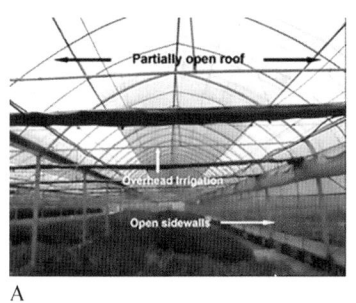

图 4-6 · 布鲁姆博士用青浦重固基地的抗旱设施举例说明固定挡雨棚的设计要求（https://plantstress.com/rainout-shelters/）

在青浦白鹤试验基地建设的第二座抗旱鉴定设施，相较于连栋大棚，这一玻璃温室肩高更高，跨度更大，几乎全部为玻璃屋顶，可大角度打开，侧面用卷膜代替固定玻璃立面，由于其内部空间大、通风效果好，夏季晴天设施内也不会出现极端高温。为了充分利用两排立柱之间，也就是一跨尺度的空间，把温室的立柱架在排水沟顶部，排水沟盖板当成走道。为了满足温室承重要求，由时任基因中心办公室主任詹向东负责工程施工，他与各方沟通之后，联系设计公司做了专门的设计，下挖填埋建立硬化基础，现浇钢筋混凝土挡土墙，购买种植土填高形成两个鉴定岛，内外挡土墙之间是约 2 米深的排水沟。在内测挡土墙浇注混凝土之前，在不同高度上预置几排小 PVC 管段，之后用作鉴定岛土体向排水沟渗水的通道（图 4-7）。

在上海市农业科学院庄行综合试验站（简称：庄行综合试验站，下同）中建设的第三套抗旱设施采用移动式挡雨棚，单座顶棚的跨度达到 24 米。为了保障移动顶棚在遭遇强台风时的结构安全，这一抗旱设施的顶棚采用了加强的钢梁结构支架，要驱动这样大吨位的钢架顶棚，强化的车架结构和大型电机再次增加了设备的总重量。为此，詹主任联系了中铁下属部门做了工程设计，在钢筋混凝土圈梁基础结构之上建立合围挡土墙，安装铁道钢轨，用来承载三段式的移动顶棚。这一体系虽然造价不菲，但通过自身重量连接到钢轨的锁扣结构，先后经历了几次台风天气都安全无恙。

最后在金山基地建设的超大型高通量抗旱鉴定表型设施，采用了加高的连栋塑料大棚挡雨，地下则同时布局了土壤水分梯度干旱胁迫处理、限制土层耐旱性鉴

图 4-7·青浦白鹤基地抗旱设施建设过程中的场景

定、水泥池篮子法根系试验等不同功能区域,结合集成 RGB、红外和高光谱图像探头的自动化高通量表型鉴定系统,使之成为规模和技术水平都达到国际先进水平的水稻抗旱鉴定技术平台。

基因中心在水稻抗旱性遗传、分子生物学和生态学等方面的研究成果,通过国内外会议报告、特邀讲座和一系列公开发表的论文进行介绍,而节水抗旱稻育种成果和高效栽培技术,则在我国几乎全部水稻种植区域落地生根,实现节本增效、低碳减排的突出效果。

在水稻抗旱性鉴定技术层面,基因中心团队得到国内外大量专家学者的指导和帮助,实地到国内外作物抗旱育种优势单位的鉴定设施和示范试验现场参观学习,真心觉得受益匪浅。基因中心团队建设的一系列抗旱鉴定设施或者专业大田试验区,成功应用于核心种质、遗传群体和育种材料的鉴定筛选。在此过程中,我们秉着完全开放、互相学习的态度,迎来了国内外几十批次前来考察、交流的团组,不仅分享了基因中心团队所建立鉴定体系的技术细节和好的经验,也介绍了所经历的教训和仍然面临的技术障碍。特别是对于有意向建设抗旱鉴定设施的单位,无论人员来访,还是通过电话或者电子邮件联系,我们都会毫无保留地介绍相关设施的建设过程和应用效果,有必要时还会提供原始的建设方案和设计图纸。

尽管基因中心抗旱鉴定设施的容量有限,难以充分满足团队自己抗旱性研究和育种材料筛选的需求,但还接纳了来自中国农科院、中国科技大学、安徽农业大学、台州市农业科学研究院等多家单位水稻材料的抗旱性鉴定工作,把他们的材料挤进自己的试验材料中,一视同仁地完成田间管理、干旱处理和性状调查等任务。我们还利用冬季空闲季节,与南京农业大学和上海市农科院生物技术研究所合作团队共享庄行移动顶棚抗旱鉴定设施,完成小麦资源群体的抗旱性鉴定(图4-8)。该设施近年来承担了国家节水抗旱稻区试材料的抗旱性鉴定工作,也接受国内多家农业科研院所和种业公司委托的水稻材料抗旱性鉴定任务。而金山基地的高通量抗旱表型鉴定设施则在冬季开展生菜资源和育种材料的图像表型鉴定工作,也取得了很好的效果。

基因中心的"基因园"科普基地、种质资源库、实验室和金山基地等部门每年还

图4-8·庄行移动顶棚抗旱鉴定设施用于国内农业科研院校小麦资源的抗旱性筛选

要承担大量科普任务和上海市青少年科创辅导任务,接待市民和中小学生参观,使抗旱鉴定技术和现代化设施成了科普和青少年科创活动的主要内容之一。

基因中心于2013年8月14—18日在上海举办了"水稻抗旱性田间鉴定技术培训班",来自中国水稻研究所、武汉大学、华南农业大学、中国种业集团和云南、四川、安徽、江西、广西等地方农科院(所)等12家单位的25名代表参加此次培训班。会议邀请了5位专家做1~2小时的辅导报告,具体有基因中心首席科学家罗利军研究员的《植物节水、抗旱性与节水抗旱稻》,华中农业大学熊立仲教授的《水稻抗旱遗传与分子基础研究——实践与思考》,基因中心刘鸿艳研究员的《水稻基本水分生理指标含义和测定方法》、梅捍卫研究员的《水稻抗旱鉴定设施和试验设计理念》、刘灶长研究员的《水稻滴灌栽培技术及其在抗旱性鉴定上的应用》。全体与会人员考察了位于青浦白鹤、奉贤庄行的抗旱鉴定设施,现场了解固定或移动式防雨棚、挖沟和堆土控制地下水位、土壤水分梯度和水旱分田对比等技术措施的实现途径和优缺点,同时还参观了上海市农科院奉浦院区、庄行综合试验站、上海市低碳农业工程技术研究中心。

学员们观看演示后,还亲自动手学习土壤水分TDR仪、红外叶温仪、水势仪(压力室)和渗透势仪等仪器设备的操作;学习叶片卷叶和枯死叶级别、根系形态构成、叶片相对含水量等常用指标的观察和测定方法。

培训班中既有多年从事水稻抗旱研究或者育种的科研人员,也有在植物抗旱机制上有深入研究的海归博士,大家就水稻抗旱性研究的技术平台、鉴定技术标准化、种质资源共享等问题展开讨论。组织单位把多年鉴定获得的抗旱性、旱敏感性明确的品种资源分发给各参加单位,建议用作抗旱性鉴定试验的对照品种,同时提议促进单位间材料交流,开展多地联合抗旱性鉴定试验,得到了大家的赞同(图4-9)。

目前,基因中心已经争取上海市发展和改革委员会立项,计划在金山基地建立节水抗旱稻国际策源中心(简称:策源中心,下同)。策源中心建成之后,将具备水稻抗旱性研究和分子设计育种的先进装备和技术研发能力,同时规划了开展国际和国内学术交流和技术培训的设施和设备,届时有望持续性开展水稻抗旱性鉴定技术的研发、培训和推广工作。

图 4-9·"水稻抗旱性田间鉴定技术培训班"成员在庄行移动顶棚抗旱鉴定设施前(摄于 2013 年 8 月 15 日)

二、激情燃烧话重固

刘鸿艳

上海市农业生物基因中心成立之初,试验基地位于上海市农科院的重固基地。当时在洛克菲勒基金的支持和指导下,基因中心在重固基地建设了第一个抗旱鉴定设施"基于避雨大棚的土壤水分梯度鉴定岛"。这个设施是基于国际著名农作物抗逆性研究和育种专家布鲁姆提出的抗旱鉴定要在大田对群体进行鉴定的原则而设计。基因中心的抗旱基础研究就是从这个大棚开始的。笔者博士毕业后,一直在基因中心从事水稻耐旱性的分子遗传学研究工作,和邹桂花是最早在抗旱大棚开展工作的。我们围绕同一个遗传群体在这里完成了彼此的博士研究课题。后来,比我们晚一级的刘国兰博士以及基因中心的第一个博士后胡颂平博士也加入进来,聚焦抗旱大棚和这个群体开展研究。

(一) 三个难题

那时的我们才刚走上科研道路，所有工作都是第一次，因此我们特别认真，对每一个细节都进行了讨论和模拟。水稻在幼穗分化期对干旱很敏感，尤其是花粉母细胞减数分裂期，即幼穗分化的第五期受到干旱将对产量产生较大的影响，所以我们计划在这一时期进行干旱胁迫试验。试验群体有 208 个株系，怎么让更多的试验材料都处于幼穗分化的第四期、第五期时受到干旱胁迫是我们遇到的第一个难题。解决方案当然是分期播种，但是这个群体的抽穗期从 53 天到 111 天，抽穗期如何分期？分几期？每一期间隔多少天播种？这些对当时一点经验都没有的我们来说毫无概念，无从下手。而且还要提前计算播种时的株行距，以便准确地估算大棚里种植的行数，并绘制田间种植图，为分期播种和生物学重复留出足够的空间。第二个难题是什么时候断水才能在幼穗分化的第五期形成干旱胁迫。这里的难点主要是断水后的干旱发展进程与水稻发育进程如何才能高度拟合。我们反反复复地学习研究幼穗分化一期到五期的形态：一期看不见、二期白毛现、三期毛丛丛、四期粒粒现、五期颖壳分。群体的亲本'珍汕 97B'抽穗期较短，是最后一期播种的，我们选择依据'珍汕 97B'的发育来判断断水时间。于是，在移栽一段时间后，我们就开始观察'珍汕 97B'的幼穗分化发育进程，在这个过程中也形象地认识了幼穗分化从一期到五期的形态特征。第三个难题是测生理性状。我们测的性状主要是反映植株水分状态和光合作用的性状，如冠层温度、叶水势、穗水势、叶片相对含水量、光合速率等。这些性状本身测起来不难，但我们测量的时间限定在中午 12 点到下午 2 点之间。这段时间的日照和温度相对较为稳定，在相对稳定的环境条件下完成群体的性状测量才能保障试验数据可靠有效，才能获得有意义的试验结果。性状测量最大的困难在于工作量太大，虽然群体只有 208 个株系，但设置了 3 个重复，水、旱 2 种处理，每份材料每个性状每种处理还要重复测量 2~3 次。这样算下来工作量就增长了 18 倍，达到近 4 000 个样品，要在尽可能短的时间内完成如此巨大的工作量，我们每个人都感到巨大的压力。

(二) 分工协作

一方面，当时正是 QTL 定位技术应用的早期，应用在抗旱性上的研究还不多；

另一方面,基因中心刚刚成立,各项工作正在起步。因此,我们四个人聚焦的这套遗传群体的抗旱性鉴定和抗旱 QTL 定位也就成为基因中心科研工作的重点。为了提高效率,完成工作量繁重的性状鉴定,同时也让我们的研究各有侧重点,我们对性状进行了分工,对各性状的测量取样进行了优化,基地的工作人员也加入进来,形成了协作工作组。

我负责测量冠层温度和叶片水势。测量冠层温度的是手持式红外测温仪,外形像一把小手枪。这应该是所有性状中最好测的性状了,只需注意每次测量时保持同样的测量角度,同时保障测量区域内只有冠层叶片,没有其他物质。但是,测叶水势就没这么简单了。由于我们都是第一次用水势仪,大家一起研究,怎么充装高压氮气,如何夹叶片快速安装气室,如何调节气室的快速进气阀和微调进气阀,如何观察和读数等。因为使用了高压氮气,我们还将安全事项也逐一列出。测量时,负责管理抗旱大棚的李军剪叶片,我测量,邹桂花记录,与测冠层温度相比,测水势的速度要慢得多,3 天才能测完 1 个重复,但随着测量工作的推进,我们动作越来越娴熟,看到记录本上密密麻麻的数字,心里就越发有成就感。

邹桂花负责测量叶片的含水量。为了高效地完成取样、送样、称鲜重、加水浸泡四个步骤,我们对整个取样过程进行了优化,建立了 7 人的工作组,其中有 3 人来回送样,保障工作流不停顿。近 4 000 个试管密密麻麻地摆满了温室边上小实验室的台面和地面,仿佛一个个等待评定抗旱能力的选手整齐地排列着,每一段叶片,每一个测定的数字,都是水稻与干旱环境抗争的见证。取样前,我们进行了多次预实验,寻找实验中可能产生错误的环节并进行优化,特别是要确认叶片是否达到饱和含水量和干重的恒定状态,以及每段叶片的鲜重、饱和水重和烘干后的恒重都要一一对应,不能有一点马虎和错漏。因为这些数据将成为评定株系抗旱能力的重要依据,任何一个操作上的差异都可能对最终产生很大影响。这个过程需要极大的耐心与细致。在伙伴们的齐心协力下,我们加班加点,终于在半个月后获得了完整的群体数据。尽管研究过程艰苦无比,但每当看到我们各类数据越来越多,就倍感自豪。我们不仅仅完成了一次次实验,更是孕育着对未来的希冀。希望通过我们的研究,为揭示水稻节水抗旱的机理,挖掘节水抗旱基因,为将来培育节水抗旱稻提供依据。

刘国兰，我们都喜欢叫她阿兰，负责测量穗水势。为了了解群体一天内在干旱条件下穗水势的变化曲线，寻找穗水势差异最明显的时间点，阿兰计划对两个亲本做 24 小时的穗水势监测。她邀请了师妹楼珏一起测量。为了方便，晚上她俩就在大棚边的小实验室内打地铺，余新桥老师不放心两个女生夜里做实验，所以熬夜帮她们，同时也充当闹铃，一到时间，就把她们叫起来。阿兰回忆那时的情景说，到半夜时真是太困了，不小心就睡着了，还好有余老师来叫，虽然睡眼蒙眬，但借着月光跨过棚外的排水沟，三个人互相配合，一人打探照灯，一人取样，一人操作仪器；当眼睛使劲盯着那个压力增大水泡冒出来的那一刹那，每个人的睡意立马没了。阿兰说，非常感谢那一夜的陪伴，数据非常好，而且穗水势国内基本没人做，依据这些数据，我们还申请了一项专利并获得了授权，同时还发表了一篇 SCI 文章，达到了博士毕业的要求。

胡颂平师兄是中心的第一个博士后，他负责测量整个群体的光合速率。由于植物中午有光合午休特性，因此光合速率的测量时间在上午 9 点到 11 点之间，正好与我们测量的时间错开，阿兰也就成为胡师兄的帮手。测量时两个人配合，胡师兄背着仪器，负责各类参数的设定调节和实时核查检测的数据，阿兰则帮师兄夹叶片。光合测定仪是一个正方形的金属箱，下面还装载了几个小气瓶，因此分量不轻，背一小会就会感觉很累。阿兰夹叶片看起来很轻松，但其实也不容易，一是人站不直，要一直弯着腰，二是夹好叶片对准阳光不能动，否则就测不准。所以，两人总是叫嚷着腰酸背痛。为了保证整个群体数据的准确性，尽量减少人为误差，他俩还是坚持到最后，圆满完成任务。

（三）桑拿大棚

风会导致抗旱大棚四周与中间区域的小环境产生温度差异，这些差异会影响实验数据的准确性。因此，为了减少风的影响，在中午测量性状的时候，我们将抗旱大棚四周和顶部用于通风的卷膜全都放下。7 月底的上海正值酷暑，整个城市都被高温炙烤着，空气中弥漫着湿热的气息，仿佛置身于一片灼热的海洋，呼吸都变得沉重急促。而全封闭的抗旱大棚里，虽然阳光没有那么热烈，但棚内的湿气和热气无法顺畅散去，温度逼近 50 ℃，像一个巨大的桑拿房，在里面呆上几分钟，豆大的汗珠就开始流淌,额头上的头发和胸前、后背的衣服全都湿了。然而,群体表型鉴定不仅工作量大,任务繁重,而且要在有限的时间里完成几千份样品的取样和数据测定,根本没有时间去顾及高温和身体的感受。大家都很有默契地忙碌着取样和测量,都希望获得的数据可靠准确,因此只能采取湿毛巾包头的方法来降温。那时,每个人的衣服上都布满了白色的痕迹,那是衣服被汗水反复浸湿、风干后留下的盐渍。大棚南面有一间小房屋是配备给抗旱大棚的简易试验室,虽然面积很小,不到 10 平方米,因为里面有空调,对我们却是天堂般的存在。每次从大棚出来,大家就一头扎进小试验室,既是试验的需要,更是大汗淋漓对清凉酷爽的贪婪。

(四) 外国专家

基因中心当时承担了洛克菲勒基金会项目。2003 年 9 月,洛克菲勒基金会的技术官员约翰·奥图尔(John O'Tool)博士要来基因中心了解项目进展。罗老师亲自安排了基地的考察和座谈交流,还要求我们大家都参加,都要汇报自己的工作。奥图尔博士曾经在国际水稻所从事水稻抗旱性研究,是水稻抗旱研究的专家。第一次和国际专家交流,大家既兴奋,又激动。第一次用英语汇报自己的工作,一想到自己结结巴巴的英语,就很紧张和忐忑。为了做好汇报,我们几个都把工作内容用英语写出来,反复修改,再读再背,大家互相鼓励,还互相用英语交流练习。终于到了这一天,罗老师和梅老师带着奥图尔博士在抗旱大棚参观,这时候干旱处理已经结束,不同抗旱材料的差异都展现出来了,实验结果非常理想(图 4-10)。随后,我们就在重固基地的会议室进行交流和座谈。一开始我们汇报的时候还是有些紧张,但奥图尔博士很照顾我们,他说得很清晰,语速也不快,我们听起来基本不困难,会议的氛围比我们想象的轻松很多,交流进行得很顺畅。邹桂花后来多次提到这次英语交流不仅锻炼了她的胆量,还增加了自信。多次交流锻炼,让她在基因中心成立五周年庆做"如何攻读研究生"的报告时能够流利幽默地表达,受到了全体师生的好评。对我而言,这也是我最早的国际交流活动,也触动了我进一步学习交流的意愿。2003 年 12 月,我跟随罗利军老师、梅捍卫老师和余新桥老师到泰国参加洛克菲勒基金会主办的"育种家圆桌讨论:水稻耐旱性筛选与育种"会议,学习了泰国的"线性喷灌水分梯度法",不仅再次见到了奥图尔博士,还见到了国际知名的植物生理学家亚伯拉罕·布鲁姆博士,并向他请教了抗旱鉴定中的问题。2005年,洛克菲勒基金会粮食安全部副总裁 Deborah Delmer 博士来访时,我也全程参与了考察与交流。这些国际交流经验扩大了我的眼界,对于刚入科研大门的我是何其珍贵!

图4-10·2003年奥图尔博士到重固基地考察

■（五）生活杂记

我们在重固基地做实验期间就住在基地,基地的住宿条件很艰苦,是一栋很破旧的两层楼的毛坯房。做表型鉴定的那段时间,由于还有其他师弟师妹们也陆续到基地开展工作,基地的两层楼住不下了,我和邹桂花、刘国兰就提出来在抗旱大棚外的小实验室打地铺,这样也方便我们的工作。小实验室门口进来一侧有实验台,门口对面还放了冰箱和烘箱,剩下的地面长度和宽度睡三个人就显得有点局促了。但是,三个人一起有说有笑,挤在一起,大家更加亲近了。就这样,小实验室也成了我们的宿舍。地面又硬又冷的瓷砖确实硌得我们全身酸痛。邹桂花身体差一些,总觉得湿气和寒气重,但她也没多说什么,一直坚持着。我们在基地的生活一直牵动着罗老师的心。当他得知我们几个女生在小实验室打地铺时,特地关照时任重固基地主任余新桥老师要照顾好我们,并再三叮嘱我们把地面垫厚些,还要注意安全。罗老师还经常到基地看望我们,不仅了解实验进展,还时刻关心我们工作和生活上有没有困难等。记得有一次,天快黑了,阿兰和邹桂花还在田里取第二天要做杂交的穗子。正好罗老师到基地,看到她俩在田里干活,得知她们还没有吃饭,就在田边等着她们把样取完,开车带她们到附近的饭馆去吃晚饭,然后把她们送到基地才回家。正是这份关怀,如同一盏明灯,照亮了我们科研前行的道路,也让我们坚信,再大的困难也有导师与我们一同面对。

在基地生活工作,大家吃住在一起,就像一个大家庭。因为是农忙季节,再加上师生众多,基地的午餐一般是烧 3 个大盆菜,然后围坐在一起吃,坐不下时,就站在边上吃。记得有一次,复旦大学卢宝荣老师的几名学生到基地做花粉遥感试验,中午和我们一起吃饭。卢老师的学生起初很矜持,不好意思夹菜,但看到我们大家都不管不顾往碗里夹,菜盆里的菜越来越少时,他们不淡定了,也融合进来,很快菜盆就见底了。晚上,住在基地的人少,余新桥老师会亲自下厨烧菜犒劳大家,还有当时还是科辅工的徐小艳,他们很会做菜,而且菜很对我们的胃口。红烧鱼块、青椒小炒肉这些重口味的菜最受大家欢迎。虽然在上海,但我们都来自吃辣的地方,号称"辣不怕""不怕辣""怕不辣"。晚饭时大家还时常聊家常、品美味,白天的热和汗都早已褪去,只有一片和谐的欢笑声。

住在基地,我们最享受的就是傍晚时分。那时热已经散去,基地里人本就少,走在路上没有路人和车的干扰,微风拂面,我们会欣赏绚烂的晚霞,尽情呼吸夹杂着稻花香和果香的空气。看沿河的路边一排垂柳随风飘拂,感受树叶发出的沙沙声和稻田里此起彼伏的蛙鸣,却依然静谧的夜晚。基地里道路两旁的橘子树是阿兰的最爱。从桑拿大棚里出来,伸手摘一个品尝,虽然酸得让人眯眼打战,却也乐翻了天。爱橘子不仅爱它曾经的给予,更爱它给予的快乐回忆,以至于搬到白鹤基地后,阿兰晚上还时时想起重固基地的橘子。赏月色,品橘子,便是那时最大的快乐和幸福了。很多年后,阿兰为做实验重回重固基地发现昔日之橘树早已不见踪影时,不禁连连叹惜。为了这段"酸爽"的回忆,她还网购橘树种在庄行基地,以解她思橘之苦。

秋收后，基地人少了，余老师和几位科辅工小伙子们都去海南南繁了，只有邹桂花还留在基地考种。白天，她和阿姨们在大棚里考种，数有效穗、量穗长、脱粒、记录数据。晚上，还得将考种数据整理和录入电脑。工作虽然简单，但也很容易出错，所以一刻也不能松懈。不过，那段时间，她最觉得难过的就是晚上。她孤身一人住在基地的二层房子里，从深秋到入冬，夜晚的基地显得特别寂静而空旷，屋外又冷又黑，偶尔还会传来一些不明的声响，空荡荡的楼房让她倍感不安，只能听着音乐，把声音开得很大，以驱散内心的恐惧，也告诫自己要学会享受孤独。毕业后，她就职于浙江省农业科学院，一个人开辟了高粱研究方向，正是在这样学会享受孤独的日子里，让她克服内心的胆怯，在科研的道路上一路向前，获得了3个国家自然科学基金项目，参与国家高粱重点研发项目，还发表了一系列高水平文章。

（六）丰硕成果

重固基地的抗旱大棚对基因中心节水抗旱稻的研究发挥了很重要的作用。这里不仅是抗旱研究的开篇，而且在这里还形成了抗旱研究的技术体系、抗旱鉴定的基本原则以及一系列的成果。

首先，我们完善了"基于土壤水分梯度的抗旱设施"的设计与应用。抗旱性很难做，因为抗旱很容易受环境影响。因此，首先要有适合的抗旱鉴定设施既能实现旱胁迫，又能减少环境差异。重固基地抗旱大棚不同于普通遮雨大棚，其田地有开沟、渗水孔和滴灌的设置，在同一块田地实现了干旱和水处理，形成了土壤水分梯度。与分别设置旱田和水田的试验对比，最大限度减少了土壤环境和空气环境的差异，从而保障了试验数据的准确性。我们在大棚里也观察到了实验材料在土壤水分梯度下呈现明显的生长势梯度和发育梯度。同时也明确了形成土壤水分梯度的时间，年度间这种水分梯度形成的稳定性，以及不同土壤水分含量下的土壤状态等，这些认识也指导基因中心后来在白鹤和金山建设新的抗旱设施。从2002年到现在，"基于土壤水分梯度的抗旱设施"技术体系一直在使用，支撑着基因中心的节水抗旱稻研究。

其次，我们积累了对水稻在干旱条件下表现的认识，建立了一系列的抗旱性鉴定技术。水稻在干旱条件下出现的卷叶、叶片枯死、生长停滞、抽穗延迟、白穗、穗包颈、不结实等症状，这些认识为后续我们对耐旱、避旱、复原抗旱等抗旱机制的分类认识和深入研究奠定了基础。在抗旱性鉴定方面，基于"大田""群体"和"产量"三个关键词，我们通过两年的群体试验，集中开展了冠层温度、叶片水势、穗水势、光合作用等表型性状的鉴定和产量性状的评估，形成了由干旱处理技术和表型鉴定技术组成的一套适用于规模化抗旱鉴定的技术体系。每每回想这段时光，虽然辛苦，但收获满满。现在的工作经验，如种子如何整理、田间种植如何设计、性状如何鉴定、水分如何管理和风有什么影响等都得益于两年的抗旱鉴定试验。正是由于这些技术的积累和完善，我们在国内逐步形成了水稻抗旱研究的优势，以至于行业内无人不晓。2013年8月14—18日，基因中心在上海举办了《水稻抗旱性田间鉴定技术培训班》，基于抗旱大棚的形成，梅捍卫老师做了《水稻抗旱鉴定设施和试验设计理念》的报告，我做了《水稻基本水分生理指标含义和测定方法》的报告，并分享了我们在抗旱设施、干旱胁迫处理和抗旱指标测量技术等方面的认识，还指导学员们动手操作土壤水分TDR仪、红外叶温仪、水势仪（压力室）等仪器设备。

再者，基于这两年的研究工作，我们四个人完成了博士论文和博士后研究工作，并分别就各自的研究侧重点撰写发表了7篇SCI文章，申报了1项技术专利。这些成果也支撑了中心在上海获得的第一个科技进步一等奖。此外，两年的研究工作使我们对水稻抗旱有了较深刻的认识，在此基础上，我们在罗老师的指导下，将国际水稻所编著的 *Breeding rice for drought-prone environment* 一书翻译成《水稻抗旱育种手册》并出版。

在重固基地的那些日子虽然很辛苦，但也很充实。每一次挥汗如雨的辛劳都转变成数据和图表，每一次克服困难解决问题都升华成知识技术和理念。这段经历不仅锻炼了我们的科研能力，更教会了我们如何在面对困境时依然保持信心和毅力，让我们变得更加坚韧与自信。如今看来，重固基地的抗旱大棚见证了我们的成长，是我们人生中宝贵的财富。

三、无限风光小白楼

余新桥　刘国兰

小白楼坐落于上海市海南南繁基地,是一栋两层小楼,不仅外观简洁低调,而且以白色为主色调,因此得名(图 4-11)。小白楼是上海市农业生物基因中心在海南南繁育种历程中的重要起点和标志性建筑,见证了节水抗旱稻从无到有的艰辛历程。它曾是科研人员在海南的住所和实验室,虽然条件简陋,但小白楼却承载着重要的科研任务,现在依然是南繁育种人员的试验场所。科研人员在这里进行育种、繁种和种子纯度鉴定等工作,为节水抗旱稻的选育和推广奠定了坚实基础。它不仅见证了节水抗旱稻的选育历程,也代表了我国农业科研人员在艰苦条件下不懈追求科学真理的精神风貌。

图 4-11·小白楼

(一) 小白楼之由来

小白楼的建设可以追溯到 2000 年左右,当时基因中心还在筹建阶段,而海南陵水的南繁基地已经先行一步开始运行。最初，这里只租用了12亩的荒地，没有任何科研设施。

由于海南冬季气候温暖，适合于水稻生长，全国的科研人员为加快科研进程，在海南进行育种加代，因此业内习惯将这一过程称为"南繁"。早期的海南，当地讲普通话的人非常少，也没有宾馆可住。第一批南繁人就是直接借宿在农民家里，与当地农民同吃同住，晚上睡在农民放种子的仓库里，搞点稻草当席子，被子是从内地打包背过来的，常常睡着睡着半夜会被老鼠上蹿下跳的声音吵醒。至于吃，水果是不少，就是蔬菜奇缺。于是，他们每年都会带些自己想吃的蔬菜种子，到海南第一件事就是先去找试验用的田块，和农户对接好后就在住户家边上找点蔬菜地播蔬菜种子，期待着整个南繁期间能吃上自己想吃的蔬菜。紧接着整理水稻种子，然后进行播种，开始新的一季南繁育种。随着社会经济的发展，很多科研单位陆续在海南建设了自己的研发基地。

2000年初，罗利军老师和美国洛克菲勒基金顾问布鲁姆博士在海南考察，拟在当地建一个抗旱筛选基地，来到陵水光坡镇发现一荒地，正好有些坡度，比较适合进行抗旱筛选，于是就以此为据点圈地12亩开展科研。第二年在美国洛克菲勒基金资助下，基因中心建成了一幢两层小楼，外贴白色墙砖，取名"小白楼"。小白楼建筑面积278 m^2，一楼和二楼各有三间住房，其中一楼还有个大考种室，白天考种测性状，晚上则可作为南繁人的运动场所，如打乒乓球。小白楼大考种室的二楼有个大露台，主要用于收种后晾晒种子，同时也是观景好去处，更是大家打卡拍照的好地方。相比于之前在农户家居住，小白楼已经大大改善了南繁育种人的工作和生活环境，科研人员也有了自己的居住和办公场所。

岁月更迭，小白楼犹如一位默默的仙人，看着一季一季来来往往的南繁人忙忙碌碌的身影，不声不语。为更好地记录这段历史，以及让南繁后人知道小白楼的来历，基因中心于2019年3月24日刻《小白楼记》碑立于小白楼前（图4-12）。

《小白楼记》

千禧佳年，时为暮春。利军先生偕布鲁姆博士考察琼岛，经陵水光坡，见荒地一顷，靠山背水，曰：此乃抗旱探究之境也。翌年，获美洛氏资助，征地建楼。南繁基地，藉此生根，又得各方相助，不断发展，成果涌现。节水抗旱稻问世，国家发明

图 4-12 《小白楼记》石碑

奖诞生。饮水思源,常念众人齐聚小白楼,激情澎湃。故立此碑,以志纪念。

上海市农业生物基因中心
二〇一九年三月二十四日立

(二) 小白楼的故事

南繁育种人与南繁水稻种子一样,在新土地上不断调整和适应,在新的地方依然能茁壮成长,落地开花。海南陵水聚集了很多家育种单位,有湖北省农业科学院、武汉大学、华中农业大学、安徽省农业科学院等高校、科研院所以及很多种业公司。每年南繁时节,全国各地南繁人都会相聚海南,并建立了深厚的友谊。各地科研人员在海南,工作上相互帮助,生活上互相帮衬,这就是南繁人这么多年来建立起的牢固海南情吧。有啥喜事,大家就会在小白楼前摆上几桌,把酒言欢,畅想未来。

现在的小白楼虽简约,但刚建好时,在基地周围也算是很好的楼房了,尤其是小白楼二楼的大露台,白天可以远观试验田和旁边的一个小水塘,晚上则是大家畅聊、夜观星月的绝好场所。小白楼旁是一间简易厨房,餐厅是一个四方石桌,厨房外墙上有个篮球架,晚饭后的傍晚时分,大家会一起开展投篮、打球等运动。那时,谁投篮最多,第二天的清补凉(一种陵水本地的特产甜品)就归他包了。当初的清补凉比较便宜,我们都是直接拿着电饭锅内胆去盛的,一锅十块钱,下午一边喝着清补凉,一边做着田间杂交试验,便是那时最美妙的人生享受。厨房右侧有一棵生长多年的含笑,每年到了做田间杂交试验的时间,含笑就开始盛开,并散发着阵阵芳香。早上,每当大家坐在小白楼台阶前做着田间杂交试验时,就能闻到沁人心脾的花香。那时,每天的生活简单、重复但一点也不枯燥,现在想起来,依然是满满的回忆。

在早些年,南繁试验最大的问题就是缺水,因为当地水利设施差,而且需水量大的蔬菜瓜果种植多,所以在节水抗旱稻播种出苗关键期,经常会遇到田间没水的情况。记忆最深的是与当地农户争水的日子,大家半夜不睡觉守在地里等水来。记得 2007 年 3 月海南大旱,这时正值节水抗旱稻制种田需水的关键时刻。旱情就是"军情",在基地的男同志,不分昼夜组织多台抽水机轮番抢水,有的还在制种田埂上睡过两个晚上。记得当时因一台抽水机马力有限,不能一次性将水抽到地里,为了抢水,王飞名和张安宁两人就跟铁人王进喜一样,第一台抽水机管道里的水最远流到哪里,大家就地挖坑作为临时蓄水池蓄水,再弄一台机器从临时蓄水池二次抽水。整个过程下来,人已经看不清鼻子和眼睛了。

那时,小白楼侧旁还有一个水塘,那就是我们奢华的"游泳池",水塘 2 米长,2 米宽,深 2 米左右,水则来自沟渠里的灌溉水。天热之时,太阳还未下山,就有小伙伴跳进池塘戏水了。

起初南繁人员少,只有基因中心科研人员和学生。大家相处都很愉快,生活简单快乐。当时也没有阿姨帮着做饭,实行轮流烧饭制,每个人负责一天的伙食,每个人都将自己的拿手好菜奉献给大家,如徐小艳的啤酒鸭,刘国兰的清炒苦瓜,李明寿的一锅乱炖……

小白楼的记忆中除了余老师,就是徐小艳和李明寿这批跟着余老师成长的年轻人了。小白楼承载着一代又一代年轻人的成长历程,如徐小艳酒量突飞猛进就与小白楼有关。在小白楼建成之初的一个傍晚,徐小艳在经过小白楼边上的草丛时,被眼镜蛇咬了一口,急需人帮忙。余老师一看伤口处不断开始变黑,直接拿布在伤口上方简单扎了一下,以防毒液向上扩散太快。着急的他,打电话向光坡村主任寻求急救办法。村主任说这里医院不会备血清的,去了也很可能救不过来,但隔壁村有个乡医,家有秘方,现在送过去应该来得及。余老师深知,本地医院的医疗条件确实有限,当时只想着救人,只要能救活,不如赌一把。于是,他就骑着摩托车,载着徐小艳,由村主任带路去了隔壁村乡医家。到那的时候,乡医正在吃饭,看到小徐伤口后,不紧不慢地让陪同人一起坐着吃饭喝酒,余老师急得如热锅上的蚂蚁,催促着乡医赶紧用药施救。乡医问,小伙能喝酒吗?余老师不解地回答说徐小艳喝不了酒。乡医进屋去倒腾了一会儿,然后拿着拌有药的酒直接让徐小艳喝下去。据说平时不喝酒的小徐,这次直接喝干了四五两的白酒。接着,乡医稍一操作,只见黑血直接从伤口流了出来。目睹这一切,大家顿时长长地舒了一口气。奇怪的是,小徐的酒量从此开始便噌噌往上涨,现在轻而易举就能喝上半斤白酒。这次经历,真是太惊险了。

当然,也有练技能练废的时候。那时制种点离住地比较远,要去杂的时候,黎良通开着三轮车载了几个工人走田间路,不小心车就直接翻水沟里去了。最后,每个人都是从水沟里钻出来的,幸好那次大家伤得都不是很重,主要是擦伤。

(三) 小白楼之精神

小白楼作为基因中心海南基地的起点和标志性建筑,它是历史的见证者。它不仅见证了节水抗旱稻的选育历程,也代表了我国农业科研人员在艰苦条件下不懈追求科学真理的精神风貌。通过南繁育种工作,基因中心不仅为我国农业发展提供了重要支持,也促进了海南当地农户的增收致富和乡村振兴。小白楼及其背后的科研故事,成为了激励更多人投身农业科研事业的重要力量。

小白楼的辉煌一直在书写,小白楼下诞生了节水抗旱稻"一岁一枯荣"的经典照片。这张照片发源地就是小白楼前的那一块旱地,利用不同的水稻和节水抗旱稻材料进行旱直播旱管,在干旱筛选条件下,抗旱与敏感品种所表现出来的田间状态,那块田也是节水抗旱稻最初育种模式探索的发源地,是最初硕士和博士生做抗旱性筛选的田块。

小白楼旁那棵院士们种的发财树正逐渐长大。张启发院士 2024 年来基地时特意去看了那棵树，他幽默地说道，你们应该感谢这棵树，因为有它，你们基地现在才能发展如此之好。是啊，那棵树是 2006 年"948"项目年会时，张启发等几位院士一起亲手种下的，如今已枝繁叶茂。2007 年，上海市农业科学院的领导还在基地一起种植了一棵平安树，以此祝福南繁科研人员及节水抗旱稻的发展。如今，这些树渐渐长大，并见证着节水抗旱稻人的努力和进步。

小白楼也见证了节水抗旱稻科研水平的提升。海南是个好地方，植物资源丰富。有时我们会抽出一些时间去考察山上的山栏稻，寻找我们育种需要的种质资源。另外，每年"948"或"863"项目年会都会放在 3 月底召开。全国各地的育种科研人员在这里齐聚，交流想法和材料，汇报研究进展。参加会议时，可以向平时阅读的文献作者学习并进行探讨，同时对接想引进材料的手续，将我们的育种材料提升一下。就是在这种不断学习、碰撞和改良基础上，节水抗旱稻才一步步攻克了稻瘟病抗性，使产量和品质有了新的突破，因此获得多个上海市和国家的科研奖项。

小白楼陪伴着余老师从少年到中年，见证了他因带动当地农户增产增收而被米埔村授予了荣誉村民的历史。同时，小白楼也见证着从这里走出去的学生成长为社会的栋梁之才。才华横溢的杜兴彬从基因中心研究生毕业，到上海市农科院庄行综合试验站工作，并为节水抗旱稻'旱优 8 号'高产制种探索了很多的激素调配方案。即使后来在上海市农业技术推广服务中心工作，他也一直心系节水抗旱稻的发展，无论是基因中心在海南聚会，还是周年庆在上海进行活动，他都会抽空参加。即使现在去了上海市农委种业管理处，与节水抗旱稻相关信息他都会特别关注。基因中心的大活动，只要他有空，一次也不会落下。小白楼是他时常追忆往事的地方，小白楼也留下了他的青春回忆《致青春里那些追赶太阳的人》。

对小白楼忘不了的还有付冬，作为一个有志青年，他的从业经历很丰富，且和节水抗旱稻息息相关。目前，他在湖北大学生命科学学院当讲师，主要从事节水抗旱稻新品种培育。每年南繁季，同在光坡南繁的他总要去小白楼打个卡。他常感怀说，如果陵水光坡是基因中心节水抗旱稻在海南的井冈山，那小白楼就是八角楼。小白楼已不是一幢简单的小楼，它已然具备了某些精神和品格——青春活力、吃苦耐劳、团结奋进、创业开拓，这些精神与品格是他永久感怀的。那时，在小白楼里面的年轻人多，包括老师、科研辅助人员、研究生，大家年纪都相差不太远，再加上余老师这样的"老顽童"。白天大家各自忙自己的研究和试验，闲暇时打篮球赢啤酒、打扑克输了在脸上贴纸条，不行就去香水湾游泳，再不行就打赌爬椰子树……总有使不完的劲，好不快哉。现在想来，那段时间就是一群年轻人的青春日历。把团结奋进说是小白楼的精神，似乎有点矫揉，但一点也不过分。当时的试验基地各种资源有限，完全靠个人做事情是不行的，也是不可取的。好多工作必须通过合作才能完成。在基地那么多年，付冬帮师姐在地里取过样，帮岳高红数过群体的柱头外露率，其他老师同学也帮他的试验材料接种过……这点倒是跟基因中心的品格一脉相承，提倡协作，而且在协作的过程中锻炼了自己。现在看来，当初小白楼虽然条件不算好，但那是创业者的汗水结晶，意义深远。对后来人，最大的意义在于教育我们时刻铭记要以创业的心态去开拓事业和人生，而这点精神和品格恐怕要用一生去体会了。

从小白楼走出了很多学生，很多一线科技人员也已发展成相关领域里的佼佼者；小白楼默默不语，一路见证着他们的成功，也见证着节水抗旱稻的发展，所以每当节水抗旱稻人回到小白楼，都有道不尽的思念。作为基因中心的新星之秀，生菜团队的负责人魏世伟博士来到海南，第一件事就是在小白楼前拍照留念，激励自己学习节水抗旱稻的研究之路，以开拓生菜研究的发展之道。

余老师作为小白楼建造和发展的见证者，常有感而发，并赋诗一首《小白楼记》，罗老师每次回顾过往，总会感叹节水抗旱稻事业发展之艰难及大家众志成城，才有今日节水抗旱稻之壮景，并即兴赋诗《和新桥诗〈小白楼记〉》。

《小白楼记》

　　南繁基地始艰难，征地兴楼立世间。
　　节水抗旱从此起，小白楼里梦初圆。
　　成果得来心血铸，碑铭铭记往昔艰。
　　岁月无声情永在，辉煌延续谱新篇。

余新桥
2024年6月15日

《和新桥诗〈小白楼记〉》

创新艰难百战多,功业初成路程远。

白楼精神依旧在,黄龙直捣凯歌还。

罗利军

2024 年 6 月 15 日

《情系小白楼》

南繁总念小白楼,初期建业大功劳。

朝观日出红似火,夜听坟间鬼唱歌。

众生协力育硕果,大地回馈送福稠。

一五二二新目标,更待豪情冲九霄。

罗利军

2024 年 4 月 8 日

如今,节水抗旱稻科研取得了丰硕的成果,选育的节水抗旱稻品种已遍布全国大江南北及部分"一带一路"共建国家,为粮食安全和农业可持续发展继续做出重要贡献。

四、致青春里那些追赶太阳的人

杜兴彬

那些年,我正年轻,所有的一切都很美好。

2006—2009 年,我在上海市农业生物基因中心读研究生,导师是罗利军研究员和梅捍卫研究员,中心主要从事农业基因资源的收集保存、研究评价、繁育创新和节水抗旱稻的研究应用等工作,干的是功在当代、利在千秋的大事。2007 年、2008 年,因为研究生课题需要,我来到基因中心南繁基地学习和生活过很长一段时间,这里承载了我求学期间满满的回忆。

基地位于海南之南,坐落在海南省陵水黎族自治县光坡镇米埇村北面的一块坡地上。2000 年左右,我的导师罗利军教授同国际著名抗旱研究专家亚伯拉罕·

布鲁姆博士在海南考察时发现此地,第二年在美国洛克菲勒基金的资助下在此征地建楼,开启了基因中心的南繁科研育种工作。罗老师有文曰:"千禧佳年,时为暮春。利军先生偕同布鲁姆博士考察琼岛,经陵水光坡,见荒地一顷,靠山背水,曰:此乃抗旱探究之境也。翌年,获美洛克菲勒资助,征地建楼。南繁基地,借此生根,得各方相助,不断发展,成果涌现。"基地最早建成一幢二层小楼,白墙红顶,掩映在一片椰树林中,既端庄又恬静,大家亲切地称为"小白楼"。

那些年,小白楼是一座不折不扣的综合楼,具有"科研、教学、居住、会客、娱乐"等多种功能。楼门前是一片晒谷场,谷场一角有一个小厅,是我们的食堂;楼北面有一口深井,为我们提供生活用水;楼南面有一个不大的蓄水池,也是我们的游泳池;楼后面是一片椰树林,是我们的果园;在食堂一面外墙上装了一个篮球架,场地便成了我们的篮球场。"小白楼"是整个南繁基地的象征,是所有故事开始的地方,十多年过去了,曾经的点点滴滴仍历历在目。

这里是"传道授业解惑"的地方。每年冬季,来自基因中心、华中农业大学、浙江大学、上海市农科院等高校和科研院所的老师和学生们,会相继来到这里开展科研育种工作,他(她)们脱去帅气衬衫和漂亮裙子,换上工作服装,在艰苦的条件下勤勉躬耕、刻苦钻研。基地"谈笑有鸿儒,往来无白丁",每年3月份,来自全国各地的专家学者汇集于此"开堂授课""学术争鸣",张启发、李振声、董玉琛、朱英国及黎志康等院士和专家更是这里的座上宾,比尔及梅琳达·盖茨基金会的专家也到这里来做客(图4-13)。最前沿的科学思想和理论在这里碰撞和传播,我们学生有幸能够在这里一睹学界大咖的风采,接触到最新的知识。张启发院士从保障中国粮食安全,促进农业可持续发展的战略高度,提出并实施的"少打农药、少施化肥、节水抗旱、优质高产"的"绿色超级稻"战略构想,我最早就是在这里学到的。

这里是"煮酒论英雄"的地方。罗老师团队是较早一批来海南的"南繁人",他们有来自全国各地从事科研育种的朋友,南繁季节是朋友们相聚的时候,有朋自远方来,不亦乐乎?晚上在晒谷场支起一张桌子,略备薄酒,大家围着桌子一边喝酒一边聊天,几杯酒下肚,气氛便热烈起来。我喜欢搬个小板凳坐在旁边听他们豪情万丈地讲南繁的故事。杂交水稻之父和杂交水稻之母的故事我已耳熟能详,最喜欢听的还是发生在基因中心基地里的故事:"张院士失眠小白楼、罗教授征地展宏

图 4-13 · 比尔及梅琳达·盖茨基金会专家(前排左三)做客小白楼

图""三十条好汉游南海""徐小艳大战眼镜蛇"……听他们讲故事的时候,我感到他们身上有一种特别的东西在闪耀着,直到很多年以后,我才明白这种特别的东西是什么。育种工作周期长、工作量大、出成果难,用十年磨一剑来形容一点也不为过,一个育种家一辈子都可能育不出几个品种,但粮食安全、国家安全都建立在这小小的种子之上,责任感和使命感让他们耐住寂寞,砥砺前行。

这里是苦中作乐地方。在试验田里流血流汗没什么可怕,可怕的是这里的毒虫。海南的气候非常适合害虫繁衍。这里老鼠不怕人、蚊子不怕死、蚂蚁不怕踩,最恐怖的是毒蛇和隐翅虫,基地里经常有眼镜蛇和隐翅虫出没。新人刚来的时候会很不适应,但渐渐地会被前辈们大无畏的精神所感染,大家互相帮忙照顾,苦中作乐,生活充满激情和欢乐。陵水县城街上"酸粉西施"的酸粉、路边大排档的烤鸡翅、光坡镇上的清补凉、村民家院子里的帝王蕉都是大家的最爱,有机会我们就过去打打牙祭。傍晚时分,男生们喜欢打篮球,人多的时候会来一场比赛,最精彩的是投篮比赛,比赛输的人要请大家吃东西。天气热的时候,请会爬树的当地小伙儿阿通给大家摘几个新鲜的椰子喝,别提有多美了。学生们有时候也会打扑克牌,一般玩"80分"和"找朋友",人多的时候,会凑起来玩杀手的游戏……

这里是硕果累累的地方。国家"863计划""948计划""973计划"、自然科学基金重点项目、上海科技兴农攻关项目等多个国家和省部级的项目进驻基地;这里育成了全球第一个旱稻不育系,并实现了三系配套;'沪旱3号''旱优3号''旱优8号''沪优2号''旱优73''旱优113'等一大批节水抗旱稻品种相继通过国家和省级审定,并在生产上大面积推广应用;研究成果分别获得2005年度、2007年度、2015年度上海市科技进步奖一等奖,2010年度上海市技术发明奖一等奖,以及2013年度国家技术发明奖二等奖。

南繁育种也育人。在基因中心领导和老师的影响下,一批批的年轻人在这里"闻道,勤而学之",很多人从此走上了农业科研道路,成为国家栋梁之才。我的师兄、师姐、师弟和师妹们坚持不懈、力争上游,正逐渐成长为学术大咖和育种大腕,他们的学术成果在国际顶级学术期刊发表,他们培育的品种在全国多个省、市推广应用;还有一些人成为了企业家,他们初心不改,仍然从事和农作物种业相关的工作。曾经的少年也成为了老师,带着学生在农业科研育种的道路上越走越远。

后来基地又历经几轮建设,到2010年,基地已经发展成占地面积近200亩,并建有生活楼、考种室、综合实验楼、仓库、晒场等具有相当规模的南繁基地,并正式更名为"上海市农科院海南试验站"。2015年下半年开始,根据国家南繁科研育种基地(海南)建设规划以及农业部"五个统一"要求,上海市政府支持在上海市农科院海南试验站基础上开展新一轮建设,按照"统一管理、统一运行、设施一流、功能齐备、国内领先、高效运行"的标准要求,规划建设面积1000亩的上海市市级南繁基地,承接上海市高校、农业科研院所、种业企业等种业科研单位南繁任务。

通过了解南繁历史可以发现,上海市农业生物基因中心的南繁育种工作是我国南繁工作的一个缩影,在海南省三亚、陵水、乐东等地方分布着800多家科研院所、高等院校及科技型企业建立的南繁基地。据统计,南繁60多年以来,全国育成的农作物新品种中,70%以上的品种都经过南繁。近年来,全国近30个省份800多家科研院所、高等院校及科技型企业6000多名农业科技专家、学者来海南从事南繁育种工作。在南繁基地农田里,你能见到那些早已功成名就的种业界大腕,也能看到一批风华正茂的年轻人,更有很多寂寂无名的工人,他们是"科技候鸟",是追赶太阳的人,他们一生实践,执着追求,在保障国家粮食安全、缩短农作物育种周期、促进现代农业发展和农民增收、培养科研育种人才等方面做出了突出贡献。

谨以此文纪念那段激情燃烧的岁月,致敬我们的青春,致敬这些"追赶太阳的人"。

五、一张蓝图绘到底,策源中心谋新篇
——记基因中心金山基地变迁发展史
高欢　徐小艳

万亩良田位于上海市金山区廊下镇,是上海市水稻生产的名片,坊间也时有传闻:上海农业看金山,金山农业看廊下。今年,近 1000 亩的特早熟节水抗旱稻'八月香'长势喜人,其中'雪花粳'近日已齐穗,预计 8 月中旬即可送到上海市民的餐桌。

自 2002 年基因中心正式成立并揭牌以来,始终未能拥有一个稳定的试验基地。重固基地、白鹤基地、庄行综合试验站虽都有驻足,但时间均不长。2011 年,位于上海市青浦区的白鹤基地合同到期,基因中心急需稳定的试验基地来保证科研工作的顺利开展。在上海市农科院和金山区领导带领下,与廊下镇领导碰撞出日后燎原的火花。自此,节水抗旱稻走进金山,在廊下落地生根。回望来时路,有汗水、有泪水,但更多的是欣喜和感动,激动和振奋。

(一) 暖雨晴风初破冻

2011 年,在上海市财政局、上海市农委和金山区廊下镇的共同支持下,首批流转稻田共 980 亩,着手建设节水抗旱稻廊下田间试验基地,打下了金山基地的第一根桩。

然而,理想的丰满总是伴随现实的骨感一同所至。2013 年,基因中心正式接

管金山基地,初来乍到,可谓满目疮痍,除了一间仓库,其他设施一无所有,无门牌、无独立水电、无宿舍、无食堂、无办公室,只有弯曲的土路和刚搬迁拆剩的民房废墟。试验田不规整,没有水利设施,生活办公都在两间 40 平方米的租用民房中。四周都是民房拆迁后剩下的废墟堆,每天走的是杂草丛生、泥泞的羊肠小道;夜间更是蚊虫飞满屋,蛇、鼠遍地跑。面对如此骨感的现实,当时不是没有打退堂鼓的打算,是各界的支持和对节水抗旱稻事业的执着给了先锋者坚持下去的决心。

终于,在 2014 年,我们迎来了流转区域内的第一批农户搬迁,土地进行复垦平整,按试验基地标准搁田成方,修建配套沟渠、晒场、仓库等基础设施,并改造水网电路。当时,由于没有门牌号,不能申请独立电表,只能暂时借用村里抽水房的电表。考虑到基地建设和今后发展的需要,水电独立成户迫在眉睫。历时半年,无数次地往返供电局和自来水公司,不厌其烦地进行沟通、协商,终于解决了用水用电问题。2015 年,区域内剩余农户全部搬迁完成,土地复垦,水路沟渠整修,农田水利治理得以顺利进行。经过两年的复垦改造,分别建成高规格的制种试验片区、繁殖试验片区、亲本种质资源种植片区、新品系、杂交新组合鉴定片区及粮食生产区,年底顺利完成了土地整治、排灌系统、电路和水系整修,金山基地配套建设初具规模。

(二) 曙光初现迎新日

黄沙百战穿金甲,不破楼兰终不还。2016 年,在"上海市政府都市农业专项"支持下,金山基地一期建设能力提升项目破土动工,不仅建设护栏,提升了核心区种质种源和基地的安全生产能力;而且还建设了大棚,不用过度担心台风过境对制繁种的影响。有了连栋温室,生活办公区整体搬迁至基地西侧,远离烘干房,减少粉尘对生活的影响,终于可以生活在"无尘"的环境。

2018 年,"上海市政府都市农业专项"二期建设正式启动(图 4-14)。有了一期小试牛刀的经验加持,二期的大干快干才算拉开了建设的序幕,十倍于一期的投资体量,为期三年的建设使得金山基地初步具备了精准鉴定、种质创新、节水抗旱稻繁种及试验示范等能力。

图 4-14·金山基地上海市政府都市农业专项二期建设项目破土动工

1. 建成国际首个抗旱综合能力标准鉴定基地 2020年,在金山廊下,节水抗旱稻抗旱能力综合鉴定体系建设完成,在连栋塑料温室内建立集避旱性、耐旱性、综合抗旱性三个研究体系为一体的高标准抗旱鉴定设施。另外,整个鉴定设施上引进高通量表型自动采集平台(图4-15),配备阵列式RGB和红外相机,高光谱成像仪和激光雷达等检测元件。设施建成后,可以满足对资源开展综合抗旱性、避旱性、耐旱性的鉴定鉴别;可用于各抗旱类型的机制研究,提升抗旱研究的理论高度;可以开展相关抗旱标准研究和制定,服务于全国区域的抗旱鉴定工作;可以向国内外开展节水抗旱稻及其研究的展示示范工作,对加快推进节水抗旱稻的研究与推广应用具有重要意义。

2. 建成上海首个节水抗旱稻资源节约环境友好型试验基地 2020年9月22日,国家主席习近平在第七十五届联合国大会上宣布,中国力争在2030年前二氧化碳排放达到峰值,努力争取2060年前实现碳中和目标。金山基地跨前一步,率先打造"一控两减"核心示范区域,改建示范田块所有进出水口,定量监控所有田块

图 4-15 · 田间作物高通量表型检测系统

进排水量(图 4-16)。通过稻田梯度通量观测塔,实现节水抗旱稻温室气体减排效果的数字化、直观化。结合节水抗旱稻的节约灌溉水量和削减径流污染效果,全面示范节水抗旱稻节水减排的生态效益。示范区提前布局,为贯彻国家农业减排、"双碳"战略打下良好基础。

图 4-16 · 科研人员在田间面源污染监测设施取样

（三）稻花香里说丰年

在金山，有这样一个地方，路名叫"旱优路""缤纷路"；在金山，有这样一个地方，这里种植着各种不同颜色、不同样子的水稻；在金山，有这样一个地方，它朴实的外表下蕴藏着高科技的内核；在金山，有这样一个地方，田里劳作的不是农民伯伯，而是博士、教授、研究员。这便是金山的上海市农业生物基因中心金山基地，自建设以来已走过十年历程。这里繁育的品种走出国门，这里发表的研究论文被频繁引用，这里的科研设施引得兄弟院所频繁驻足，这里的科技成果走进了人民大会堂，捧回了一等奖的殊荣。每每谈及这里，人们总是感慨万千，这里是我们挥洒汗水的地方，这里是我们收获希望的土地。一粒种、一条路、一群人、一起拼、一定赢。

2021年8月18日，表型温室在烈日的炙烤下持续升温，而东南角却引来一场大"烤"。临时加装了内遮阳和4台高功率电风扇等简单的降温设施后，一场别开生面的见面会即将开始。没有会议室，没有空调，在田间完成廊下'八月香'鸣枪开跑，惊艳亮相，不仅让上海市民八月吃上新米，"稻+玉""稻+菜"等"稻+"模式也为沪郊农业转型提供更多可能。此次会议也让领导们看到了国家科技重大成果的来之不易，廊下镇党委领导当场表态，调整规划我们来想办法，一定要给科学家做好后勤保障工作。节水抗旱稻国际策源中心的种子就在此刻种下。

2022年，新冠疫情严重影响了春耕春播的节奏，基地人员在疫情防控最为吃紧的时刻克服重重困难，逆行返岗；在镇域管控，农机农资无法跨镇通行时及时调整播种策略，以地换地，在育秧公司就地开展春播工作。大家众志成城，坚守一线，保证了基地春耕春播的高效开展，打了一场疫情防控下漂亮的攻坚战。5月，在各级主管部门的有效沟通和关心下，基因中心领导班子及大部分功能区负责同志陆续入住金山基地，与员工同劳作同思考，以策源中心为抓手，谋定"1522"发展目标，为基因中心未来事业的发展指明方向。11月，伴随稻田的金黄，"芳华二十载，筑梦向未来"基因中心二十周年发展战略研讨会在廊下万亩良田召开，在感恩各级部门的关心和支持，回顾基因中心二十年的发展的同时，节水抗旱稻"1522"发展目标也正式发布，即实现新增水稻种植面积1亿亩，增产稻谷500亿千克，减少200亿吨水稻生产用水，减排温室气体200亿千克二氧化碳当量（CO_2e）（用节水抗旱稻替代 5 000 万亩现有传统水稻的种植面积）。

随着基地建设的日臻成熟，籼型、粳型、杂交、常规，各种类型的节水抗旱稻在廊下生根发芽，种植区域不仅覆盖国内大部分水稻种植区，更是乘着国家"一带一路"倡议的东风，走出国门，出口到非洲东南亚，走向世界。日前，一批批水稻抗旱材料完成鉴定，一批批新组合、新品系苗头显现，这些新希望必将在不久的未来大显身手，为国内外粮食安全做出重大贡献。

■（四）长风破浪会有时

回顾金山基地工作和生活的几年，思绪万千。曾记得抗旱杂交水稻不育系'7A'繁殖除杂时，基因中心二十几名在读硕士生、博士生和科研人员参与其中。虽然当时生活条件异常艰苦，吃的是盒饭，十几个人住一间房，房间不够就睡在仓库晒场的临时收缩床上，晚上蚊子叮咬，闷热难耐，但没有一个人喊累、没有一个人抱怨，大家相互激励，高质量完成田间除杂工作，为节水抗旱稻种源的纯度安全立下汗马功劳。

十余年的发展，累计投资近 5 000 万，金山基地的科研示范能力有了较大提升，在节水抗旱稻技术标准、种源繁育、基础创新和成果展示等方面有效发挥引导作用。

2023 年，廊下镇国土空间总规划和郊野单元规划相继通过审批，明确规划了金山基地内科研建设用地 9 974 平方米，设施农用地 18 055 平方米，国际策源中心用地条件已具备。2025 年 2 月 10 日，《沪发改地区〔2025〕3 号》文件批复建设节水抗旱稻国际策源中心。至此，策源中心建设万里长征总算跨出第一步。这对节水抗旱稻的发展具有里程碑意义。未来 5～10 年，为服务上海现代种业高质量发展总目标，聚焦水稻产业的绿色可持续发展，实现节水抗旱稻的持续引领，金山基地将全力建成"节水抗旱稻国际策源中心"，以发展种源农业、可持续产业为目标，从种源农业、生态农业、低碳农业、数字农业、高效农业等多维度开展品种创新、技术创新、模式创新。立足沪西南、覆盖长三角、面向全世界，集科研、科技交流、成果示范与转化和科学普及于一体，以科技创新赋能，打造上海廊下万亩良田种源农业的国际名片。

蓝图已绘就，正是扬帆破浪时。一件件往事、一段段经历让人记忆犹新。原来一片杂乱无章的田块，凌乱的废墟，杂草丛生的农田，现已格田成方，沟渠成行，良田沃野,阡陌纵横。新型农业科研试验基地正扬帆起航……

六、科研科普两翼齐飞

龚丽英

依稀记得20世纪90年代,一场暴雨将上海市农科院的超1万份育种材料淹于汪洋之中。一批老专家大声疾呼:种质资源是农业发展的原动力,一旦失去,就很难找回,希望各级领导高度重视,及早建立种质资源库,种源再不能流失了。当时上海科技报记者张秀华,从1997年起以"把根留住须建种质库"为主题连续4年跟踪发文呼吁建立种质资源库。2002年7月,众所期盼的基因库大楼建成,上海市农业生物基因中心成立,时任上海市副市长冯国勤与中国工程院卢良恕院士为基因中心揭牌。揭牌仪式隆重热烈,红毯铺路,礼花绽放,气球高挂,并举办了上海市农科院第一场由多名院士做学术报告的院士报告会(图4-17)。这是上海市农科院发展史上的一件大事。

图4-17·院士报告会

上海市农业生物基因中心是一家主要从事农作物种质资源收集、保存、研究和利用的公益性科研事业单位。围绕"米袋子"开展节水抗旱稻的研发,围绕"菜篮子"开展生菜的研发。基因中心成立至今 23 年,如果把基因中心的发展史,以五年为一个阶段进行总结的话,成立之初的五年是中心奠定基础,初见成效的五年;第二个五年是不断壮大,快速发展的五年;第三个五年是取得突破,全面发展的五年;第四个五年则是不断提升,成效显著的五年。

基因中心成立之后,罗利军团队在收集农作物种质资源的同时,开始开展水稻节水抗旱性的研究,随后发明了一种新的品种类型——节水抗旱稻。节水抗旱稻是指既具有水稻高产优质特性,又具有旱稻节水抗旱特性的一种新的栽培稻品种类型。它是在水稻高产优质的基础上,引进旱稻的节水抗旱特性而育成的新品种(图 4-18)。

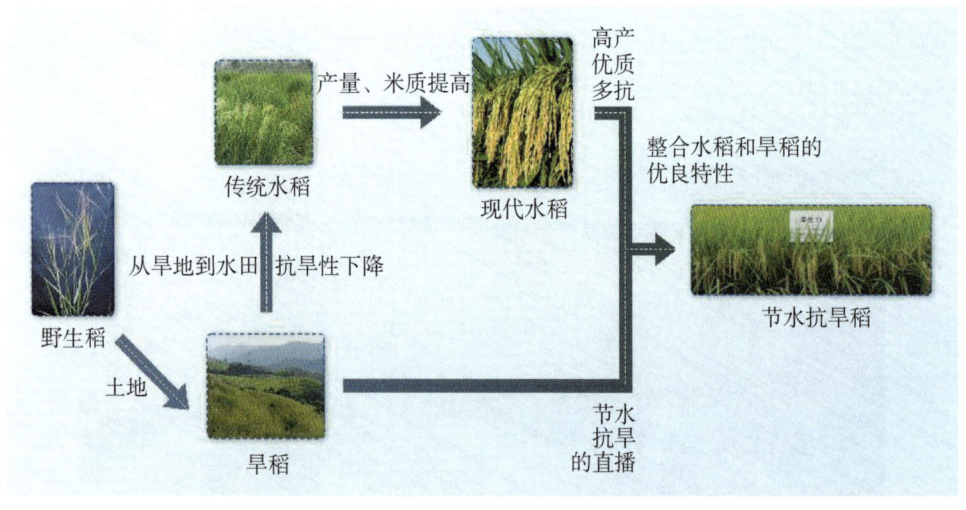

图 4-18·节水抗旱稻演变图

在灌溉条件下,采用"直播旱管",节水抗旱稻的产量、米质与传统水稻基本持平,但可节水 50% 以上,少施化肥 30% 左右,减少面源污染 70% 以上,减少甲烷排放 90% 以上;在望天田,具有较好的抵抗干旱的能力,能够稳产;在栽培上,节水抗旱稻简单易种、投入低、低碳环保。节水抗旱稻是基因中心科学家发明的一种新的水稻类型,它不同于水稻,也不同于旱稻,是一种新的水稻类型。

(一) 深刻理解科普,开启科普之路

节水抗旱稻是一个新生事物,要推广这个新品种,科普是关键。

如何科普呢?为什么要培育节水抗旱稻?培育节水抗旱稻涉及哪些重要的科学技术?如何培育优良的节水抗旱稻?怎样种植节水抗旱稻?……围绕这些公众极其关心的问题,我们必须回答好,并进行系统的科学技术普及。

当务之急是组建科普团队。我们建立了由科学家和科普工作人员相结合的科普队伍。科学家的参与,不但保证了科普内容的科学性和准确性,而且有利于科普人员及时跟进科学研究的最新动态。

一直以来,基因中心很重视科普,有扎实的科普工作基础。基因库大楼建设时,就规划设计了名为"基因园"的科学普及展厅(图 4-19),于 2003 年 6 月建成。整个展厅投资近百万元,由上海市农业展览馆负责设计并制作完成。基因园是一个展示农业生物资源多样性、宣传种质资源保存重要性以及普及基因知识的展厅,也是提高全民综合素质的科普基地,更是公众接受科普教育的理想场所。2005

图 4-19 · "基因园"科普基地部分场景

年,鉴于基因中心科研团队在水稻节水抗旱研究方面取得进展,美国洛克菲勒基金会专项资助,以"水·稻"困境与出路为题(图4-20),对水稻生产面临的困境和加强水稻节水抗旱研究重要性进行科学普及。2006年,基因中心主持的项目《基因宝库丛书》一套10本出版(图4-21)。该书旨在普及基因的多样性和重要性,并荣获上海市科学技术进步奖二等奖,这是基因中心成立以来首个在科普方面获得的市级奖项。

图4-20·"水·稻"困境与出路科普手册

图4-21·《基因宝库丛书》

2009年10月第三届国际干旱大会(图4-22)在上海召开,基因中心是会议的主办方,会议收到500多人的会议注册和提交的论文摘要。经过大会学术委员会和组织委员会的遴选,有来自60多个国家、近360位学者参加了本次大会(图4-23)。大会围绕农作物节水抗旱性主题,分8个专题,共有80余人次做了精彩的学术报告。不同学科领域、不同国家和地区的科学家就干旱条件下,植物生长发育与产量形成、作物生产与管理、植物对干旱胁迫响应的分子基础和生理机制、基因组学在抗旱研究中的应用以及抗旱的遗传学进展等展开充分交流、研讨和合作。就是在这次国际会议上,基因中心首席科学家罗利军首次正式提出"节水抗旱稻"的学术思想,得到国内外科学家的高度肯定和认可。随后,在世界著名学术期刊《实验植物学期刊》(*Journal of Experimental Botany*)上发表了论文《中国节水抗旱稻

图4-22·第三届国际干旱大会在上海召开

图4-23·第三届国际干旱大会参会人员合影

育种》[Breeding for water-saving and drought-resistance rice(WDR)in China](图4-24),系统阐述节水抗旱稻的研究背景、目标、培育策略与发展前景。至此,"节水抗旱稻"这个新稻种横空出世,亮相全世界。

Journal of Experimental Botany, Page 1 of 9
doi:10.1093/jxb/erq185

Journal of Experimental Botany
www.jxb.oxfordjournals.org

REVIEW PAPER

Breeding for water-saving and drought-resistance rice (WDR) in China

L. J. Luo*
Shanghai Agrobiological Gene Center, 2901 Beidi Road, Shanghai 201106, China
* E-mail: lljun@sagc.org.cn

Received 10 March 2010; Revised 25 May 2010; Accepted 3 June 2010

Abstract

Rice is the staple food and rice production consumes about 50% of the fresh water resources in China. In addition, drought is one of the most important constraints in rice resulting in large yield losses and limiting the average yield increase of the country. There is an urgent need to enhance water-saving (W) capacity or drought resistance (DR) of rice. WDR varieties can be developed through introgressing the water-saving and drought resistance capacity mainly from the traditional upland to the commercialized paddy rice cultivars. The breeding target is a high yield potential under irrigation, an acceptable grain quality, and water consumption reduced by about 50% compared with paddy rice. In a water-limited environment, a higher level of drought resistance and reduced yield loss by drought stress are required. In recent years, the field drought-resistance screening facility was established and the evaluation standard was developed. Some DR rice varieties were identified and used in both molecular mapping and breeding programmes. Several WDR varieties were developed and released to farmers. This article describes our initial achievement towards this goal and provides some details on the rationale and the specific steps and methods used.

Key words: Breeding, drought resistance, gene/QTLs, hybrids, rice variety, water-saving, WUE.

Introduction

China is facing two major challenges: food security and water shortage, particularly in the rainfed areas of China where a significant proportion of the population is still in absolute poverty. Rice is the staple food for most Chinese people and is regarded as a strategic commodity in China. Historically, it has played an important role in ensuring food security (Luo and Zhang, 2001). Breeding semi-dwarf rice in the 1960s and the use of heterosis in the mid-1970s increased rice production by more than 2-fold, respectively. However, since the end of the last century, the average yield of rice production in China has been hovering around the 6.0 t ha^{-1} (http://zzys.agri.gov.cn) and there has not been a substantive breakthrough in average rice yield in recent years.

To enhance the yield potential of Chinese rice further, the 'super rice' breeding programme was initiated in the mid-1990s in order to break the yield plateau. Several super rice cultivars with a yield potential of over 10 t ha^{-1} in demonstration tests were developed. For example, China's first three-line subspecies hybrid rice Xieyou 413, which has been developed by the author, achieved a yield of up to 11.9 t ha^{-1} in Anji County, Zhejiang Province (Ying and Luo, 1996). However, this high yield potential could not be achieved in the large-scale production in the farmer's fields. The main reason is the quality of China's paddy fields which cannot meet the growing conditions required for current super hybrid rice. Drought is one of the most important limiting factors in more than 65% of paddy fields in China's (China State of the Environment, 2004), where super rice varieties cannot perform well under drought stress. In fact, since the 1990s China's average annual drought-affected area was up to 26.67 million hectares decreasing food production by 70–80 billion kg (Jing, 2007). Therefore, the development and production of drought-resistant rice varieties, to stabilize and improve the production levels in the low-middle-yielding fields, is needed.

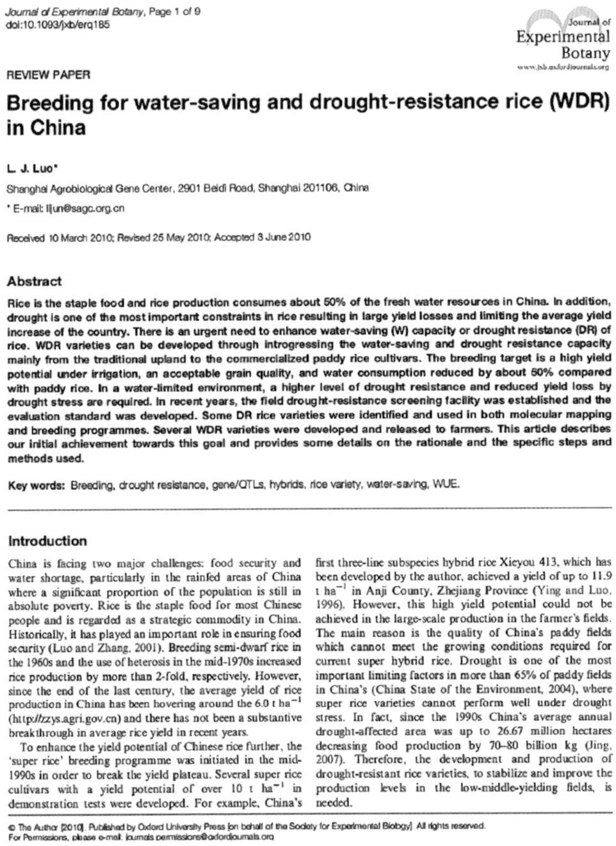

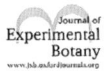

图 4-24 · 罗利军在世界著名学术期刊发表了论文《中国节水抗旱稻育种》

(二) 创作系列作品，提升科普能级

科普表现形式是科普工作中的关键要素，对科普过程起到引导和渲染的作用。我们科普团队在节水抗旱稻科学研究的不同发展阶段，采用相适应的科普表现形式，针对不同的科普对象，推出不同的科普作品与活动，取得较好的科普效果。

2011 年，创刊于 1933 年的著名科普刊物《科学画报》用专刊形式(图 4 - 25)，以“粮食安全的新希望——节水抗旱稻”为题，用科普的语言，采用中英文方式，第一次系统地介绍了节水抗旱稻的理论与实践。全刊围绕我国农业生产所面临的重大问题、科学家为此所进行的科学思考、从事的科学研究和取得的阶段性科研成果、涉及的科学原理和栽培技术等方面，进行了详细的介绍，经过科普团队的努力

创作,《科学画报》"粮食安全的新希望——节水抗旱稻"专刊约3万字,115幅图片如期出版发行。2011年第一次印刷5万册,2015年第二次重印了3万册。全刊尽量避开艰涩深奥的科学术语,采用大量图片、图表和漫画,使内容图文并茂,形象生动,读者可以直观地理解节水抗旱稻的科学内容。实践证明,《科学画报》在节水抗旱稻产业化推广、农民选择节水抗旱稻新品种、如何种植节水抗旱稻的过程中发挥了很好的科普作用。《科学画报》"粮食安全的新希望——节水抗旱稻"专刊因此获得2014年度上海科普教育创新奖提名奖。

图4-25·《科学画报》专刊介绍节水抗旱稻的理论与实践

基于《科学画报》在节水抗旱稻科普化方面的积极推进作用。2011年,科普团队启动了《节水抗旱稻》纪录片(图4-26)的创作与拍摄,并获国家广播电视总局批

图4-26·纪录片《节水抗旱稻》中广西瑶族少数民族地区旱稻原始拍摄地

复。该片侧重节水抗旱稻产生的背景与过程,介绍科学家科学研究的曲折历程、思维特征和科学技术,力求传播科学思想,弘扬科学精神。该片拍摄历时2年,于2013年制作完成并发行,并作为《上海科技纪录片系列》内容之一,获得全国"金影联大奖"科教片一等奖。

随着节水抗旱稻的深入研究,特别是节水抗旱稻在全国范围内的推广应用,以及在"一带一路"共建国家的试种成功,科普团队开始策划拍摄一部内容更全面系统的科教片《另一种选择——节水抗旱稻》(图4-27),并获得上海市科委立项支持。该片于2014年开始拍摄,历时3年完成,全片时长34分钟。与2013年拍摄的纪录片《节水抗旱稻》相比,本片内容更加丰富,并运用多种拍摄技术,以中英文双语表达。本片拍摄足迹遍布长江淮河流域、西南云贵山区,以及东北稻区。在2016年上海举办的国际自然保护节上,本片作为我国选出的7部国产优秀纪录片之一进行集中展映,产生了重要的国际影响。《另一种选择——节水抗旱稻》作为《上海高清科教纪录片系列》内容之一获上海科普教育创新奖一等奖。同年,农业部正式颁布实施"节水抗旱稻　术语"行业标准。

图4-27·科教片《另一种选择——节水抗旱稻》

在科技创新如火如荼的今天,科学普及越来越重要。如何让科学普及驶上建设具有全球影响力的科技创新中心发展的"快车道",使科技创新与科学普及"两翼"融合发展?基因中心不仅有一支专兼职的科普团队和科普工作的基础,还有

"基因园"科普场馆,因此可以通过申请科普基地,将日常科普工作纳入系统管理,从而使我们的科普工作更加规范化、科学化和专业化。在闵行区科学技术委员会(简称:闵行区科委,下同)和上海市科委的帮助指导下,2015年我们以"基因园"命名的科普基地先后获得闵行区科委和上海市科委科普教育基地的授牌。其间,科普团队积极参加上海市和闵行区组织的各类科普活动,在学习兄弟单位科普工作先进经验的同时,对自己的科普工作也进行了不断的提升。

2016年,为了更有利于青少年对节水抗旱稻相关科学知识的理解,科普团队进一步创作了动画片《稻界奇兵》(图4-28)。该片时长10分钟,采用手绘以及FLASH动画相结合,以拟人化的表现手法,通过故事情节的展开介绍节水抗旱稻的选育过程和特征特性。在动画片的基础上,和上海科学普及出版社联合创作出版了《"节水抗旱稻"漫画丛书》一套4本(图4-29),分别是《水稻呼唤抗旱性》《节水抗旱稻诞生》《种植节水抗旱稻》和《绿色发展新希望》。由于书中动漫人物形象生动,不仅深受广大青少年的喜爱,同时也特别有利于后续科普产品的延伸和科普品牌的建设。

图4-28·动画片《稻界奇兵》

图4-29·《节水抗旱稻漫画丛书》

2020年,科普团队创作了舞台剧《穿上皮鞋种稻去》(图4-30)。该剧分3幕演绎了重大科研成果——节水抗旱稻的前世今生,使科研成果科普化。第一幕以介绍安徽怀远地区旱情严重为背景,几千亩水稻田因干旱而绝收,表现了农民种地的困境。第二幕以快板形式科普节水抗旱稻与普通水稻的区别和优势,表现了农民了解节水抗旱稻的优势,尝试种植该品种场景。第三幕以舞蹈凤阳花鼓戏加记者采访的形式,表现了农民种植节水抗旱稻丰收后欢庆的场景,以及基因中心科研人员不辱使命潜心研究踏上新征程,实现资源节约,环境友好,农田增值,农民增收的远大志向。舞台剧《穿上皮鞋种稻去》不仅在闵行区科技艺术展演中荣获一等奖,随后还多次受邀分别参加了由上海市科学技术委员会、上海市文化和旅游局主办的"2020年上海国际科技艺术展演巡演",上海市科委"科学之夜"演出,闵行区人保局庆祝建党100周年以及上海市农科院建党100周年的演出。

图 4-30 · 舞台剧《穿上皮鞋种稻去》

2022年,围绕绿色农业中水资源安全、化肥农药施用、环境安全和粮食安全等几个关键问题,科普团队创作微视频介绍节水抗旱稻(图4-31),时长约8分钟,中英文双语制作,为我国农业发展提供一条"资源节约、环境友好"的绿色发展新途径,促进我国农业产业结构调整,助推农业乡村振兴和精准脱贫。

图4-31·《节水抗旱稻》科普微视频

2023年,科普团队再接再厉创作了科普微电影《大稻自然》(图4-32)。微电影时长23分钟,中英文双语制作。微电影的创作源于节水抗旱稻推广过程中的真实故事,讲述了农学专业毕业的农村大学生胡杰回乡创业,带头种植和推广节水抗

图4-32·科普微电影《大稻自然》创作团队

旱稻,以亲身实践赢得村民的信任和支持,并带领当地农户实现乡村振兴的同时,使自己的事业与节水抗旱稻共成长的故事。影片不仅展现了节水抗旱稻节水抗旱、高产优质的特性,体现了节水抗旱稻在保障粮食安全,推动农田增值、农民增收方面的重要作用,还真实反映了新品种推广过程中遇到的重重困难。微电影的演员都是由基因中心的科学家、青年科技人员、节水抗旱稻的种植大户本色出演,内容兼具真实性、科学性和艺术性。

围绕节水抗旱稻的重大科研成果创作的科普作品涵盖科学画报、纪录片、科教片、动画片、漫画丛书、舞台剧、微电影等,科普作品兼具科学性、艺术性和科普性,受到党政机关、农业推广部门、种业公司、专家学者、种粮大户、学校师生、广大市民、农民以及科普工作者的一致好评。随着科普内容的深度挖掘,科普作品不断涌现,表现形式呈现多样化的同时,科普团队也逐步壮大。现在的科普团队由包括科学家、专业科普人员、影视制作以及新媒体发布等多学科、多专业的专职和兼职队伍组成。

在节水抗旱稻科学研究不断取得新突破的过程中,我们的科普工作也及时跟进,同向发力,发挥了重要的助推作用。

如今,每年上海科技节和全国科普日,节水抗旱稻作为品牌项目,开展以科普讲座、科普实践、互动体验和科研成果展示、品鉴等多种形式的科普开放日活动,深受公众的喜爱。

2020年,围绕国家倡导的"光盘行动"开展了"节粮爱粮,科技兴粮"特色科普嘉年华活动。由上海科技节组委会和基因中心联合主办的"科学之夜"走进基因园科普基地活动,分设探秘基因园、玩转科学、科学导师课堂、科学小舞台、讲解员带你逛等5个互动板块。科普团队针对亲子家庭进行全方位的节粮爱粮、科技兴粮的科普宣传。尤其是水稻实验室的互动开放环节,亲子家庭可以走进实验室,小朋友当上小小科学家,在科研人员的指导下,观察水稻不同的生长阶段,亲手操作实验设施,了解实验步骤,提取水稻DNA。通过科普活动,参观者体验到科研工作的艰辛和不易,不仅对节水抗旱稻的研究有了形象直观的认识,而且培养了小朋友们的科学兴趣,使他们认识到粮食来之不易。

平日里,我们不断加强与学校合作,开展科学知识普及和科研实践活动,共同提高师生的农业科技创新能力。近几年，我们还不断为学生开展科技辅导。来自交大附中、七宝中学、延安中学、复兴中学、青浦高级中学、松江二中、闵行中学等学校的学生来到基因中心开展相关的科学研究和实践，有些学生还获得青少年科技创新大赛的奖项。结合节水抗旱稻的"实验室科普"和"田间科普"，学生们还能来到科研场所和实践基地，亲身体验科学实验，在感悟农耕文化的同时，对米饭的前世今生有了更直观的感受，活动因此获得师生们的一致好评。基因中心是上海市中小学"科普校园行"的支持单位，科普团队则是宣讲团成员，来到学校进行巡讲，讲述一个个有关节水抗旱稻科学研究的科普故事。

针对市民，科普团队不定期举办"科技开放日"活动，主要开展食品安全、营养健康等知识的科普。节水抗旱稻"少打农药，少施化肥"的优势，使生产的大米更加安全健康。市民在听取节水抗旱稻选育的科普报告后，还能参加节水抗旱稻大米的品鉴活动，对餐桌上的大米有了更全面深入的了解。

为了扩大节水抗旱稻的知晓度和影响力，我们先后与新华社、解放日报、文汇报、农民日报、新民晚报、上海科技报、东方城乡报等多家报纸和东方卫视、上海新闻综合频道、纪实频道、中央广播电视总台等多家电视台合作撰写和拍摄节水抗旱稻的研发和推广故事。节水抗旱稻在王家坝蓄洪区"灾后重生"的突出表现被刊登在农民日报头版，引起农业农村部领导的关注；解放日报专版介绍节水抗旱稻的科研成果；联合国环境规划署在官方网站上报道了节水抗旱稻'旱优73'在肯尼亚、乌干达和加纳等地试验种植及为解决当地粮食安全做出的贡献。这些宣传报道不仅普及了相关科学知识，还显著提升了科研成果的公众认知度。

科普团队不断创建宣传平台，在网站"上海市农业生物基因中心"基础上，分别开设公众号、视频号、抖音号"上海市农业生物基因中心"，公众号"节水抗旱稻"，2023年开设抖音号"节水抗旱稻之家"专题科普账号，集中围绕节水抗旱稻的科学原理、科研进展、品种特点、栽培模式等开展科普宣传。

通过科普团队的努力，科普条线也取得了不少奖项，基因园科普基地综合考评多次获得市级"优秀"；2020年，基因中心获得上海市科普工作先进集体；2020年，基因中心制作的《节水抗旱稻》科教片获得上海市科学技术普及奖一等奖，这个一等奖是上海农业领域首次获得的科普奖项。

(三) 面向广阔天地,促进科技成果转化为生产力

科普团队在弘扬科学精神、普及科学知识、传播科学思想的同时,促进了科技成果转化为生产力,开拓了科普工作新局面。

科技成果在产业化的过程中,科研单位都要举办相关会议进行成果的示范推广。节水抗旱稻品种在走向市场的过程中,在适宜种植区域一般召开好"三场会议",即:苗期能够展示节水抗旱稻早生快发优势的"苗情会";品种接近成熟,稻穗黄熟一半时的"观摩会";品种成熟收割时的"测产会"。科普团队参与这"三场会议",适时科普节水抗旱稻的科学知识点,全面直观地向代理商、经销商、种植户展示节水抗旱稻不同时期田间长势长相,并结合品种特征特性、栽培技术等及时进行培训,增强与会人员的感受度。

节水抗旱稻的种植场景呈现多样化:在水田,改变传统种植方式,实现资源节约、环境友好;在果树、菜园或低洼易涝旱田,可优化调整种植结构,实现农田增值,农民增收;在山(滩)改田,拓展水稻种植空间,实现扩面稳产,节本增收。科普团队在节水抗旱稻品种推广一线,既看到品种在地里的表现,也感受到农民的期待和对品种的认可。当我们走到农民的田间地头,农民热情邀请我们到家里吃饭,杀鸡宰鸭,热情招待我们时,我们幸福感满满,也能切实感受到一个好品种给农户带来的满足感。

种植大户对节水抗旱稻,从不了解到了解,从接受到热爱,一个个推广节水抗旱稻的故事,很生动,很感人,不断鞭策和鼓励我们进一步做好科研成果的科普工作。

安徽伴读妈妈脱产陪着儿子就读寄宿制高中,准备儿子的饮食起居。由于煮的"节水抗旱稻"大米香而软,引起其他伴读妈妈的关注。一传十,十传百,大家都爱上了节水抗旱稻。儿子高考结束后,伴读妈妈索性做了节水抗旱稻颍上的代理商,又卖种子又卖大米,生意做得风生水起,成为一个职业新农人。

跑长途客运车的司机,跟随科普团队,走南闯北一路拍摄节水抗旱稻的纪录片。纪录片拍摄取景之处,就是车轮所到之处。等到拍摄结束,客运车司机成了节水抗旱稻的忠实粉丝,直接回老家承包农田,种植节水抗旱稻,如今成为一名种植

大户,种植面积逐年递增。

城里打工的餐厅服务员,在CCTV-17农业农村频道看到节水抗旱稻的介绍,通过互联网联系了基因中心,仔细了解情况后做起了节水抗旱稻的经销商,且效益不错,干劲很足。安徽怀远地区有个种植大户,承包田块是旱地,旁边没有灌溉设施,之前种植玉米,后来改种节水抗旱稻,亩产效益至少比玉米增加300元。科研人员现场查看节水抗旱稻长势后觉得很好,准备召开现场会,以点带面进行推广。种植大户建议我们"低调、低调、再低调",原因是旱地承包,土地租赁费便宜,如果看到节水抗旱稻产量高,收益好,土地租赁费就会涨价。

在节水抗旱稻种植推广过程中的故事还有很多,真是不胜枚举。

(四)任重道远,科普永远在路上

在当前推动种业振兴、夯实粮食安全、促进农业绿色发展的大背景下,节水抗旱稻的发展生逢其时,未来可期。基于节水抗旱稻20多年扎实的科研积累和良好的发展前景,基因中心罗利军团队于2022年确立了节水抗旱稻"1522"的宏伟发展目标:"1"即新增水稻种植面积1亿亩;"5"即增产稻谷500亿千克;"2"即减少200亿吨水稻生产用水;"2"即减排温室气体200亿千克二氧化碳当量(CO_2e)。为实现节水抗旱稻"1522"目标,2023年基因中心成立"全国节水抗旱稻全产业链创新联盟",第一批节水抗旱稻联盟成员单位73家,包括科研单位、高校、种业企业、农资农机企业、生态产品开发企业等。开展节水抗旱稻种源、生产技术、投入品、生产模式、生态价值评估、终端产品研发等全产业链的系统创新与集成,实现种业振兴、粮食安全和生态安全。2024年,基因中心与华南农业大学合作,成立了节水抗旱稻绿色产业研究院,重点围绕节水抗旱稻选育、种植及推广应用等全产业链,共建科研平台和科研团队,开展科技协同创新和科教融合人才培养,实现双方的互惠共赢发展,为国家粮食安全和"双碳"绿色发展做出更大贡献。这些工作的开展,都需要科普团队及时跟进,同向发力。

2022年,《上海市科学技术普及条例》规定"高等学校、科研院所和职业学校应当建立健全科普工作组织和激励机制,鼓励和动员科技工作者、教师、在校学生创作科普作品,开展面向社会的科普活动,及时普及项目的研究成果"。2024年,在上海市人力资源和社会保障局指导下,由上海市科学技术委员会(简称:上海市科委,下同)组建本市自然科学研究系列科技传播专业高级职称认定委员会,在本市企业和社会组织中从事科技传播工作且贡献突出的专业技术人才,及从事科技传播工作的自由职业者,可以登录上海市职称服务系统,选择"上海市自然科学研究系列科技传播专业高级职称认定委员会"进行职称申报。由此可见,科普工作越来越重要,科普人才也越来越被重视。

2023年,科普团队的工作再上新台阶,我们和上海科学技术出版社一起联合申报,获得上海市科委科普图书创作《节水抗旱稻的故事》的项目支持。《节水抗旱稻的故事》,顾名思义,收集和撰写一个个在节水抗旱稻发展过程中的精彩故事。一路走来,节水抗旱稻从无到有,发展壮大的科研过程,如电影一幕幕在眼前放映,其中的科普内容很丰厚,情节很感人,故事很精彩。随着节水抗旱稻研究的不断深入、新品种的不断涌现、配套栽培技术的不断完善以及基于节水抗旱稻的全产业链延伸,科学普及的内容需要不断挖掘,科普工作任重道远。

"资源宝库建沪上,海纳百川护种源;八方英豪齐努力,十万基因写春秋;节水抗旱举旗帜,理论实践开新路;唤起同仁千百万,换来春色满人间"这是基因中心首席科学家罗利军在基因中心成立20周年之际,创作的《节水抗旱稻之歌》。

科技创新、科学普及是实现创新发展的两翼。节水抗旱稻的科技创新之路长而宽,科学普及永远在路上。

第五章
研发平台——合力成就多少事

一、两次事业扩编记

龚丽英

2001年12月29日,上海市机构编制委员会通过《沪编〔2001〕217号》文件,批准成立上海市农业生物基因中心,并确定其性质为事业单位,核定人员编制为30名。与此同时,上海市财政局明确规定,基因中心的运行经费将完全由政府拨款。

基因中心的成立,离不开上海市委、市政府、市相关委办局和上海市农科院各级领导的关怀和帮助。2001年10月16日下午,时任上海市委常委、副市长的冯国勤亲自召开专题会议,研究基因中心建设和发展的相关事宜,上海市农委、市科委、市财政局、市人事局及上海市农科院的负责同志参加了会议。会议明确基因中心主要开展农业生物基因资源收集、整理、保藏、评价、开发利用和创新研究,隶属上海市农委,委托上海市农科院管理。

2002年7月27日,万众瞩目的基因中心在上海市农科院内举行了隆重的落成典礼(图5-1)。冯国勤副市长,时任中国科学技术协会副主席、中国科学院张启发院士、中国工程院卢良恕院士,以及董玉琛、方智远院士,科技部、农业部、上海市有关委办局领导,以及全国各地和本市的科学家应邀出席。冯国勤副市长和卢良恕院士为"上海市农业生物基因中心"揭牌。同日,基因中心成立了分别由卢良恕院士和张启发院士为主任的专家委员会和学术委员会。至此,基因中心开始正常运转。

图 5-1 · 上海市农业生物基因中心落成典礼

基因中心本着"立足上海、面向全国、接轨世界,为我国农业持续发展储备物质基础并发展相关技术"的宗旨,在上级部门的关心与指导下,国内外有关专家的帮助与支持下,通过基因中心广大员工的共同努力,奋力拼搏,基本上实现了"一年一个样、三年大变样"的发展战略。建成了国内一流的农业基因资源保存与研究平台,培养了较为强劲的人才队伍,获得了国内外科研项目的大力支持,收集保存了一批珍贵的农业生物基因资源,取得了国际领先的科研成果,提供服务产生了巨大的社会效益,显著提升了基因中心的竞争实力和知名度。成立不到 3 年时间,已迅速崛起为国内农业生物基因资源研究领域具有显著影响力的机构,并在 2005 年跻身全国百强研究所。

(一) 第一次扩编

基因中心成立时,上海市农科院领导"八顾茅庐"引进罗利军领衔的团队掌舵管理(图 5-2)。基因中心在收集保存农业生物基因资源的同时,不断加大资源的开发利用,发掘节水抗旱基因,培育集节水、抗旱、高产、优质于一体的新品种类

图 5-2 · 基因中心筹建时人员合影

型——节水抗旱稻。

培育节水抗旱稻是保障我国的粮食安全、水资源安全、生态安全和食品安全的重大国家需求。基因中心自成立以来,在资源、技术、品种等方面有了一定的积累,相关功能基因研究、基因聚合与种质创新、新品种选育、成果转化等工作逐步深入,得到了科技部、农业部、市科委和市农委等重大重点项目以及美国洛克菲勒基金、比尔·盖茨基金的资助。在国际上首次提出"节水抗旱稻"的理念,育成了全国首个节水抗旱稻三系杂交水稻不育系和世界首个节水抗旱杂交稻组合。节水抗旱稻的相关品种已在上海、广西、福建、湖北、浙江、安徽、海南等省、直辖市、自治区及尼日利亚、莫桑比克、越南、孟加拉等国试种,有些杂交组合表现出明显的节水抗旱、高产优质特点,展示出良好的应用前景。

上海市委、市政府高度重视节水抗旱稻的研究和进展。上海市委、市政府的领导多次亲临节水抗旱稻田间现场指导工作。2009 年 12 月,上海市委农办、市农委组建成立节水抗旱稻工作推进小组,研究布置相关工作,加快节水抗旱稻的推进步伐。有关节水抗旱稻的研究成果取得了可喜的业绩。2005 年"栽培稻节水抗旱种质评价、创新与新品种选育研究"获得上海市科技进步奖一等奖,2007年"水稻基因资源创新和分子技术育种"获得上海市科技进步奖一等奖,2010年"节水抗旱稻不育系、杂交组合选育和抗旱基因发掘技术"获得上海市技术发明奖一等奖。从基因中心成立不到8年的时间,作为一个地方性的科研院所,能够主持获得3个省市级的奖项,实属不易。

基因中心已经从一所当初单纯收集保存农业生物基因资源的单位转型为收集保存资源和发展节水抗旱稻事业并重的科研单位。随着节水抗旱稻工作局面的打开、工作内容的丰富,基因中心成立时30个事业编制已无法满足不断发展壮大的科研队伍,团队迫切需要充实一批相关专业的人才队伍。当时基因中心大量的工作由企业员工和学生承担,而企业员工和学生的流动性比较大,不利于科研工作的持续发展。因此,基因中心向市农委请示希望增加事业编制事宜。经过多次沟通汇报,在上海市机构编制委员会办公室(简称:上海市编办,下同)的指导下,在市农委帮助协调和上海市农科院的支持下,2010年12月,上海市委机构编制委员会颁发《沪编〔2010〕264号》文件,同意基因中心事业编制人员从30名调整为50名。

(二) 第二次扩编

扩编后的基因中心快马加鞭开展节水抗旱稻的基础研究和应用研究。建成了国际一流的水稻抗旱性鉴定专用设施和高通量表型鉴定平台。2016年,农业部制定并颁布节水抗旱稻行业标准;2018年,农业农村部启动了节水抗旱稻全国区域试验;2019年,"节水抗旱鉴定中心"获得CMA资质认证。节水抗旱稻结合了水稻高产优质和旱稻节水抗旱的特性,既可以像水稻一样在水田节水栽培,又可以像小麦一样在旱地种植。节水抗旱稻为安徽棉花、玉米和大豆种植区,以及沿淮河低洼易涝区域的种植业结构调整;为浙江推进山改田,向山地要粮,保障粮食安全;为海南推进国际生态岛建设;为东北减少地下水抽取,保护生态系统都发挥了积极作用。基因中心先后育成了包括籼型、粳型、杂交和常规四个系列的节水抗旱稻新品种,代表品种'旱优73'已成为长三角推广面积最大的杂交水稻。节水抗旱稻已推广到我国西南、华中、华东、华南和东北等地15个省市。有些品种已走出国门,在"一带一路"共建国家示范推广。在生产上实现了"改变水稻传统种植方式,实现资源节约、环境友好、农田增值和农民增收"的绿色可持续生产目标。鉴于节水抗旱稻的飞速发展和科研成就,《水稻抗旱基因资源挖掘和节水抗旱稻创制》获 2013 年度国家技术发明奖二等奖,《水稻遗传资源的创制保护和研究利用》获 2020 年度国家科学技术进步奖一等奖,这两个重量级奖项的获得,都是上海市农业领域零的突破。

然而,面对目前复杂的国际形势,国家相关部门针对种质资源保护和种业"卡脖子"问题,要求科研单位加快种业自主创新,坚持科技自立自强,以确保国家粮食安全;上海科技创新中心建设也提出了强化科技创新策源的功能,节水抗旱稻是源自上海"从无到有"的具有引领性的原创科技成果,其良好的产业发展态势充分表明上海的农业虽然不大,但是可以做强。以节水抗旱稻为代表的绿色种源农业可以推动上海的种业科技发展成为国家种业创新发展的重要战略科技力量,同时也是上海服务国家粮食安全、实现种业振兴和乡村振兴战略的具体实践。

在建设上海市科创中心过程中,基因中心理应积极参与,并发挥重要作用,目标是建成国际领先的种质资源平台和节水抗旱稻国际策源中心,并提出发展节水抗旱稻的"1522"中长期规划。"1522"规划布局如下:至 2035 年,南方山改田、坡地、旱改水田、低洼易涝旱地、盐碱地推广种植水稻 3 000 万亩;北部地区旱地推广种植水稻 7 000 万亩。完成这个规划,对标国家一流团队,研究力量存在很大差距,尚需进一步努力,特别是要针对目前种源农业发展中的关键问题,布局研究力量,深化技术攻关,强化技术扩散,既服务上海、又服务国家战略。基因中心在原有工作架构的基础上新组建"种质资源精准鉴评与创新中心"和"节水抗旱稻策源与技术扩散中心"。"种质资源精准鉴评与创新中心"主要开展抗旱性等复杂农艺性状的高通量自动化表型精准鉴定、大数据挖掘与应用,建立节水抗旱鉴定中心,开展氮、磷养分高效利用评鉴和水稻耐盐碱种质评鉴与种质创新。"节水抗旱稻策源与技术扩散中心"主要开展节水抗旱稻的低碳栽培技术研发,节水抗旱稻新品种的科学实验与示范、技术服务与成果转化、对外合作与交流。

完成这一系列的宏伟目标和任务,关键还是人。2021 年,基因中心编制 50 名,在岗 48 名,只有 2 名差额,已经无法满足发展的需求。2021 年初,上海市分管农业的副市长到基因中心调研,听取首席科学家罗利军的工作汇报。罗利军在汇报时，重点提出寻求加强人才队伍建设的支持。市领导对基因中心的科研工作和科研成果表示高度认可，并强调种源是保障粮食安全的重要资源，在上海农业科技发展中占据着重要份额，上海农业种源科技要成为上海科创中心建设的重要组成部分，节水抗旱稻是上海原创科研成果，相关部门将给予支持。陪同调研的市农业农村委领导表示，人员编制问题，市农委想办法协调解决。2021 年 11 月，农业农村部领导到基因中心调研指导，向获得 2020 年度国家科学技术进步奖一等奖的罗利军团队表示祝贺，在座谈会中三次评价节水抗旱稻"是一个宝！"，表示农业农村部将继续加大力度关注节水抗旱稻，各方面要跟进，为解决团队前进中的困难提供支持，希望团队能够继续砥砺前行，让节水抗旱稻在缓解耕地压力、保障粮食安全、发展种源农业方面进一步发挥作用。2022 年 6 月，上海市第十二次党代会召开，在分组讨论时，上海市委主要领导听取了基因中心出席市党代会的党代表龚丽英的关于节水抗旱稻事业发展中人才队伍紧缺的汇报，并表示相关部门应给予支持。

时隔 12 年，基因中心再次向上海市农委请示，寻求帮助解决增加事业编制的事宜。2022 年 7 月，上海市编办到基因中心调研，听取首席科学家罗利军的工作情况汇报。上海市编办相关负责人表示，基因中心成立至今 20 年，科研业绩显著，尤其是节水抗旱稻的成果为解决国家，乃至世界粮食安全做出贡献。本着进一步发展的需要，人员编制应该帮助解决，并对编制解决方案提出"三个一点"，即上海市编办，上海市农委，上海市农科院各贡献一点。随后，在各级领导的关心和指导下，2022 年 9 月，中共上海市委机构编制委员会发布《沪委编委〔2022〕59 号》文件，同意基因中心事业编制由原核定的 50 名调整为 80 名。

至此，基因中心已成功完成两次重要的扩张，员工人数从最初的 30 名增长至 50 名，进而扩充至 80 名。在这一过程中，基因中心的人员增长历程与节水抗旱稻的发展紧密相连。这一切的起点，都归功于节水抗旱稻的创始人罗利军先生。

二、凤凰展翅——记上海天谷生物科技股份有限公司的发展

陈悦　郭品　张涛

"洪阳，'旱优 73'种子估计凌晨 3 点左右运到三亚。"2013 年 4 月 27 日快午夜

了,郭品在组织生产基地种子晾晒后的装车,其间他打了个电话给正在三亚等候的赵洪阳。此时郭品已经在海南乐东黎族自治县黄流基地连续奋战了近 1 个月。2013 年 3 月底,海南低温,'旱优 73'200 多亩试制种因此受影响,结实率较差,产量偏低,已经有十年种子生产经验的郭品深刻意识到,此时抓好种子质量尤为重要。近 1 个月的时间,他走遍制种基地每一块田的每一行,去除保持系、落地谷、异形株,捡拾遗落父本,然后才放心地进行收割晾晒。时间不等人,种子收获后要抓紧时间装车发往三亚,3 天时间完成种子精选、包装、发货;5 月 3 日种子赶到了合肥,上海天谷生物科技股份有限公司(简称:天谷生物,下同)的营销人员正等着这批种子用于安排当年的示范,2 万多千克种子迅速发往安徽沿淮各地。2014 年'旱优 73'通过安徽省审定,正是这批种子的布点示范,拉开了节水抗旱稻推广的大幕。如今已过去 11 年,现在已是基因中心成果促进部副主任的赵洪阳和天谷生物生产供应链端负责人的郭品谈到那段战斗的时光,还是十分地感慨和激动。

(一) 初心

"国以民为本,民以食为天",稻谷在粮食安全中具有特殊的地位,作为我国 60% 以上人口主食的稻米生产,历来受到上自党和国家领导,下至平民百姓的关注。20 世纪中叶,袁隆平院士团队首次在籼稻中开展雄性不育系的研究,并在野外成功发现一株雄性不育株,奠定了我国杂交水稻的基础。我国杂交水稻发展 50 余年已具备非常完整的体系。进入 21 世纪,随着气候的变化和种植技术的变更,农民们种植诉求发生较大改变,急需适应性更强、抗性更好的品种。2005 年,由罗利军博士带领的科学家团队成功选育出既节水抗旱,又优质高产的稻种新类型,相关成果多次获得国家科技奖,这不仅是杂交水稻在节水抗旱特性上的一次质的飞跃,也代表着农业朝着更健康、更绿色的方向发展。

为了更好的研发和推广节水抗旱稻,罗利军、金祖平、尚志强三位志同道合者相聚于上海,出于对"三农"的情怀与热爱,于 2011 年成立了天谷生物。公司作为节水抗旱稻科技成果转化的产业化平台,承载着给贫瘠土地带来更多希望,承载着节水抗旱稻产业化的绿色梦想,承载着为国家粮食和生态安全贡献自己力量的愿望,这就是公司建立的初心与愿景(图 5-3,图 5-4)。

图 5-3 · 天谷生物成立大会暨第一次股东大会

图 5-4 · 上海天谷生物科技股份有限公司

(二) 探索

"罗老师,向您汇报,福建建宁基地的'旱优73'百亩制种高产攻关片平均亩产量达到250千克,已顺利通过专家验收"。2015年8月底,郭品欣喜地在电话里向节水抗旱稻发明人罗利军老师汇报着基地制种情况。经过两年努力攻关,'旱优73'的大面积制种平均亩产量站上了200千克的水平,已经攻克了一个水稻品种的生产难关。

天谷生物生产团队在全国多个生产基地的制种面积,从200多亩,到1000多亩,再到3000多亩,制种技术从探索到成形尤为关键,具有公司特色的节水抗旱稻制种技术和生产规程,为'旱优73'大面积推广打下了坚实的基础(图5-5)。

图5-5 · 天谷生物生产团队在田间制种

■ (三) 淬炼

任何事物的发展都不可能一帆风顺,'旱优73'的制种同样如此。2016年,由于上一季不育系繁种时遇到台风导致倒伏等因素,造成了部分不育系纯度不达标,所以福建、江西、湖北、湖南4个省的制种基地反映,3000多亩制种田中不育系杂株率超标。郭品第一时间在制种田调查超标情况,得出需要立即组织专业人员进行田间去杂才能保证这批种子纯度的结论。当天下午即形成工作方案汇报公司,晚上开会决策,第二天公司加上基因中心30多人的队伍开赴各个基地,动员、讲解去杂标准、划定工作小组、确定去杂目标和任务,半个月的团结奋战,3000多亩制种田均达到了去杂标准。最后,种子鉴定纯度超过了国标要求,惊险地度过了天谷生物制种史上最大的危机。"这次工作充分体现了天谷生物速度和效率,也在实践中给生产质量团队非常大的锻炼,是对我们工作能力的淬炼,也给我们今后的工作指明了方向。"郭品在年终总结会上动情地说。

从 2017 年开始,由于天谷生物生产团队严抓亲本质量,虽然制种面积越来越大,但种子质量一直保持着优良水平。

(四)展翅

目前,天谷生物正致力于打造"育、繁、推"一体化发展方向。

1. 商业化育种　天谷生物自成立以来,高度重视节水抗旱稻商业化技术研发及产业化应用。在上海市农委、市科委和市农科院的关心与支持下,公司组建了"绿色超级稻研发中心",由节水抗旱稻发明人罗利军博士带头,通过对外合作和自主研发模式,不断加强自身研发能力,开展了多项新品种(组合)选育,承担和参与了多项国际、国家、市、区的课题,为公司可持续发展打下良好基础。2018 年,天谷生物在原"绿色超级稻研发中心"的基础上,成立了天谷研究院,主要研究任务包括节水抗旱稻种质资源的管理与创新、新品种的商业化育种、配套种植技术与产品的研发与应用,研究节水抗旱稻从播种到收获的全程解决方案。

近年来,天谷生物商品化育种取得了显著进展。天谷生物采用自主选育、合作研发和成果转让等多种方式,成功选育出多个优秀节水抗旱稻系列品种,通过品种审定和引种备案,推广区域涵盖 20 个国内省市及海外。拳头品种'旱优 73'多次荣获全国、省市级等稻米评比大奖。凭借着出众表现,'旱优 73'还入选了 2022 年国家粮油生产主导品种和 2023 年国家农作物优良品种推广目录特专型品种;'旱优 116''旱优 78''旱优 786'和'申稻 249'等品种的问世,则进一步丰富了节水抗旱稻的品类。

2. 现代化生产　天谷生物一方面在福建、江苏、江西、湖南、海南等主要制繁种区域逐步建立了稳定的基地,另一方面不断探索、集成了一套节水抗旱稻制繁种的专业技术,为品种的规模化生产提供了有力保障。以'旱优 73'为代表的节水抗旱稻品种,因高产、耐旱等制种表现,获得了各大生产商和制种户的高度认可。

节水抗旱稻种子规模化加工及市场投放,离不开仓储加工基础设施的完善与供应链管理的优化。天谷生物种子出入库使用机械输送设备,实现全程机械化;种子精选加工包装实现全程自动化流水作业(图5-6)。为进一步强化供应链的响应速度和灵活机动性,天谷生物全面升级供应链优化管理,积极加强与供应商、物流企业等伙伴的紧密合作,实现了各环节流程无缝对接。

图5-6·天谷生物现代化生产加工线

各个环节紧密协作,质量的全过程严控,技术的创新应用和完善的运营机制,使天谷生物高质量的持续投入取得了丰硕成果。多年来,"凤凰天谷"系列节水抗旱稻种子在纯度、净度、发芽率等方面远远高出国家标准,持续为广大种植户提供高质量的商品种子,为丰收愿景提供了有力保障。

3."科技+服务"推广　市场销售推广渠道的布局建设与管理维护是企业实现产品和服务有效推广和优质维护的重要环节。十多年来,天谷生物逐步探索和完善了国内外销售基本布局,建立了以3个事业部为主导,8个大区辐射国内外推广服务的营销中心体系。市场覆盖范围持续扩大是天谷生物发展的重要标志之一。

在国内,天谷生物在长江上游、长江中下游和华南稻区的安徽、河南、浙江、湖北、广西、江西、湖南和福建等主要省、自治区、直辖市建立了销售渠道,在江苏、四川、贵州、海南等区域,多点布局示范试种,与当地种企开展全方位的合作,打造具有"科技＋服务"销售理念的经销商网络体系,常年进行节水抗旱稻的示范推广和技术服务。

经统计,2019年'旱优73'年推广面积已经超过100万亩。作为第一家专注致力于研究和推广节水抗旱稻的"育、繁、推"一体化高新技术企业,天谷生物累计推广销售节水抗旱稻种子超1500万千克,是节水抗旱稻推广的排头兵。在全国水稻种子竞争日益激烈的背景下,节水抗旱稻的销售成绩充分彰显了它的发展潜力,大规模推广的经济、社会、生态效益显著。

"凤凰天谷"系列节水抗旱稻品种在低洼易涝地、环湖蓄洪区,在缺水的岗地、旱改水田、新垦地等都有极大的应用价值,大面积地提高了中低产粮田的整体产能。如阜南王家坝的'旱优73',在蓄洪区内淹水16天,其中没顶10天的情况下,在开闸泄水后能够迅速修复,依然顽强再生,最终亩产量超350千克,部分水淹10天、没顶6天的田块,亩产量甚至达到600千克,抗涝耐水淹特性卓越,被人们亲切地称为"稻坚强"。

"凤凰天谷"系列节水抗旱稻品种不仅抗涝耐涝,在干旱半干旱田块上种植同样表现出色。具有根系发达、耐高温能力强等特性,使得该系列品种在各种条件下都能保持稳定的生长和产量。2023年5月,央视财经《经济半小时》栏目《旱地如何保丰收》专题报道了"凤凰天谷"系列节水抗旱稻'旱优78'在贵州交麻村的种植案例;9月,央视新闻频道《新闻直播间》栏目的《一线调研:旱稻种在山坡上之后》报道了节水抗旱稻'旱优73'种在山坡上的故事;10月,中央广播电视总台国际在线、中国新闻网、央广网、动静新闻等多家中央、省、州级主流媒体多方位、多角度地深入报道了严重干旱后喜获丰收的'旱优78'。

"凤凰天谷"系列品种还以其优异的稻米品质征服了大众,获得多项权威机构颁发的多项荣誉。2019年,'旱优73'被全国农技推广中心评为"第二届全国优质稻品种食味品质鉴评(籼稻)金奖"品种,2018年在第二届中国(三亚)国际水稻论坛上被评选为"最受喜爱的十大优质大米品种",以及2018年安徽省优质食味品质籼稻品种、2021瓯越好味稻金奖等多个地方优质稻米奖项。2022年,'旱优73'被农业农村部列为粮油生产主导品种。2023年,'旱优73'入选《国家农作物优良品种推广目录(2023)》特专型品种。

在推广应用过程中，天谷生物在结合节水抗旱稻品种特征特性和农村种植业结构改变需求下，不断尝试探索新型栽培模式，逐步集成了节水抗旱稻直播旱管、旱种水管和机械旱条播等多种轻简化模式，为2020年节水抗旱稻发展提出"改变水稻传统种植方式，发展节水抗旱稻，实现资源节约环境友好"的战略规划奠定了坚实基础。

在国外，天谷生物的节水抗旱稻相关品种（组合）在东南亚的越南、缅甸、老挝和南亚的巴基斯坦、非洲的乌干达、加纳、马达加斯加等"一带一路"共建国家进行了节水抗旱稻的试种示范。随着'旱优73'通过布隆迪、乌干达、越南的品种审定进程，公司在海外已展开了实质性的推广工作，产生了一定的国际影响。

2020年10月，联合国环境规划署在其官方网站上报道了'旱优73'在肯尼亚、乌干达和加纳等地试验试种取得良好成效的消息，并对节水抗旱稻在非洲推广给予了高度评价，指出'旱优73'在肯尼亚、乌干达和加纳等多地的推广应用，对保障当地粮食安全、保护湿地生态和生物多样性、减少温室气体排放等方面发挥积极作用。

2022年6月，新华社报道了在博茨瓦纳举办的"中国丰收日"的盛况。当天在中国驻博茨瓦纳大使等一众人员的见证下，博茨瓦纳代总统拿起镰刀收割的节水抗旱稻品种，就是在当地试验种植成功的'旱优73'。

天谷生物作为种业行业后起之秀和节水抗旱稻产业化领军企业，得到了业内及广大农户的普遍肯定和广泛认可，"节水抗旱稻，上海天谷造"和"凤凰天谷"的品牌理念及形象更是深入人心。

"天谷的发展离不开每个人的努力，生产端取得的成果只是天谷的缩影。我更加在意种子不能有质量问题，农户种下去能取得更好的效益。"生在农村、长在农村的公司生产端负责人郭品显然对农业有不一样的感情和情怀，每每和团队讨论工作时总是强调质量是种子的生命，保证质量是生产工作的第一要务。

■（五）硕果

多年来，天谷生物凭借卓越的创新能力和在节水抗旱稻领域的杰出贡献，赢得了社会各界的广泛认可与赞誉，荣获了众多荣誉奖项与资质认证。

2013年11月至今，连续被评为国家高新技术企业。

2017年2月至今，连续被评为上海市"专精特新"企业。

2020年12月，与基因中心联合申报，获上海市科学技术普及奖一等奖。

2021年9月，与基因中心联合申报，国务院授予"2020年度国家科学技术进步奖一等奖"，充分证明了天谷生物在水稻遗传资源保护和利用方面的科技实力及创新能力。

2023年12月，获第四届中国技术市场协会"三农"科技服务金桥奖一等奖。该奖由天谷生物与上海市农业生物基因中心联合申报，项目为《节水抗旱稻'旱优73'的成果转化与推广应用》。天谷生物在国内外大面积推广应用节水抗旱稻，取得了显著的经济效益和社会效益，进一步得到了大众的认可。

2024年5月，天谷研究院副院长李明寿的节水抗旱稻工匠创新工作室，获"上海市工人先锋号"荣誉称号。

卓越成果不仅彰显了天谷生物在节水抗旱稻新品种研发、科技成果转化、市场推广及产业化运营等方面的深厚实力，也体现了公司在推动农业现代化、保障国家粮食安全以及促进资源节约和环境保护等方面所发挥的重要作用。这些荣誉不仅是对公司过去努力的肯定，更是对未来发展的激励和鞭策。

(六) 展望

一粒种子，承载着一方百姓致富振兴的愿景，也折射出一代代种业人对"农业芯片"的钻研与坚守。天谷人，时刻践行着种业人的初心。作为节水抗旱稻的引领者，天谷生物将秉承"为世界农业科技进步贡献力量、为农业生产提供先进技术"的宗旨，以"1522"发展目标为导向，强基础，上台阶，进一步加强与节水抗旱稻联盟紧密联系，巩固"育、繁、推"一体化合作，不断提升自主创新能力、优化产品和服务，持续致力于节水抗旱稻事业的开拓与发展，让广大农户真正享受到轻简栽培方式带来的低投入、高产出的红利。

天谷生物的发展历程，是一部充满创新与拼搏的奋斗史。在未来的发展道路上，这只凤凰将继续振翅高飞，为农业科技进步和农业可持续发展贡献更多的智慧和力量，创造更加辉煌的篇章！

三、稻浪逐梦——天谷米业的金色征程

甘炜　张婧琪

凌晨1:00。

即使是繁忙的上海,大多数区域这个时间也逐渐安静下来。白天奔忙的人们终于入梦,只有零星的灯光穿插在平和的夜晚中,和月光相伴。

这零星的灯光里,就有一盏是上海市天谷米业有限公司(简称:天谷米业,下同)的。

和夜晚的静谧格格不入的,是员工来回搬运大米的嘈杂声。他们清点好货物,发动车子,带着轰鸣和疲惫,闯入无边的黑夜。这些大米要在天亮前送到中小学和企业,保障人们的用餐。每周三天都是如此。故事要从天谷米业成立开始讲起。

(一) 从节水抗旱稻大米出发

2016年12月,由天谷生物、舒烈波、甘炜及其他股东出资,成立了天谷米业(图5-7),甘炜担任总经理。初期主要以基因中心研发的"节水抗旱稻"大米为主

图5-7·天谷米业揭牌现场

要产品。曾经服役于部队的甘炜,身上具有军人的坚毅和果敢,带着开创事业的雄心和直面困难的勇气,掀开了他和天谷米业的奋斗篇章。

天谷米业的起步是艰难的,'旱优73'满口香大米开启了走向市场的重要一步。'旱优73'属于籼稻类型,曾荣获第二届全国优质稻品种食味品质鉴评(籼稻)金奖(图5-8)。基于'旱优73'生产的满口香大米香味浓郁,口感嚼劲十足,满足了喜欢此类大米客户的需求,适宜作为蛋炒饭和港式煲仔饭的制作材料,得到不少客户的喜爱。天谷米业从市场和服务出发,为优化顾客的购买体验、提升服务质量,推出了"满口香"大米购买券,顾客购买时只要拨打24小时人工服务电话,就可以快速获得'旱优73'满口香大米上门配送服务。同时,天谷米业针对不同消费人群特点,制定相应的市场策略,在安徽、湖北、广东积极布局,寻求当地合作代理商进行销售,'旱优73'满口香现已得到当地消费者的认可和喜爱。

图5-8 '旱优73'荣获第二届全国优质稻品种食味品质鉴评(籼稻)金奖

2019年,基因中心的节水抗旱稻特早熟大米'八月香'研发成功,并且在2020年进行推广。天谷米业作为"节水抗旱稻"大米的推广企业,在2020年投入大量人力物力,在上海选择1 000个高档小区投入楼宇广告,并同步在微信朋友圈推送。与此同时,注册了"八月飘香"商标,并在拼多多、淘宝等电商平台推广,效果显著,快速提升了"八月飘香"大米品牌的影响力（图5-9），让上海市及周边省市在8月份就能够吃上当季新米。

但是作为上海本土企业，天谷米业还要满足上海大部分客户的需求。经过调研，甘炜发现上海大部分市民的大米消费习惯更偏向于软糯的粳型大米。针对上海市场特点，天谷米业和基因中心积极沟通后，经过科研人员的研发及试验，基因中心推出了适应上海口味的节水抗旱

图5-9 · "八月飘香"大米

稻品种'沪旱香软61'，并获得上海广大市民的认可。天谷米业马上将该品种大米作为主推产品推向市场，并且充分发挥节水抗旱稻在米质方面的优势，在市场销售上集中发力。没多久，节水抗旱稻大米就进入了某集团团餐系统，占据该团餐系统供应链的70%；后又进入上海某区的所有中小学供应系统，整个区的中小学食堂大米全部由天谷米业供应，市场开拓初见成效。

另外，天谷米业主动投身上海科技节、全国科普日等大型科普活动中，持续输出节水抗旱稻相关产品的影响力和知名度，成效显著。2020—2023年，持续深入参与基因中心主办的科技节、科普日基因园分会场系列科普活动。天谷米业组织了节水抗旱稻大米宣传团队，向市民介绍不同品种大米的特点、烹饪方法等知识，吸引大量观众咨询，在广受好评的同时，也受到了广泛关注，后续销售效益良好。

（二）自我变革，焕发新生

在不断地开拓市场和提升品质的过程中，天谷米业也及时地进行复盘和总结。由于经营大米门槛较低，又是刚需品，且竞争激烈，所以天谷米业产品的价格总体

较低。同时，每周3天凌晨送货，员工也非常疲惫，情绪低沉，意见很大。到2018年，公司已经成立2年多，却还是处于亏损的状态，再这样下去公司面临倒闭的风险。

为了挽救公司，甘炜提出引进针对公司需求的销售团队。经1年多的考察及多方协商，销售团队按原出资价格收购其他股东股份，多出部分由甘炜出资收购，终于在2018年成功引进销售团队。

销售团队引进后，甘炜与团队成员在市场调研基础上，对产品重新做出调整，并大胆地做出了发展大米衍生产品的决策。最终在甘炜的坚持下，决定把大米深加工衍生产品作为突破口。

甘炜与团队成员根据市场需求积极调整产品的研发和市场投入。由于米浆一类的产品在当下"大健康"和"快生活"背景下广受欢迎，于是在2024年8月，经过1年多调试，"八月飘香"米浆（图5-10）正式发布了。米浆作为节水抗旱稻的衍生产品，共有"原味米浆"和"燕麦米浆"两种口感，在各类路演、展示、推广活动中崭露头角，吸引大量市民咨询和品鉴。天谷米业广泛接纳市民的宝贵意见，在原味米浆和燕麦米浆基础上，又研发出了"红枣莲子米浆""红豆薏仁米浆""茉莉米浆"等新产品，且即将推向市场。

图5-10 · "八月飘香"米浆

新阶段,新发展。2023年3月,全国节水抗旱稻全产业链创新联盟成立,天谷米业成为联盟理事单位。提到未来发展,总经理甘炜信心满怀,斗志昂扬:"下步天谷米业将继续为节水抗旱稻事业做出我们的贡献,将深加工衍生产品'八月飘香'品牌用起来,力争多元化产品推向市场。"

四、丰大"稻"路

王海燕

节资源长流,护种业之芯。节水抗旱稻从诞生的第一天起,就注定不凡,其推广之路任重道远、荆棘密布,但也同样收获了很多鲜花掌声,凯歌频传;节水抗旱稻以其独特的品种魅力,在一次次向新出发、砥砺前行之中,迎来了很多志同道合的优质合作伙伴。而在如此众多的同行者当中,丰大集团无疑是非常重要的一员。

2020年7月22日,一场重要的签约仪式在黄山丰大国际酒店隆重举行(图5-11)。签约台上,丰大集团董事长吴大香先生和节水抗旱稻发明人、上海市农业生物基因中心首席科学家罗利军老师,在合作签约书上郑重签下自己的名字。基因中心和丰大集团高层领导齐聚、场面隆重热烈。这标志着丰大集团及其下属企业

图5-11·科企合作签约仪式

安徽丰大种业股份有限公司(简称:丰大种业,下同),正式开启了节水抗旱稻事业发展的新纪元。

丰大集团创立于1985年,起步于江淮名城合肥,通过近40年的发展壮大,如今是一家集农业种业、酒店文旅、金融投资三大产业于一体的现代化综合性企业。一个企业的气质,来自企业掌门人的格局和情怀。作为丰大集团从无到有、从小到大、由弱到强40年一路走来的领路人,其董事长吴大香本身就是一个传奇。出身农民,白手起家,在改革开放的大潮中奋勇搏击、精准把握、转型发展,将一个以粮油食品深加工为主业的乡镇企业,逐步形成多元化产业格局。吴大香在创业中所凝聚出来的"顽强、勤俭、正气、博大"的企业精神,指引着丰大集团面对一次次市场的机遇和挑战,总能寻得正确的方向,走上正确的道路(图5-12)。

图5-12·丰大集团董事长吴大香

丰大起于农、兴于农,深耕农业是丰大集团无法割舍的情怀。董事长吴大香曾受命担任种业上市公司的董事长、党委书记。他以一个企业家的眼界和思维,带领企业解决自身问题、突破市场桎梏,逐步迈上了发展高峰。也正是在这个时期,吴大香同志对中国种业有了更深刻的认识。

2015年,已经在高端酒店文旅和房地产业取得一定成就的丰大集团,决定投身种业,正式成立了自己的种业公司——安徽丰大种业股份有限公司(图5-13)。

同样是初创,丰大种业比之当初的丰大集团,其起点可谓是天壤之别。彼时初创的丰大集团,吃饭没有桌、睡觉没有窝、工资二十多,第一代丰大人就是从苦干、实干中奠定了丰大集团发展的坚实基础;而此时的丰大种业,享受着丰大集团三十年发展的积淀,高规格起步、高标准建设,在安徽合肥、四川成都、海南三亚、甘肃张掖以及水稻制种生产的各省,都建起了自己的种业产业园,与全国各大顶尖科研院所和育种家都建立了密切的合作,建立了自己的玉米和水稻研发、生产、加工、销售体系。只要有了好品种,以丰大集团的全集团之力打造的丰大种业,就会如同离弦之箭,一往无前、无往不利。

图 5-13 · 安徽丰大种业股份有限公司

在硬件建设和团队建设上,丰大种业可以说是万事俱备,只欠好的品种这个东风,但品种的建设道路又岂能一帆风顺。好的种质资源、好品种就是种业的核心竞争力,任何一家种子企业都会将之视若珍宝。市场上水稻种业主流格局,其核心种质资源是国内水稻大公司的核心密码,绝不外传;从零开始自主研发的道路,虽然正确但是无比漫长;合作选育的杂交水稻组合,不仅同质化严重,而且竞争优势不明显,更何况在普通杂交水稻的赛道上,国资背景的大公司云集、品种组合繁多、市场几近饱和、利润微薄,是一片竞争残酷的"红海"。丰大种业自 2015~2020 年,先后推出多个合作选育的水稻品种,无不折戟沉沙,未能像预期的那样打响丰大品牌。

2019年,是丰大种业发展史上非常重要的转折之年。这一年,丰大集团有幸与基因中心罗利军团队结识,近距离了解到了节水抗旱稻这一差异化的水稻类型(图5-14)。节水抗旱稻兼具水稻和旱稻之所长,具备资源节约、环境友好、节水抗旱、优质高产的优势,可以适应各类型的播种栽培方式,对环境的依赖性比普通水稻低很多,但是依然可以保持很好的产量和米质,不仅抗风险能力增强,而且二氧化碳、甲烷的排放也大幅度减少。丰大集团吴大香董事长敏锐地察觉到,要响应国家的农业绿色优质转型和节水低碳发展方向,节水抗旱稻是水稻未来发展的重点方向;独特类型的水稻也意味着在这片节水型农业的蓝海里,丰大种业将大有可为。缘分来了势不可挡,这才有了两位决策者在黄山的相遇,有了丰大集团与基因中心罗利军老师团队的结缘。

图5-14 · 丰大种业公司领导在基因中心南繁基地调研

节水抗旱稻的加入,使丰大种业水稻产业如虎添翼,其推进速度之快、影响力之巨,令人始料未及。2019年8月,丰大集团吴大香董事长率领集团领导一行亲赴上海,和罗利军老师及基因中心有关领导洽谈合作细节等事宜;2020年7月,吴大香董事长与罗利军老师在黄山洽谈合作,并举行签约仪式;2020年8月,丰大集团成立专营节水抗旱稻的江苏丰大生物科技有限公司(简称:丰大生物,下同);2020年11月,丰大集团和基因中心科企合作签约仪式在南京盛大举行,全国农技中心领导、中国种子协会领导,以及来自农业农村部、北京市、上海市、江苏省、安徽省的各级领导现场见证,丰大集团宣布正式进军节水抗旱稻领域,开创了科企合作共建节水抗旱稻研究院的先河,基因中心的专家老师与丰大集团携手科研、共享成果(图5-15)。

图5-15·上海市农业生物基因中心与丰大集团合作签约仪式

2020年底之前,丰大集团就已经拥有了第一个国审节水抗旱稻'旱优3015'、第一个两系节水抗旱稻'旱两优8200'、第一个绿色超级稻'沪优549'等多个品种(组合),正式开启了丰大集团节水抗旱稻的市场推广之路。2021年7月,丰大集团与全国农技中心对接,双方成功建立种业发展战略合作关系,并在北京签约。在全国农技中心的关注和支持下,丰大集团节水抗旱稻的发展自此进入了政企联动的发展快车道。同年9月,第一届全国节水抗旱稻技术应用推广暨新品种示范展示观摩会在丰大集团的承办下于宿州市成功召开,全国农技中心领导,安徽省农业农村厅领导,以及来自各主推市场的各级政府、农业主管部门、农技推广服务主管部门领导、节水抗旱稻和水稻领域专家学者、推广单位的代表和央视、新华社等媒体齐聚,将节水抗旱稻的宣传推向高峰,极大提升了节水抗旱稻的品牌影响力。

2022年、2023年丰大集团又连续两年承办了全国性的节水抗旱稻会议。正是在丰大集团所创造的良好舞台上，两件关乎节水抗旱稻发展的大事落成：罗利军老师提出了节水抗旱稻"1522"发展目标，为全国节水抗旱稻产业发展树立了标杆；全国节水抗旱稻全产业链创新联盟成立，丰大集团作为联盟的发起单位之一，当选为联盟副秘书长单位(图5-16)。

图5-16·丰大集团节水抗旱稻品种展示观摩现场

从2020年到2024年5年发展时间里，依托丰大生物节水抗旱稻研究院的努力，丰大集团便已经构筑起了相对完善的品种体系建设，除了'旱优3015''旱两优8200''沪优549''沪旱1517'等品种之外，还最新国审了极具市场潜力和特色的香型节水抗旱稻'丰旱优6号''丰旱优16''旱优761''旱优56'等系列品种。

拥有了好品种，丰大人的底气就更足了。借助丰大集团在种业板块的高标准布局，丰大很快便组建起节水抗旱稻生产、科研、销售团队，制定出科学严谨的品种推广方案和市场政策，在安徽、江苏、浙江、河南、湖北、湖南、江西以及云贵川等地区构建了优质的营销网络。从每一块示范田的建设、每一位客户的会议宣传动员开始，丰大集团满怀着对节水抗旱稻的信心，稳扎稳打地开展市场推广工作，并借助科研、生产团队的技术优势，为市场客户和种植户提供了系统完善的技术服务，从而迅速打开了丰大节水抗旱稻的市场格局，树立了丰大种业重质量、重服务、重信誉的良好口碑。2020—2021年度开始，丰大集团节水抗旱稻的推广量每年都呈稳步上升趋势，2024年推广面积超200万亩。

兵马未动、粮草先行，丰大集团深知宣传造势一定要先行一步的道理。除了利用组织全国性大会的机会开展集中宣传之外，丰大集团还紧紧抓住节水抗旱稻在干旱地区、干旱时节取得良好表现的有利时机，邀请央视、新华社以及其他主流媒体进行采访宣传。在丰大集团的努力推动下，央视农业农村频道记者曾多次专访节水抗旱稻，先后到了海南三亚、海南陵水、安徽明光等地，实地采访种植户，实地了解干旱条件下节水抗旱稻与普通杂交稻在产量、结实性等方面的差异化表现，形成了多篇有极强说服力的新闻报道。2022年，在安徽明光，央视记者采访了当地种植大户周玉兵。由于连续40多天的高温干旱，当时的明光普通水稻种植情况极度恶劣，正处在灌浆期的水稻奄奄一息，减产已是板上钉钉的事情。但在同样地理、环境条件下的相邻地块种植的丰大节水抗旱稻'旱优3015'，由于抗旱能力出色、根系发达，可以从地表以下深层土壤中吸收水分，因此灌浆情况良好，亩产量预计不会受到很大影响。面对央视记者的镜头，种植户周玉兵也说出了自己的切身经历：2021年也是灌浆期恰逢少雨干旱，自己种植的800亩普通杂交水稻和试种的近200亩'旱优3015'，结果普通杂交水稻减产近7成、亩产只有100多千克，而'旱优3015'的亩产超400千克，挽回了部分损失，因此2022年水稻种植改为以'旱优3015'为主。'旱优3015'的真实表现让记者也亲身感受到了节水抗旱稻的强大品种优势，意识到了节水抗旱稻在适宜区域对农业增产增收发挥的重大作用，因此记者决定将原本一期的新闻报道做成了连续3期的系列报道。在第二届全国节水抗旱稻大会组织筹备期间，丰大集团邀请新华社中经社负责策划，并指导会议宣传工作。新华网、人民网、新华社APP客户端等多个主流权威媒体上，共发表了20多篇对会议的权威报道，从而向全球进行了节水抗旱稻的宣传，并取得了令人瞩目的成效（图5-17）。

在传统的销售渠道之外，丰大集团充分发挥节水抗旱稻与国家绿色农业发展高度契合的优势，积极主动与各地政府、农业主管部门进行汇报对接，积极推动节水抗旱稻的政府项目采购工作，并取得了显著成果。在湖北省随州市，丰大集团自2021年开始布局政府采购工作，安排专人负责协助客户积极向上汇报并提供技术

图 5-17 · 中央电视台《新闻直播间》栏目宣传节水抗旱稻品种'旱优3015'（图片来源：中央电视台）

指导服务，分别在2022年、2023年连续两年促成政府采购'旱优3015'等品种，种植面积达15万亩，丰大集团节水抗旱稻在随州市为当地种植户带来惊喜的案例也是不胜枚举。

案例1　随县新街镇联合村吴保成，2022年接手了300多亩刚刚砍除老果树的山坡地，地块高低不平、没有水渠，是典型的望天山田。吴先生本计划随便种点水稻，能有个150千克左右的收成能收回种子成本就满足了，主要是为了完成政府交付的不可撂荒的任务。结果吴先生通过旱直播'旱优3015'，在全年没浇水望天收的情况下，实际平均亩产超350千克，其中低洼易保水处的田块亩产将近500千克，坡顶干旱地块亩产也有近250千克，远超预期。

案例2　随县三里岗盛丰合作社陈清杨，听说节水抗旱稻种植方式轻简多样化，且节水节药，于是抱着试试看的心态，在2022年采购'旱优3015'并试种45亩。当年5月15日旱直播，9月5日收割，9月9日入仓，亩产干谷700千克以上，仅播种时打了除草剂，粗放式管理，直到收割没打一遍药，没浇一遍水，完全是人种天管，不仅产量比往年机插秧的其他水稻品种高，而且还省工省时（图5-18）。

2023年，随州市7万亩拓荒土地第一年水稻复垦，贫瘠的土地、颠簸的机耕道路和无沟渠的灌溉条件，严重制约了水稻品种的选择。丰大集团紧紧抓住这一契机，在连续两年成功示范推广的基础上，通过积极对接和主动推广，为随州市粮食

图 5-18 · 湖北省农业农村厅、随州市农业农村局领导一行观摩节水抗旱稻品种

增产增收提供了丰大节水抗旱稻方案,7万亩土地中接近四成选择种植了节水抗旱稻,在随州市曾都区、随县、广水市等地均建设有丰大集团节水抗旱稻全品种的高标准示范地块,取得了令人欣喜的阶段性战果。

在湖北随州的种植大户当中,流传着这样一个丰大节水抗旱稻账本:对比普通杂交水稻,在产量基本持平的情况下,'旱优3015'早熟20多天,减少了面对后期干旱和低温的风险,同时节肥30%以上,即减少化肥投入30元/亩;减少2遍抽水灌溉费70元/亩;减少育秧、机插秧投入200元/亩;减少农药投入即50元/亩。粗略估计,种植'旱优3015'比普通杂交稻每亩成本减少350元,即净利润增加350元。而且,'旱优3015'稻米品质好、收获早,因此市场收购价格比普通杂交水稻高。'旱优3015'一般亩产干谷600千克左右、干谷市场售价比晚熟稻谷每千克普遍高0.2~0.4元,经济效益显著。

种植户算账,算的是经济账,是每亩土地的投入产出比;丰大集团也在算账,不过丰大集团算的是社会效益账,是解决因缺水干旱而撂荒土地的复垦种粮问题,是减少水资源消耗和污染、碳排放的环境压力问题,是提高种植户水稻种植抗风险能力、提高种植收益的农业增产增收的问题,是多推广一亩节水抗旱稻,就能够为农业发展多做一份贡献的初心和责任。不仅仅在随州,在河南、安徽、江苏等多个省份,通过丰大集团不遗余力地宣传推广,节水抗旱稻逐步赢得了政府的高度关注和大力支持。在安徽省合肥市,只要一提到丰大集团,领导就盛赞其推广节水抗旱稻的不懈努力,丰大集团已成为节水抗旱稻在安徽的代言人。在河南光山,政府采购'旱优3015'已经迈入了第三个年头,累计推广面积超20万亩;在安徽定远、江苏江宁、浙江磐安、湖南宁乡等地,通过政府采购和宣传推动,通过良种良法配套和后期及时到位的技术服务,节水抗旱稻增产增收的故事一直在上演,丰大集团也通过节水抗旱稻把丰收的期待和惊喜,一页一页书写在绿色的田野上。

道阻且长,玉汝于成。没有哪一项伟大的事业是不需要付出艰辛和努力就能够轻易成就的。在推广节水抗旱稻的道路上,丰大集团锚定的是罗利军老师提出的节水抗旱稻"1522"远大目标,目光所及的是广大种植户对好品种的深切期盼,心之所想的是为中国农业发展贡献丰大力量的信念。未来的路漫长且艰,丰大集团将继续凝聚力量、行而不辍,相信未来可期、行则将至,节水抗旱稻的明天一定会更加灿烂;在那耀眼的光芒中一定有你有我,有每一个为推广事业付出过艰辛努力的坚定身影。

五、凝心聚力的新征程——全国节水抗旱稻全产业链创新联盟

刘鸿艳　张婧琪

2023年3月,第十四届中国国际种业博览会暨第十九届全国种子信息交流与产品交易会开幕式在天津举行,会上宣布全国节水抗旱稻全产业链创新联盟正式成立(图5-19)。

全国节水抗旱稻全产业链创新联盟由全国农技中心、基因中心、丰大集团、天谷生物共同发起成立。联盟成员单位已发展至79家,包括中国水稻所、上海市农科院、上海交通大学、华中农业大学等科研院所和高校,天谷生物、丰大生物、先正达集团(中国)、安徽荃银高科种业股份有限公司、合肥丰乐种业股份有限公司等种

图 5-19·全国节水抗旱稻全产业链创新联盟成立仪式 （图片来源：中垦锦绣华农武汉科技有限公司，徐烜）

业企业，浙江家乐蜜园艺科技有限公司、施可丰（山东）智能农业装备有限公司等农资农机企业，安吉两山绿川生态农业发展有限公司、水资源节约与保护产业创新联盟、农业农村部东南沿海农业绿色低碳重点实验室、柏能新能源（深圳）有限公司等涉及水资源和碳排放项目开发的企事业单位。联盟旨在发展节水抗旱稻，推进节水抗旱稻品种选育、新品种试验示范及配套技术集成熟化和推广应用，打造集绿色种植、稻谷收储、稻米加工、市场营销、碳交易于一体的节水抗旱稻产业链，促进全产业链创新发展。联盟发展目标是发展节水抗旱稻，拓展水稻种植空间，改变水稻传统种植方式，实现资源节约环境友好、农田增值、农民增收（图 5-20）。

图 5-20·全国节水抗旱稻全产业链创新联盟 logo

(一) 成立背景

节水抗旱稻使水稻生产摆脱了对水的过度依赖,实现旱作生产,缓解了干旱缺水对水稻生产带来的影响,还可在山岗坡地、新改田、抛荒地等旱地进行旱直播种植,为稳定粮食产量和扩大粮食生产面积提供了稳粮保供新路径。同时,稻田旱作管理大幅度减少了农业面源污染和温室气体甲烷排放,为保护环境应对气候变化建立了在碳中和目标下保障粮食安全的水稻发展新路径。近年来,为加快筛选和推广节水抗旱稻,推动水稻产业绿色高质高效发展,在全国农技中心的支持下,通过联合全国的科研单位和种源企业,在加快选育节水抗旱稻新品种、加大节水抗旱稻示范推广力度、加快推进节水抗旱稻成果转化应用等方面进行了跨领域多层次的探索和合作,开创了节水抗旱稻推广应用新局面,主要表现为:一是节水抗旱稻全国、省和联合体等不同层级的品种区域试验体系得以启动并得到良好的建设发展;二是节水抗旱稻已在多个省、市布点示范并取得良好成效,搭建了节水抗旱稻"看禾选种"平台;三是开展节水抗旱稻推广的种业企业有 20 余家,其中专营种业企业 3 家,节水抗旱稻商业化种植品种超过 20 个,商业化推广区域覆盖长江中下游、西南、华南与黄淮区域 15 个省市,年推广面积近 500 万亩。

2018 年 1 月,由基因中心与天谷生物发起,节水抗旱稻产业联盟在安徽合肥成立,主要从种源研发、制种生产、种子销售、大米品牌建设等环节联合力量,开展节水抗旱稻的推广。在推广过程中,进一步发现直播旱管的全新种植模式迫切需要与农机农资服务整合,而大米消费市场才是拉动产业发展的原动力。大米产品,尤其是高附加值产品的开发,以及近年来生态价值实现理念的提出与实践,为节水抗旱稻产业发展带来新的价值增长点。2021 年 7 月,由全国农技中心主办,基因中心和安徽丰大集团协办的种业发展战略研讨会在北京召开。会议围绕实现种业科技自立自强、致力于共同推动我国农作物种业持续健康发展,助力打好种业翻身仗,加大加快节水抗旱稻新品种的示范推广进行了研讨,并就产品定位、市场开拓、品牌建设,提升在种业领域的影响力,发挥资本、管理及整合资源的平台优势和引领性作用提出建议。9 月,由全国农技推广中心主办的节水抗旱稻技术推广暨品种展示示范观摩活动在安徽宿州举办。十余个优质节水抗旱稻新品种在安徽丰大集团宿州综合试验站集中亮相并得到观摩人员和农业农村部领导的广泛认可。这两场全国性会议为联盟成立打下扎实的基础,推动节水抗旱稻推广工作进入新阶段。2022年,节水抗旱稻"1522"发展目标的提出,进一步凸显了尽快形成节水抗旱稻全产业链协同发展战略布局的重要性。成立全国节水抗旱稻全产业链创新联盟的想法得到了全国农技推广中心的大力支持,并于2022年9月在合肥举办的全国节水抗旱稻现场观摩与技术研讨会上正式启动(图5-21)。

图5-21·全国节水抗旱稻全产业链创新联盟启动会 (图片来源:江苏丰大生物科技有限公司,王海燕)

■(二)乘风破浪:加速水稻绿色转型

水资源一直是制约水稻产量的关键,对于我国广泛分布的中低产田这一困境尤为突出。节水抗旱稻的出现,不仅使水稻生产摆脱了对水的过度依赖,缓解了干旱缺水对水稻生产带来的影响,而且还可在山岗坡地、新改田、抛荒地等旱地进行旱直播种植。同时,稻田旱作管理大幅度减少了农业面源污染和温室气体甲烷排放。

节水抗旱稻作为基因中心罗利军团队原创的新的栽培稻类型,具有节水抗旱、高产优质、省肥减碳的多重优势,可实现节水 50%、节肥 30%、减少面源污染 70% 以上,在全国和"一带一路"共建国家推广种植,影响广泛。旱种旱管节水抗旱稻可减少碳排放 90%,对实现国家"双碳"目标、推动全球农业进入绿色可持续发展的新时代具有重要意义。节水抗旱稻"直播旱管"的稻作生产模式,摆脱了对水资源的过度依赖,拓展了水稻种植空间,大幅减少了面源污染和稻田温室气体排放,实现资源节约和环境友好,开启稳粮保供绿色发展的新路径。

(三)统揽全局:促进产业链协同创新

随着节水抗旱稻品系的不断完善,推广范围日益扩大,反响愈加热烈,越来越多的科研院所、高校、种业企业聚焦节水抗旱稻全产业链发展,亟需从全局角度出发、覆盖节水抗旱稻全产业链的联盟推动节水抗旱稻的研发与推广。

节水抗旱稻联盟的成立,宣布全国节水抗旱稻发展进入新时代。

2023 年,全国节水抗旱稻全产业链创新联盟成立大会召开。会议听取了全国节水抗旱稻全产业链创新联盟筹备情况说明,审议通过了全国节水抗旱稻全产业链创新联盟章程,选举产生了第一届理事会、监事和常务理事会,任命了秘书长、副秘书长,并发布了 2023 年联盟重大活动。节水抗旱稻联盟的成立,是节水抗旱稻全产业链发展的重要里程碑,得到了全国农技中心、广大种业公司和产业链相关单位的大力支持。联盟的发展需要产业引领,要立足于国家需求和社会发展。发展节水抗旱稻的出发点就是助力国家粮食安全、生态安全和水资源安全。实践证明,节水抗旱稻在上述方面大有可为。节水抗旱稻的发展紧扣时代主题,契合国家需要。

全国节水抗旱稻全产业链创新联盟搭建了全产业链协同创新平台,整合政府、社会和联盟成员的资源,在产业链的上、中、下游联合开展包括节水抗旱稻育种理论、技术和突破性新品种培育研究、可持续生产技术、装备、投入品、高效生产模式和人才的创新发展,高附加值产品及市场的开发等,促进产业链与创新链的融合发展,实现产业链多环节增效,促进节水抗旱稻高质量发展。联盟建立信息共享、资源共享、合作研究、互惠互利的创新与成果转化应用等合作模式,探索建立高效的政、产、学、研、用创新机制,促进产业链和联盟单位的共同发展。

（四）凝心聚力：节水抗旱稻迈向新时代

当前，节水抗旱稻可种植范围已覆盖国内多个省份，并在"一带一路"共建国家中广泛示范或推广种植。节水抗旱稻联盟将致力实现节水抗旱稻"1522"发展目标，即在国内实现新增水稻种植面积1亿亩，增产稻谷500亿千克，减少200亿吨水稻生产用水，减排温室气体200亿千克二氧化碳当量（CO_2e）。全国节水抗旱稻全产业链创新联盟成员单位将朝着发展节水抗旱稻，拓展水稻种植空间，改变水稻传统种植方式，实现资源节约、环境友好、农田增值、农民增收的发展目标凝心聚力。

全国节水抗旱稻全产业链创新联盟将在农业农村部和全国农业技术推广服务中心的指导下，联合广大成员，共同致力于节水抗旱稻的全产业链协同、创新与发展，力争把全国节水抗旱稻全产业链创新联盟办成充满活力、合作共赢、成果丰硕的国内一流产业联盟，为我国农业产业发展做出应有的贡献。

第六章
不负众望——人心所向成大道

一、潘卫的选择：回家种稻去

龚丽英

出生于安徽省亳州市利辛县的潘卫，年少时就到上海做生意，经营着一家建筑公司，主要业务是经营水泥和钢材。这几年赶上大虹桥开发的大好时机，也赚了不少钱，在上海有了一席之地。但是他总觉得公司没有自己的技术，也不是长久之计，同时自己生长在农村，对农村农民，对家乡总有一份特殊的情感，所以脑子里总想着能为他们做点什么，所以潘卫一直在寻找新的发展方向。

(一) 说者无心，听者有意

2016年年底回家过年，潘卫碰到同村的潘家虎，聊天时无意中谈到了节水抗旱稻。原来，潘家虎在上海旅游公司当司机，前段时间节水抗旱稻的研发单位多次雇了潘家虎的车一起赴安徽合肥、蚌埠、阜阳拍摄节水抗旱稻的种植情况。其间还采访了部分种植大户，种植户对节水抗旱稻的评价颇高，普遍反映节水、抗旱、产量高、米质好、效益也不错。潘家虎还在车上看到一本关于介绍节水抗旱稻的《科学画报》。真是说者无心，听者有意，当晚潘卫就拿着介绍节水抗旱稻的《科学画报》认真研读起来。

读着《科学画报》的介绍，进一步激发了潘卫想了解这种水稻品种的热情。当看到这个水稻品种的研发单位上海市农业生物基因中心，离他上海的建筑公司不远，就想着过完春节到上海后，第一件事就是要去拜访一下这家科研单位，进一步了解节水抗旱稻的特点和特性。

春节上班后的第一天,潘卫就慕名前往基因中心拜访了首席科学家罗利军。经过自我介绍和说明来历后,罗老师被潘卫的认真和执着所打动,表示支持他先尝试着小面积种种看。

(二) 尝试种植,效益不错

潘卫的家乡利辛县位于黄淮平原南部,安徽省西北部,处于暖温带半湿润季风气候区,四季分明,气候温和,雨量适中,素有"皖北水乡、淮上江南"的美誉。但气候如此适宜的利辛,却有20多年没有人种水稻了,主要原因是农民觉得种水稻要耕田耙地,育秧插秧,太麻烦。而且当地青壮年都外出打工了,种田的都是老年人,实在没有精力和体力。因此,当地以种植玉米为主。但是,对于利辛老百姓来说,内心还是渴望种植水稻的。因此,当听到节水抗旱稻这个新名词,又认真看了《科学画报》的介绍,再到了解新品种的研究过程和聆听了罗老师的讲解,更加坚定了潘卫在利辛种植节水抗旱稻的决心和信心。2017年,他在利辛成立隆盛种植专业合作社,并承包了原来用于种玉米的200亩土地,改种节水抗旱稻。初次种植节水抗旱稻,潘卫想采取不同的种植模式,验证一下节水抗旱稻是否真能节水,他将180亩采取旱种旱管模式,不给灌水;20亩采取水种水管,参照普通水稻的栽培模式。2017年由于利辛雨水充沛,旱种旱管的180亩节水抗旱稻基本没有浇水,平均亩产量600多千克,与20亩水种水管的节水抗旱稻产量差不多,但着实省力省钱,而且米质也很好。初种就尝到甜头,使他对节水抗旱稻信心满满。

由于亳州很少有人种植水稻,因此政府是不收购稻谷的。180亩的节水抗旱稻由于稻米品质不错,有一家六安市霍邱的米厂愿以每千克2.52元的价格收购稻谷。但潘卫心里总觉得不舍,节水抗旱稻米质这么好,米厂给的价格偏低了,所以他决定自己搞米厂。他的米厂,从2017年底开始筹备,至2018年初便建成投入使用。将节水抗旱稻大米自己加工后送亲戚朋友品尝,反响很好。在当地,逢年过节百姓家里有喜事送米寓意着吉祥如意,当地农户都很喜欢,因此大家都到他的合作社来买米,故米厂规模虽小,效益还不错。

(三) 扎根农业,谱写芳华

节水抗旱稻"好种好管产量高,米质优良卖价好"的优点使潘卫尝到了甜头。

2018年,他将种植规模扩大到7000多亩,并将节水抗旱稻大米注册了"一品天谷"商标和"旱稻香米"商品名。2019年,节水抗旱稻'旱优73'荣获第二届全国优质稻品种食味品质鉴评(籼稻)金奖。至此,节水抗旱稻的影响力在利辛大增,农民纷纷前来讨教种植经验,希望种植这个新品种,种稻积极性在这个20多年未种过水稻的乡村一下子又高涨起来了。

一人富不算富,大家富才算富。从2019年开始,潘卫带领当地农户种植节水抗旱稻,米厂的规模也不断扩大,并采用订单农业模式收购农户稻籽。农户种植的节水抗旱稻,他都以比安徽省当地政府每千克高0.2元的价格进行收购,然后由自己米厂加工,打造自己的大米品牌进行销售。由于米质优,可以每千克12元的价格进行销售,而市场上同类型大米的价格一般都在每千克10元左右。如今,他的米厂是亳州市最大的米厂,自有品牌的节水抗旱稻大米也销售到全国各地。他激动地说,节水抗旱稻能销售到芜湖真是不容易,因为芜湖是"鱼米之乡",不愁有好品质的大米。从2021年起,芜湖有一街道办事处每月向他米厂订购1500千克左右的节水抗旱稻大米,雷打不动,可见其米质优良。

潘卫凭着自己对大米的喜爱,放弃上海的建筑生意,毅然选择回家种田,创办合作社,成为新型职业农民,带领广大农民耕耘在广阔的农村大地,开拓出一番新事业,撑起了一片新天地。如今,他是亳州市的"农业明星",现在政府主推"旱改水"项目,给节水抗旱稻带来前所未有的发展机遇,他作为利辛县科技局的科技特派员,马不停蹄地奔波于田间地头指导农户种植节水抗旱稻。他的工作也得到政府部门的肯定,还当选为利辛县新张集乡第13届人大代表,利辛县工商业联合会第7届会员代表。更让他值得骄傲的是,由于节水抗旱稻在当地很受欢迎,引起当地政府对农业的重视和支持。

对于下一步的目标,他觉得在长三角一体化发展的国家战略中,安徽省是重要的农产品生产基地,希望进一步扩大节水抗旱稻的种植面积,拓展大米销售渠道,并进行绿色和有机认证,实现从种源到餐桌全过程管理,从而提升农产品附加值,形成研发和消费在上海,生产在安徽的全产业链模式。

跟建筑比起来,农业的收益不算多。现在的潘卫正是扬帆启航时,但是他充满信心,节水抗旱稻作为一份事业,使他扎根农村,不负韶华,拥有了自己的一片天。

二、陪读妈妈成长记

龚丽英

这一天,做节水抗旱稻安徽市场推广的朱敬乐接待了一位想做节水抗旱稻销售的访客。出乎意料的是,来访人既不是经常联系他的种植户、经销商,也非农业技术人员等同行,而是一位没有任何销售经验的陪读妈妈。她就是凌明珍,安徽颍上人。

在经过一番交谈后,朱敬乐出于经验和善意,建议凌女士再回去考虑一下。"全职妈妈""没有销售和种植经验",这些难题都实打实地摆在凌女士面前。朱敬乐对凌女士做好销售工作这件事非常担忧。

可凌明珍的态度很坚决,那份认真和执着,让朱敬乐产生好奇。究竟是什么原因让凌明珍明知困难重重却仍然满怀信心呢?凌明珍笑笑,向朱敬乐讲述了她和节水抗旱稻结缘的故事。

2016年,凌明珍儿子考入安徽六安一所示范高中就读,她陪着儿子在学校附近租房,并负责儿子的日常起居生活。

每一位陪读妈妈都是伟大的战士,孩子们的战场在笔端,而妈妈们的战场则在一日三餐的烟火气里。正是每位陪读妈妈的努力,才能让孩子们在繁重的学业压力之外,尝到热气腾腾、飘香美味的饭菜。他们竭尽全力为孩子们搭建起一个可以无所顾忌、奋力一搏的起跳板。他们,都是孩子和自己人生里的英雄。

在凌明珍所租住房屋的周围,还有很多像她这样的陪读妈妈。孩子们上学去了,妈妈们就在一起聊天,交流陪读经验。闲聊中免不了提及孩子们的饭菜花样。邻居们使劲夸凌明珍带来的大米好吃,做饭的时候米香四溢。这也引起了其他妈妈的好奇,都想尝尝凌明珍每周从颍上背到六安的这种"节水抗旱稻"大米。

于是,凌明珍在陪读的同时多了一件事情,就是卖节水抗旱稻大米。每周回颍上,她都要背一袋大米到六安。在近3年的陪读生涯里,从一开始每周背几千克大米,到每周运1500多千克大米。"既然这个大米这么受欢迎,我可以做些生意吧?"这个想法在脑中闪现之后,她就闲不下来了,开始慢慢琢磨起这件事情了。凌明珍通过种业公司的朋友打听到了节水抗旱稻在安徽负责市场推广的朱敬乐,于是就有了开头的见面。这也是凌明珍深入学习和探索种植节水抗旱稻的开始。

通过朱敬乐的介绍,凌明珍对节水抗旱稻的品种有了更深入的了解。但是,朱敬乐是负责节水抗旱稻种子销售的,不做大米销售,即只卖种子,不卖米。凌明珍决定先从种植节水抗旱稻开始,自己再委托米厂加工成大米。

(一) 摸索着前进

2019年,凌明珍从自家的5亩地开始种植节水抗旱稻。第一年种植,有些仓促,种田经验也不足,但是在朱敬乐的指导下,每亩产量也有将近550千克。这次成功,让她切身体会到,节水抗旱稻确实是节水抗旱、好种好管、省时省力,而且产量还高,米质更不用讲。

(二) 广受好评

在第一年试种成功的鼓舞下,第二年凌明珍承包了200亩地,准备大干一番。她将收获的节水抗旱稻委托米厂加工,还设计了印有自己头像的大米包装袋,包装成2.5千克一袋进行销售。由于米质好,携带方便,她的米一传十,十传百,成了热销商品,不仅是陪读妈妈们买她的大米,而且其他客户也慕名而来,200亩的节水抗旱稻大米供不应求。

(三) 开拓新战场

2021年,凌明珍又瞄准了颍上的玉米地。颍上低洼地面积大,水旱灾害时有发生。这些年,农民种玉米的积极性不高,一是玉米收购价没有水稻高,二是种植于低洼地的玉米易涝易旱,一旦受灾损失严重。

凌明珍种植过节水抗旱稻,了解到这种水稻品种既不怕涝,也不怕旱。她在心里思考,如果实在旱情严重,可以利用玉米田里已有的井,提醒农民抽水灌溉,应该不会影响产量。并且,颍上雨水比较充沛,节水抗旱稻在种植过程中,雨水得当的话,整个生育期基本不用浇水。于是,她就走家串户,动员种植玉米的农户种植节水抗旱稻,还承诺大家只要种她提供的水稻品种,她愿意加价每千克0.2元的价格收购。就这样一步步地,凌明珍又卖种子又卖米,把节水抗旱稻生意做得风生水起。

2022年,节水抗旱稻种子在颍上的销售达到10万千克以上,她成为节水抗旱稻颍上的代理商,其中颍上盛堂乡全部稻田只种节水抗旱稻,实现在一个地方节水抗旱稻全覆盖。如今,凌明珍的微信头像已改为头戴草帽、右手托着节水抗旱稻大米、笑容满面的照片,俨然就是一位"直播带货"的职业新农人!

三、像种小麦一样种水稻

龚丽英

许舟是安徽铜陵人,2021年,他38岁,20岁时就外出到浙江生活,是一个种了18年水稻的"老农民"。而那些丰富的经验,更多是基于灌水种植的传统水稻。2021年,通过杭州种业的推荐,他第一次接触节水抗旱稻。许舟了解到,节水抗旱稻是水稻家族中不一样的"兄弟",是既具有水稻的优质高产,又具有旱稻节水抗旱特性的水稻新品种,播种就跟种小麦一样,旱地里直接种。这可真是刷新了这位"老农民"的认知。于是,许舟决定大胆的尝试一下。

万苍乡位于浙江省磐安县县城东北部,地处国家级生态示范区,东北与尖山镇接壤,东南界天台县,西南邻尚湖镇,西北与玉山镇相连,北濒五丈岩水库,是玉山台地的中心,被形容为玉山台地的"火腿心"。万苍乡属农业主导型乡镇,传统农业特色明显,是当地茶叶、高山茭白的主要产区。近几年,随着浙江省粮食安全保障战略的实施,当地的农业产业结构也在逐步调整。磐安县万苍乡的3200亩山地是许舟2021年刚刚承包的,由原来主要种植茶叶转为尝试种植水稻。山地种稻,这在以前是很难想象的。许舟带着节水抗旱稻准备做"第一个吃螃蟹的人"。

在杭州种业磐安节水抗旱稻种子经销商的推荐下,许舟试种了2000亩的节水抗旱稻品种'旱优73'。2021年第一年种植节水抗旱稻,没想到长势比另外1200亩山地种植的普通水稻的长势要好得多,令人对节水抗旱稻新品种'旱优73'的表现赞不绝口。回想起刚开始种植的时候,许舟心里还是有点忐忑的。但在磐安县农技人员的指导下,按照节水抗旱稻的种植技术操作,水稻长势良好。

"我们采用的是可降解膜覆盖栽培技术,保水保肥防杂草,到现在只浇了一次水,几乎没什么杂草,连水稻最常见的纹枯病也没有。"许舟笑着说。以前种水稻,经常要泡在水田里,给水稻灌溉、除草、治虫,而种节水抗旱稻真是刷新了他的认知,在播种'旱优73'时,就跟种小麦一样,直接在旱地里播种,不用灌水。"2021年7月,持续高温干旱了10来天,当时水稻的叶子有点卷起来了,我还担心受旱抗不住了,但后来浇了水之后,叶片很快就恢复了生机,我都惊呆了!现在长得粗壮得很,亩产估计能有500千克!我打算明年将3200亩山地全部种植节水抗旱稻!"许舟信心满满地说。

许舟抱着试试看的心态种了2 000亩的节水抗旱稻品种'旱优73',没想到,长势比种在平原地区的普通水稻长势要好得多,为浙江省贯彻落实《浙江省粮食安全保障条例》提供了成功样板。

当前,磐安县正在进行"农保田"上山改造,加上今年磐安县在'旱优73'种植方面的优良表现,2022年将继续扩大山地种植节水抗旱稻的规模。

四、节水抗旱稻圆了回家创业梦

龚丽英　张前荣

上海,以其"海纳百川、追求卓越、开明睿智、大气谦和"的城市精神和软硬件实力的显著优势,吸引了海内外无数人到此奋斗。据上海市人民政府办公室、上海市统计局编写的《上海概览(2023)》显示,至2022年末,全市常住人口为2 475.89万人。其中,户籍常住人口1 469.63万人,外来常住人口1 006.26万人。来自五湖四海的奋斗者构成了上海的城市底色,共同创造了上海的高水平科技和多层次繁荣。

在这些来自天南海北的面孔中,有些人选择了一条"逆行之路"。他们放弃了在上海打拼的事业,带着上海先进的科技,带着建设家乡的热忱,带动家乡走上更高水平。张前荣,就是其中之一。

20岁就来到上海工作的张前荣,在上海市农业生物基因中心度过了精彩的青春。基因中心在种质资源的收集保存和研究利用方面产出了许多成果,其中,节水抗旱稻在国内和"一带一路"共建国家中更是得到广泛推广。在农业种质资源的出入库管理和田间繁种工作岗位上，张前荣了解到了节水抗旱稻的特征特性。随着工作的深入，他愈发认为节水抗旱稻可以发挥重大作用，他知道他的家乡广西正需要这样的品种。2019年，心怀桑梓的张前荣最终决定，带着宝稻回家乡。

回家创业的张前荣，不仅自己种节水抗旱稻，还带动家乡的父老乡亲一起种，成为上海天谷生物科技股份有限公司节水抗旱稻的华南区大区代理商。他以广西为突破口，打开华南市场，把节水抗旱稻的推广和销售一起做起来。

据广西壮族自治区统计局2018年发布的数据，广西水稻播种总面积约2947万亩，其中早稻面积1332万亩，中稻面积218万亩，晚稻面积1397万亩。然而近几年广西水稻种植面积在逐年减少，一方面由于果树与经济作物效益大增，一些地区出现果树栽培替代水稻种植的现象；另一方面是由于农资价格不断上涨，使种粮经济效益整体偏低，从而导致农户种粮积极性不高，各地都出现了不同程度的农田抛荒情况。

面对水稻种植面积逐年减少的现状，节水抗旱稻该如何进军广西市场呢？张前荣认为，应该发挥节水抗旱稻旱直播优势，进行差异化竞争。目前，广西农户主要还是以育秧移栽（手插秧、抛秧）为主，机插秧也未大面积推广，因此水稻生产不仅费时费力，而且相当辛苦。节水抗旱稻采用旱直播进行推广，省工省时，农民一旦接受，市场潜力巨大。于是，他制定了广西的推广计划：根据节水抗旱稻品种差异化的特点，前期主要以望天田（仅靠雨水浇灌）、缺水田、抛荒复垦田、旱地为主要目标市场，后期加大对主流田块的示范推广力度，做到以点带面，进军水稻主产区。广西市场主推'旱优78''旱优73''旱优3号''沪优2号'4个品种。栽培方式主要以轻简化栽培的旱直播为主线，通过免育秧、免移栽的方式，解决了一些地方因水源不足，无水耙田、不能水插秧的难题。有条件的地方，则力推机械化旱直播，提高播种效率。由于当地种植玉米的农户较多，他结合当地种植特点，提出"像种玉米一样种水稻"的宣传口号（图6-1）。

广西的河池、柳州、百色等区域属于"八山一水一田"的地形地貌，缺水、干旱时常发生，根据节水抗旱稻抗旱能力强、适应性强的优势特点，结合各地的气候条件，张前荣提出了合理的播期指导意见，并进行布点种植示范。

图 6-1 · 张前荣考察'旱优 73'在广西来宾旱改水的种植表现

图 6-2 · 陪同河池市种子管理站相关领导考察节水抗旱稻在旱地直播的长势

目标区域选定后,如何推进市场销售呢?经过对广西市场排摸,张前荣认为市场销售网络模式应该多元化,他积极探索,使得广西市场销售模式既有省级代理商、又有直销模式的县级代理商,大大加快了节水抗旱稻在广西的推广力度。在他的努力下,节水抗旱稻逐渐被当地主管部门和行业认可。从2020年起,连续五届广西"看禾选种"活动都专门安排节水抗旱稻品种展示区,为节水抗旱稻在广西的推广发挥了重要作用。省级代理模式的成功实践,也为天谷生物在其他区域市场的推广提供了经验和案例。

如今,福建、浙江、四川等区域也逐步建立省级代理商模式。广西市场站稳脚跟后,张前荣又忙不迭地开拓广东和海南市场。5年时间,销售业绩从刚开始的1000千克种子到现在的10万多千克,并发展了一批节水抗旱稻品种集中种植的特色村屯。

广西是旱稻种资起源地之一,节水抗旱稻是指既具有水稻的高产优质特性,又具有旱稻节水抗旱特性的一种新的栽培稻品种类型。节水抗旱稻的种源起源于广西的旱稻,品种研发于上海,如今又在广西开花结果。每每谈到节水抗旱稻,张前荣就神采飞扬。他笑着说,自己的成长就像节水抗旱稻,来自广西,在上海工作过,又回到广西为家乡的粮食安全做贡献。最重要的是,节水抗旱稻圆了他回家创业的梦想,让他既做自己喜欢做的事情,又能和家人团聚,有儿有女,爱人相伴在旁,幸福生活像花一样灿烂。

五、变危机为生机,节水抗旱稻助力农民提质增效
——二分田年糕厂诞生记

杨华

过永华,在浙江嵊州的种养殖业圈中可是响当当的名字。2010年以前,他在嵊州地区包下多个水库,一直从事水产养殖业。他养殖的水产以高产出名,过永华已然打造出了本地水产品品牌,也让他积攒了人生第一桶金。然而,由于本地区缺水,水库水少,他的水产事业逐渐无以为继。作为一名农民,想到的依然是和"农"打交道,于是他从2010年开始转战种植业,开办了一个有200亩地的过永华农场,

并在2020年成立了由15家专业合作社联合出资的"二分田粮食专业合作社",且主要水旱轮作水稻、玉米。

近十年来,过永华种植了八九个水稻品种,每引进一个新品种,他都细心观察每一个品种各生育期的特点,并开展相关试验,以摸透每个品种在各生育阶段需要的温、光条件和水、肥需求。"我在栽培上的每一个农事决定,都可以影响我一年的收成!"他感慨地说。对一个农场主来说,庄稼的收成就是他的生命。为了观察水稻的长势,在水稻生长的140多天里,过永华几乎每天都会泡在地里,观察水稻的生长变化,他对水稻生长发育进展了然于胸,逐渐从一个水产养殖专家成长为水稻栽培专家。

可是水资源的危机依然困扰着过永华。

2020年前,过永华的合作社主要种植浙江本地的杂交水稻系列品种。该系列品种具有穗大粒多、产量高、耐肥抗倒、米质优良的特点,适合嵊州地区种植。然而,嵊州是个"七山、一水、二分田"的地区,水资源匮乏,为了优先保证居民用水,当地把用以养殖的水库都关闭了。而合作社种植的当地系列杂交水稻品种在全生育期需要灌水6次以上。在他种植水稻的这些年,水资源匮乏直接影响到自己的收成,丰年的时候水稻亩产可以达到600千克,一亩地可以赚500元,一旦遇到干旱,则产量锐减,甚至颗粒无收。

如果有一种稻子,它能既节水、又高产,米质还好,那该多好啊!

念念不忘,必有回响。2020年,浙江省农科院的水稻专家告诉他一个好消息:上海市农业生物基因中心研发的节水抗旱稻具有节水抗旱、稳产优质的特性,可实现轻简化管理,在安徽、湖北、河南、江西、湖南等地年推广面积100万亩左右。

长期从事水稻栽培,如今早已是水稻栽培专家的他敏锐地意识到,这样的品种正符合嵊州地区的需求。

过永华雷厉风行,说干就干。他马上联系了基因中心,2021年就引进并种植了50亩节水抗旱稻品种'旱优73',在专家的指导和过永华自身的摸索下,当年就取得了丰收,亩产达到了463千克。而且在整个栽培过程中,原先的水稻品种要灌溉6次水,'旱优73'只要灌2次。大旱年份,其他水稻品种几乎晒死,颗粒无收,而'旱优73'推迟成熟20天,还能取得350多千克的产量。

过永华仔细研究了'旱优73'的特性,发现这个品种在当地的表现是根系发达,吸水能力强,可减少灌溉次数,真正做到节水抗旱。此外,节水抗旱稻还可以减少氮肥施用量和打农药的次数,产量持平,稻谷加工成大米,品质好,受到老百姓的喜爱。更为可喜的是,由于该品种具有成熟期早的特点,在中秋前就能上市,提早让市民吃上当年的新米,这对大米企业来说无疑是个大卖点。曾经"卡脖子"的生存难题,如今变成了新生机;曾经让过永华陷入困境的水危机,反而变成了成功的"必杀技"。

过永华的'旱优73'2021年一上市,米商纷纷上门批发采购,以8.4元/千克的批发价格被抢购而空,很多米商因没有采购到'旱优73'稻米而遗憾。米商投放市场后也很快销售一空,市场反响热烈。

经过一年的观察试种,有着丰富经验的过永华欣喜地感觉这正是他多年追寻的水稻品种。尝到甜头的他乘胜追击,并做了一个大胆的尝试。他承包了248亩原先种植茶叶的旱地,专门种植'旱优73',这些地方土壤都是保水能力较差的黄泥土,但2022年节水抗旱稻长势良好,8月17日收割,平均亩产达到463千克。

2023年,在合作社7000多亩土地里,过永华种植了3300亩'旱优73',8月15日收割,亩产达到500千克。不仅如此,因为'旱优73'生育期比较早,可以在4月15日之前播种,8月25日前留茬收割;收割后施一次肥,11月10日就又可以收割一茬再生稻。前茬亩产可以达到463千克,大米收购价8元/千克;后茬亩产可以达到250千克,大米口感更好,可以卖到12元/千克。

'旱优73'在嵊州的成功种植让过永华兴奋不已,如果嵊州推广5000亩'旱优73',这就意味着可以省下每亩400立方米的水供居民作为生活用水。

水的难题克服了,但'旱优73'的丰收又给过永华带来了新的困扰。一方面,'旱优73'还未列入当地政府的补贴,稻谷收购价较低,影响了农民的种植意愿;另一方面,'旱优73'产量高,新米不能及时售卖,农民不能及时回笼资金;再加上'旱优73'在碾米过程中容易折断,影响了大米加工的整精米率。困扰产生了新的思路,如果把该品种稻米做进一步深加工,这样就可以解决稻米收购的问题,还能提升产品附加值。

年糕是浙江乃至全国人民喜欢的传统食品,尤其在过年过节期间,如果把大米加工成年糕,不是能进一步提高农民种植水稻的积极性吗? 2022年,'旱优73'丰收后,他当机立断,建立了一家年糕加工厂,一家全国唯一的原材料由自己生产的年糕厂。消费者可以为年糕溯源,知道自己吃到的年糕所用的稻米是在哪里生产的、年糕的全程经历了什么样的加工。他的想法带来了年糕市场的改革,改变了很多年糕厂用陈米作为原料加工,导致年糕品质较低的通病。过永华的愿望是生产出面向全国、品质最优的年糕。

2023年,过永华投资3 600多万,在甘霖镇上高村68号建立起了一家现代化的年糕生产企业,年糕的进料、加工都采用全自动流水线。为了减少生产加工过程中人为的食品污染问题,生产过程中还采用了机器人。从此,二分田年糕厂成为了浙江284家大型年糕厂中最现代化的企业(图6-3)。如今,年糕厂已经投入生产,每天可生产30吨的水磨年糕和粉磨年糕。生产的年糕一经上市就受到市民的青睐,"二分田"年糕有一股天然的清香,不仅色泽润白,口感细腻,而且"Q弹"(形容弹性口感),不塞牙;不管是炒食,还是蒸煮都非常鲜美。当地市民不仅自家食用,还常把年糕作为馈赠亲人的特产(图6-4)。

图6-3·年糕厂内景

透过观察窗,看着热火朝天的加工现场,过永华的心里充满着欣慰:作为一名农民,他通过引进优异农作物品种,创办农产品深加工企业,让农民得到更多的实惠,从而圆了他心中最初的梦想。如今的过永华又在心中绘就新的蓝图:在不远的将来,建一座智慧农场,将'旱优73'等凝聚着高科技的农作物引入智慧农场,从而让更多的市民受益!

图 6-4 "二分田"年糕产品

六、让好品种走向更广阔的天地

黄辉　张婧琪

"我啊,打从十六七岁起,就跟着父亲和爷爷学着种菜、种瓜果、种粮食;对这片土地,那可真是有着浓浓的情结呢!"说这话的,是家住四川省成都市青白江区城厢镇,名叫叶春的职业农民,他30余年的职业生涯大部分都献给了这片土地。"年轻那会儿,啥都干过,上过工地,进过厂,最后还是觉得自己这性子,就适合守在农业里头干。"叶春笑着说道。

"搞农业,可来不得半点冒进,做不得半点虚假!"正因为如此,叶春一直致力于探索水稻的水直播和旱直播技术,希望能找到一条适合自己的路。

四川,是我国南菜北运的重要冬季蔬菜供应基地。在这儿,种菜的优势就在冬春季节,可一到夏天,这优势就没了。好多种菜大户,一到夏天就亏钱。所以,怎么把夏天这一季利用起来就成为当地农业的老大难问题。

这20年来,叶春主要种的就是效益高的经济作物,像蔬菜、瓜果等。可最近这几年,这些行业品类竞争激烈,种植面积太大,亏损成了常态。所以,夏天这一季,更多的人会选择种水稻。叶春一直冬春种菜,夏天种粮,蔬菜和粮食轮着种。同时,叶春又开始琢磨,能否让水稻种起来更简单一点,这样不仅能节省人工,提高效率,而且还能降低劳动强度。经过几年的实践,叶春探索出一套自己的水稻直播技术,这为以后节水抗旱稻的成功种植打下了基础。

(一) 和节水抗旱稻结缘

一个偶然的机会,叶春在网上了解到了上海天谷生物科技股份有限公司的节水抗旱杂交稻品种'旱优73',这让他找到了梦寐以求的答案,顿时产生了极大的兴趣。之后的日子里,叶春一直在关注和学习节水抗旱稻的相关知识。2022年,当地政府把种地大户们召集起来,商量怎么解决果园地行间的空地问题。叶春主动请缨,向当地政府介绍了自己掌握的节水抗旱稻情况,当地政府对此非常重视,并给予了支持。在这种契机下,叶春联系上了天谷生物西南区域负责人黄辉,刚好四川云海农业科技有限公司董事长张然也想在四川引种节水抗旱稻,正需要一块有代表性的地进行推广,双方一拍即合。于是,叶春就在自家的柑橘园的果树行间,种植了近500亩的节水抗旱稻'旱优73',成为四川第一个种植节水抗旱稻的大户(图6-5)。

图6-5·黄辉(左一)、叶春(中间)、张然(右一)在田间

(二) 百折不挠的种稻精神

然而,种植节水抗旱稻的过程并非一帆风顺。叶春回忆道:"2022 年 4 月 28 日播种时下了一场雨,土地有些湿润,我们抓紧时间,用了 3 天就把几百亩地播完了。因为土地湿润,出苗还算顺利。"但没想到的是,5 月和 6 月,出现了罕见的干旱,两个月几乎没有下雨。虽然出苗整齐,但由于缺水,到 6 月底,稻苗只长到了 10～20 厘米高。叶春说:"当时稻苗长势不好,白天太阳一晒,叶子就干枯卷曲了,我们差点失去信心,觉得今年的收成可能不好了。"就在叶春几乎绝望的时候,一场中雨突然降临。这场雨让'旱优 73'的复原抗旱性得到了充分展现,稻苗迅速恢复生长,有了水分后,真是一天一个样,长得非常快(图 6-6)。

图 6-6·节水抗旱稻在四川省德阳市

然而,长势起来后,果园内的草又成了新的问题。叶春说:"果树起垄的草往稻苗上长,对稻苗影响很大,这是我没有预料到的,因为它的生长速度太快了。我们最大的困扰就是控草,想了很多办法才控制住。"

到了 8 月底,水稻开始抽穗。这时,田里的草也终于被控制住了。在水稻成熟时,叶春估计亩产量大概在 400 千克左右,但没想到最终测产时亩产达到了 536 千克(干谷),大大超过了他的预期,这让他惊喜不已(图 6-7)。

在经历了 2022 年的种种困难后,叶春在实践中更加深刻地认识到了节水抗旱稻的特点和优势,也使他充满了信心,继续大力推广节水抗旱稻。"2022 年从整地播种,到后期管理,这一茬下来,我觉得节水抗旱稻管理起来简单多了,不仅稳定性特别好,而且抗旱性也好。"叶春非常肯定地说,"'旱优 73'可是个潜力巨大的品种,对我们农民来说,价值可大了。现在这气候,异常情况越来越多,就需要这

图 6-7 · 节水抗旱稻'旱优 73'在田间

样的品种。"

(三) 造福一方

2024 年,叶春不仅自己种了 500 亩节水抗旱稻,还带动周边农户种了 5 000 多亩,并做起了社会化服务的工作。有了去年的经验,叶春心里有了底。现在找他做社会化服务的种稻大户非常多。叶春说,他的愿望就是帮大家把地种好,解决他们的难题,增加他们的效益,把'旱优 73'推广到更广阔的地方,这也是他作为一个农业人的责任(图 6-8)。

谈到自己的感受,这位大半辈子都献给了土地的"老农民"感慨地说:"罗利军老师研究出这么好的水稻品种,我觉得我们这一代农业人,有责任、有义务把这么好的品种推广出去,为国家的粮食产业和粮食安全做贡献。我也希望身边的每个人都能有满仓的粮食,吃都吃不完,这就是我的心愿。"

图6-8·叶春(左一)和罗利军(左二)在田间

七、节水抗旱稻的"铁杆粉丝"

龚丽英

2012年,在旱情严重的安徽明光,一处10亩对比试验田受到了周围农户的广泛关注。这块田地由两块挨在一起的面积各5亩的田组成,分别种植了节水抗旱稻和当地传统主栽水稻品种。由于干旱,原本用来灌溉水稻的水塘已经干枯,没有一滴水可以用来浇灌。5亩地的水稻由于干旱颗粒无收,而紧挨其旁的5亩节水抗旱稻则令人惊喜地顶住了干旱,最后亩产近500千克。这次对比种植的发起者是杨立友。

杨立友具有农学专业基础,1994年安徽农校毕业后,就在明光市种子公司工作。1995年种子公司改制后,他就自主创业,自营农资和种子业务。

2011年,在合肥市的种子交易会上,杨立友了解到节水抗旱稻的这一新品种。

当时他抱着试试看的心态，买了10千克种子进行试种以便观察其长势。在这过程中，他发现节水抗旱稻确实比传统水稻要抗旱，产量和米质都还不错。于是2012年，他准备开始推广销售这种水稻新品种。

农民一般都有自己青睐的品种，也养成自己固有的种植习惯，要他们接受一个新品种并不是那么容易。但杨立友不放弃任何机会，在农民到他的店里买农资时就积极宣传节水抗旱稻的优势：不用育秧和插秧，旱直播省力省时，整个生育期也不太需要水，遇到旱情稍微浇些水就有不错的产量，而且米质也不错。刚开始，农民兴趣不高，就算节水抗旱稻种子买一送一，也无人问津。于是，他就策划了开头两种水稻品种的对比试验那一幕。

眼见为实。田间对比让周围农户清晰地看到节水抗旱稻的优势，从而吸引了众多农户前来咨询购买稻种事宜。节水抗旱稻在明光的销路慢慢打开了。

2013年，杨立友快马加鞭，在明光的古沛、女山湖、津里、苏巷等乡镇布点示范。有了之前的经验，他广泛尝试采用现场会的形式，让种植户到田间地头目睹节水抗旱稻的长势。其中有一个现场种植的节水抗旱稻产量特别高，亩产近700千克，他自费组织种田大户、种子经销商等100多人到田间参观，反响热烈，为节水抗旱稻之后在明光的推广奠定了扎实的基础。后来，他理所当然地成为了明光节水抗旱稻的代理商。

杨立友力推节水抗旱稻的原因，不仅是他看到了节水抗旱稻节水、节肥、节药的特点，符合国家绿色农业的发展趋势，而且种植节水抗旱稻省工、省时、省力的特点也符合当前农村缺乏青壮年劳动力的实际情况。在节水抗旱稻的推广过程中，他不仅是一个市场销售者，而且还是一个农业专家。他时常与上海市农业生物基因中心的科研人员交流，探索更适宜当地的旱直播栽培技术。通过不断摸索和反复验证，杨立友提出了节水抗旱稻旱直播方法，即种子不用催芽，覆土3～5厘米更利于提升出苗率和出苗整齐度。农闲时间，他会组织相关种植户和种子零售商到节水抗旱稻的原创单位上海市农业生物基因中心去参观实验室和田间抗旱性鉴定设施，邀请科技人员现场做科普报告，以坚定同行从事节水抗旱稻事业的决心和信心。

杨立友，他就这样全力以赴地推广节水抗旱稻，他常说："我就是节水抗旱稻的

'铁杆粉丝',节水抗旱稻贴近农业生产实际,农民喜欢,我更喜欢!"

八、稻花香里话节水抗旱稻

王筱

"王总,老来瞅这里的旱稻,它能长出金子么?"

"老板,你推广的这个'沪旱1516'品种真不赖,我数了数,1粒种子发了23个分蘖啊(图6-9),主蘖穗不仅整齐,而且穗子又大!"

"妹子,暑天这么炎热,你还呆在田里看稻子啊!快跟我去家里吃午饭吧!"

"老板,我家南坡地今年撒的那个节水抗旱稻真抗旱,外出走亲戚去了没顾上管水,回到地里一看叶子都卷了,头天下午跑了一遍水,第二天叶子就全部展开恢复了生机,这品种还真行呢……"

图6-9 1粒节水抗旱稻种子发了23个分蘖

这里被人亲切地叫作"王总""老板"和"妹子"的,就是河南省科筱农业生物科技有限公司总经理王筱。

每天她下乡在田间地头转时,总闻到扑鼻的稻花香;每当碰到农户时,就会谈到节水抗旱稻'沪旱1516'。诸如此类的话听多了,人们脑海里已然将'沪旱1516'作为她的化身和形象了(图6-9)。

从2023年仅得到15千克'沪旱1516'种子在息县安排试种开始,到今年购买了1.5万多千克种子推广到全县15个乡镇种植,她已深感满足。回顾2024年不平常的气候里,她几乎每天深入到各乡镇种植农户的田间地头仔细观察,看着'沪旱1516'一颗颗小小的种子不畏罕见的高温干旱逆势茁壮生长,看着这些稻种从发芽、分蘖、抽穗、扬花、灌浆到成熟,如享受抚养一个孩子健康成长般地快乐,随着秧苗日渐生长变化,到最后长成沉甸甸的稻穗,她和广大种植户一样内心充满了丰收的喜悦!

清晰地记得在 2024 年 8 月,气温持续高达 40 ℃时,她到小茴镇穿过一片同样干枯的玉米地,来到一户农民种有 20 多亩"玉改稻"旱直播的'沪旱 1516'地里,看到干旱的快成一把枯草的稻苗和农户绝望的脸色时,内心十分沉痛,她当即现场督导农民抽水抗旱……。第二天下午再去,她看到稻苗株株像吃饱的婴儿般,叶片颜色全部变绿,稻田呈现出一片生机盎然的景象。从绝望到期望,再到丰收在望,'沪旱 1516'只用了 20 天,妥妥地被称为"神奇稻"。节水抗旱稻'沪旱 1516'经过历史上罕见高温干旱年份的考验,完美诠释了什么叫"稻坚强",在遭遇高温干旱濒临死亡的情况下,一遍"跑马水"就能使其起死回生。"遇水则发!"路过的村民看到后,纷纷啧啧称奇!(图 6 - 10)

图 6 - 10 · 2023 年'沪旱 1516'示范种植座谈会

'沪旱 1516'只要有土壤,无论高坡还是平地,或者直接撒在麦林里,在几个关键生长点注意水分管理,它便给点阳光就灿烂,是真正的省工省力又省钱的好品种。农户们笑称它为"懒汉稻",种上它就像是娶了一位淳朴踏实不挑不拣过日子的好媳妇儿(图6-11)。

图6-11 · 2024年,'沪旱1516'在息县种植遭遇持续高温干旱前后一周的长势长相

要说与'沪旱1516'的缘分,还得感谢江西俊谷种业公司的胡刚经理,他向王总推荐说'沪旱1516'是上海市农业生物基因中心罗利军团队选育的籼型节水抗旱稻新品种,不仅株型好、植株矮、茎秆韧性强抗倒伏、穗大粒多、籽粒大、结实率高,成熟时叶青籽黄,产量高,米质优,而且节水抗旱、适应性强,可粗放式种植,无水稳产,有水更高产,符合广大农民的现实需要。于是王总将'沪旱1516'引进河南信阳息县进行了两年的示范推广种植,无数个农户的丰收事实证明,当初选择推广该品种是对的,'沪旱1516'不愧为节水抗旱稻"小霸王",而且在全球气候日渐变暖、水资源越来越缺乏的趋势下,节水抗旱稻品种市场潜力巨大,前景非常广阔。

"稻花香里话丰年,听得节水抗旱稻好评声一片"。水稻收获时节,当王总再次来到种植'沪旱1516'的农户中,听到他们对节水抗旱稻的肯定与来年计划扩大种植面积的谈论,感到无比欣慰,庆幸自己当初加入了农业良种推广这个行业。虽然从专注于诗歌、散文、小说创作的"键盘侠",跨界到整天走乡串户,吃住在农村、工作在田间、晴天一身汗、雨天一身泥的种业工作者,但那稻田郁郁葱葱的绿色,那沉甸甸金色稻穗迎风摇曳,充满着生气与活力,激励着王总活跃在广阔的田野,与稻株为伴、与谷穗为伍,使她的心境返璞归真、内心丰盈。她更加崇敬节水抗旱稻发明人罗利军首席科学家及其团队。他们辛勤付出,为人们培育出了众多的节水抗旱稻新品种。两年示范推广节水抗旱稻的经历,王总已然成为了罗利军忠诚的

"粉丝"。

一粒种子,改变一个世界,造就一个产业,节水抗旱稻的推广是水稻种植的又一次绿色革命,它让我们见证了农业生物育种新技术的奇迹和农业科学家对人类社会奉献的崇高精神!

九、节水抗旱稻带来的5年事业人生

郑生权

湖北省随州市,是一个有着几千年历史的文明古城。这里不仅是春秋时期曾(随)国的核心区域,埋藏着几千年的文明故事,而且还可以追溯到炎黄时期,相传这里是炎帝的故里,是中华民族文明始祖之地。

现代的随州,工业和农业并重发展,改装车之都、随州香稻工程,都是随州工农业快速发展的符号;快速发展的随州市毗邻河南省信阳市,吸引了很多河南籍的年轻人来到这里,开拓创业、书写人生。随州市曾都农丰种业公司总经理李书申,就曾是这些年轻人的一员。

今年57岁的李书申,依然棱角分明、眼神锐利。虽然在随州度过了大半生,但是依然乡音不改,内心深处仍然有着河南创业者那份坚忍和顽强的底色。李书申曾经这样描述自己的青年生活:"我曾经对妻子有过一个许诺,那就是一定叫她衣食无忧,我干到55岁就退休,一起环游世界;我对孩子也有过一个承诺,我这辈子吃了没文化的亏,受够了社会的苦,我一定叫孩子好好读书,将来有出息。"之所以说出这样一番话,是源于李书申蹚过苦难的河流,才到达幸福彼岸的深切感悟。

35年前,21岁的李书申拖家带口,从河南来到随州,身无长物、头无片瓦,何去何从?那时候不要提事业理想,更多要考虑的是生计问题。机缘巧合,在老乡的帮衬之下,李书申开始了贩卖白菜种子的生意,一干就是四五年。李书申说,当时卖白菜种子可不像现在有个门店,有这么多好的品种,那时他们都是用板车拉着一大车白菜种子,走街串巷吆喝,一杯一杯地卖白菜种子。依靠着永不言弃的精神,李书申硬是赚到了事业起步的第一桶金。

农业科技进步的春风吹走了李书申事业的迷惘,他凭借着敏锐的嗅觉,察觉到了商机,"敢为人先"几个字,成为他对于事业的最佳诠释。他率先在随州市引入了棉花无土化栽培技术,大幅度提高了随州的棉花产量;率先将河南信阳老家的优秀豌豆品种引入随州,并实现年销售数百万千克,在这个中国香菇之乡刮起了豌豆风。尤其是随州香稻,能够成为当地的农业品牌,也与李书申的大力推广关系密切。提起这些往事,李书申脸上总会流露出自豪感,毕竟这是他的青春。

2020年11月,年届54的李书申即将到兑现承诺、退休陪妻子环游世界的时间。恰在此时,一个朋友推荐他参加了在南京举办的丰大生物成立大会。在会上,他第一次了解到了节水抗旱稻这一新技术,第一次听到了节水抗旱稻发明人罗利军老师的精彩报告,让做了一辈子种业的他深感震撼。用他的话说,听完罗老师的报告以后,他内心对节水抗旱稻产生了极大的认同感,非常地震撼和激动,在这个即将退休的年纪又再一次燃起了年轻时奋斗的干劲。

会后,他就找到丰大生物的领导,介绍了随州市的地理条件和特征,希望能够在随州市示范种植该公司的主推品种'旱优3015'。被他的真诚所打动,双方随即达成合作协议,第一年示范种植,李书申原本计划销售种子1 000千克。哪里知道随着技术推广会议的多次召开,节水抗旱稻深深赢得了当地种植大户的青睐,第一年的示范种植,种子销售就突破了7 500千克,这是李书申没有想到的,没有哪个品种第一年示范推广,种子销售就能突破5 000千克,这也是对节水抗旱稻强大魅力最有力的诠释。

第二年,随州的'旱优3015'迎来了大丰收,该品种不仅产量高、抗倒伏、米质好,而且生育期非常适宜麦后茬的水稻直播等,从而使节水抗旱稻在随州红极一时。李书申紧紧抓住这一契机,发挥多年来积攒的渠道优势和项目操作经验,通过书面汇报、实地考察等多种形式,不断扩大着节水抗旱稻在随州的影响力,并在2021年成功将节水抗旱稻纳入政府采购项目。好品种更有好渠道,政府的惠农政策与节水抗旱稻的联姻,让更多的农民能够更加实惠地种植上节水抗旱稻,这无疑是李书申的又一个事业闪光点。

2022年是对农业生产严峻考验的一年,这一年被称作百年难遇的高温干旱天气,本就干旱少雨的随州市同样如此。这一年,就如同节水抗旱稻的大考一般,'旱优3015'又能交出怎样的答卷呢?

李书申对于这个问题同样非常关心，他认为这是节水抗旱稻彰显品种实力的重要契机。自2022年播种期开始，他就本着对节水抗旱稻'旱优3015'的强大信心，落实了随州市高新区连片400多亩'旱优3015'的种植示范，并将全市400多户种植户逐一登记在册，安排技术人员在播种、分蘖、烤田、抽穗和灌浆等关键时期多次实地进行查访，邀请丰大生物的技术人员来随州驻点开展种植栽培技术的培训指导。在这样扎实有效的工作之下，'旱优3015'经受住了2022年高温干旱的"烤验"，全市亩均产量超600千克，强大的抗旱能力和稳定性让种植户和基层农业主管部门领导纷纷竖起了大拇指。

在随州市的新街镇，这里有位胡老板承包了300多亩连片的林改地，到龄的桃树被悉数清理，留下了高低不平、满目青草的山坡地。胡老板想种植水稻，但怕山坡地长不出稻子，也不可能大量投入资金进行土地整改。正在他一筹莫展之时，李书申组织的技术培训团队来到了新街镇，向胡老板介绍了'旱优3015'的成功推广经验和节水抗旱耐直播的品种特性，胡老板随即决定当年在山坡地试着旱直播节水抗旱稻。一望无际的山坡地，满目杂草丛生。可是随着撒播下去的'旱优3015'逐步萌发出苗，人们企盼着100天之后这里能成为一派水稻丰收的喜人模样。播种封闭、苗后除草，把握好除草的关键环节，节水抗旱稻就逐步展现出强大的品种优势：高温干旱的时候，叶片卷曲生长放缓，陆续下的几场雨就成为节水抗旱稻生长的唯一水分来源，但这就足够了。2022年10月，原来满坡的杂草已经成为稻浪千重的丰收景象，收获测量亩产超过了500千克；而在不远处的平地田块，其他水稻品种却因为天气原因大幅度减产。目睹这一切，胡老板非常激动，在种植现场和李书申亲切握手，并表示，他原本想着一亩地产量有200千克就满足了，毕竟这里根本不适合种水稻，没想到现在居然达到了500千克。

节水抗旱稻在随州，还有很多生动的故事流传在田间地头，节水抗旱稻的表现没有让一开始就对其倾心的李书申失望，也没有让一贯以来支持节水抗旱稻发展的农业主管部门领导失望。2023年9月，在这个丰收的日子里，李书申和丰大生物共同邀请了湖北省农业农村厅、随州市农业农村局以及随州各市县、乡镇的农业部门领导以及周边合作单位代表共计300多人，召开了湖北省节水抗旱稻技术推广研讨及示范观摩会，再一次将节水抗旱稻在随州的发展工作推向高潮。2022年悉心布局的高新区'旱优3015'示范片在这次会议上大放异彩,旱种旱管、水种旱管、机插旱管等多种栽培模式悉数亮相,种植管理人员自豪地向来实地观摩的领导和代表们讲解栽培过程和种植表现。

李书申说,是节水抗旱稻给他的拼搏人生添上了浓墨重彩的一笔,让他放下承诺、鼓起信心再干5年。2023年,随州市的节水抗旱稻推广目标已经跃升为10万千克,李书申说他有信心在5年内继续翻倍达到25万千克,把节水抗旱稻种植和优质米推广打造成随州市的形象品牌。

十、一次相遇铸就一个品牌

郑生权

一首"早安隆回"唱红了这个湖南省邵阳市的小县城,让无数的国人对这个照亮人们一路前行的"夜空中最亮的星星"充满着神往。隆回县也是瑶族和汉族杂居的地方,少数民族文化的渲染让这里的本土文化散发着诱人的光晕。如今,一个主打高山瑶族有机大米的农业品牌"青山梯田"在这里冉冉升起。

隆回县的阮礼超,是丰大生物的忠实合作伙伴,也是"青山梯田"品牌的创始人,同时还是邵阳市隆回县人大代表,是当地有名的企业家。白手起家的他,通过20多年的奋斗,经营着目前隆回县最大的文化旅游产业、维也纳酒店,并涉足房地产行业,可以说是年轻有为的典型代表。但说起"青山梯田",这又是另一个故事。

2021年,阮礼超在一次机缘巧合下,认识了来自丰大生物的湖南区域负责人。阮礼超起初对这次相遇并不在意,毕竟一个房地产和旅游行业的企业家,似乎和农业、种子、大米等名词沾不上半点关系。在丰大生物召开的节水抗旱稻宣传推介会上,阮礼超也不过是来给朋友捧场罢了。但随着讲课的深入,阮礼超被节水抗旱稻几大品种优势深深吸引,第一次对这个素未谋面的节水抗旱稻产生了浓厚的兴趣。"当时看到推广人员说节水抗旱稻比其他水稻品种更加抗旱、节水,对极端气候的适应能力更强,而且米质更好、可以直播种植。我就突然想到了经常带客人去参观的高山瑶族文化村,那里的少数民族同胞还未能掌握很好的栽培技术,地理条件也很有限，每年的农业生产产量不高、效益不好。如果能够把这个品种引入到高山瑶族很多尚未开发的山坡土地，那也许是一个不错的想法。"阮礼超回忆起第一次参会时这样说道。

成功绝不会青睐懒惰的人，阮礼超说干就干。他首先调研了高山瑶族聚居村落的农业生产情况，发现这里自然条件优越、水质好、空气好，但是苦于没有先进的农业栽培技术相配套，因此每年的种植业产出很低，当地居民的生活来源主要依赖于旅游行业，收入很不稳定。然后，他多次联系对接丰大生物的技术人员，了解节水抗旱稻品种的相关情况，并多次带着团队技术人员到该公司的生产科研展示基地进行考察学习。通过多次的学习交流，更加坚定了他当初的想法：节水抗旱稻这个新兴的农业创新科技，一定会在隆回发光。

工欲善其事，必先利其器。阮礼超自己本是一个农业技术的门外汉，但是要真正从事农业事业，不懂技术可不行。于是他果断组建了一个接近20人的农业推广团队，其中包括从事了多年农业生产的土专家、基层农技推广部门的退休干部、农校的退休老师等专业技术人员，打造了他新事业的人才团队。

那究竟从哪方面去寻找事业的突破点呢？阮礼超身为人大代表，从国家扶贫、脱贫政策的角度出发，从带领瑶族同胞共同富裕的理想出发，给他的团队制定了事业的发展目标：在高山瑶族聚居区通过原生态种植方式，充分发挥节水抗旱稻少肥少药、节水抗旱、优质高产的特性，打造隆回县高端有机健康大米品牌。

为了凝聚各方面的力量，他多次带着节水抗旱稻的宣传材料和米样来到高山瑶族村落，拜访村负责人和当地老人，向他们宣传讲解节水抗旱稻的巨大优势，同时替他们分析种植节水抗旱稻、打造高端大米品牌能够带来的稳定收益。多年从事旅游文化产业所带来的认知度和信任感，让瑶族村落的负责人对眼前这位"不务正业"的年轻人提出的新奇想法逐步建立起了信心。阮礼超还与他们签订了包产包销协议书，不论未来市场形势如何变化，老乡们的收益都能够得到保证。这样，一个种子推广、种植技术服务、大米加工和销售的小小产业同盟就此应运而生。

通过第一年的示范试种，阮礼超的技术团队逐步把书本上的旱管理技术具象化了，并在实际种植中，总结出一套适合高海拔区域的节水抗旱稻栽培技术。2022

年，阮礼超投入500多万元资金，打造了当地第一个少数民族高山水稻基地，在海拔800～1200米的高山上，鬼斧神工般地绘制出一幅万亩梯田的美景。回望着巍巍青山百里长的旖旎风光，"青山梯田"这个名字闯入了阮礼超的脑海，就像命运注定一般，农民出身、一辈子奋斗想要摆脱命运束缚的阮礼超，事业的又一个起点竟又回归到了农田。

高山种水稻，这本就是一件不容易的事，更何况在长期没有水稻栽培基础的少数民族聚居区。让谁都没有想到的是，第一年节水抗旱稻的大面积推广就取得了巨大成功。'旱优3015'以及丰大生物的新示范品种'丰旱优6号''旱优761'等，在高山梯田上旺盛生长。为了确保米质，阮礼超从高山冷泉中取水，铺设了2.8千米的供水管道用于灌溉；长期雇佣当地居民，人工手动除草以杜绝除草剂的施用；用高品质复合肥和农家草木灰作为肥料，像呵护孩子一般呵护着节水抗旱稻的成长。付出的心血终究没有被辜负，虽然每亩投入达到了4000多元，但是亩产500千克优质生态稻谷的表现和'旱优3015'优秀的生育期优势，都让阮礼超觉得辛苦没有白费。

阮礼超知道，产出优质稻谷只不过是第一步，解决销售问题才是关键。多年从事旅游文化产业的经验，阮礼超深知做好品牌营销的重要性。他首先是以高价收购了产出的优质稻谷，让瑶族同胞得到了远超以往的高收益；然后委托朋友的大米加工企业进行多道工序的严格筛选，还邀请了知名设计师对大米的包装做了精心设计，创立了"隆滋源"大米品牌。产品问世后，阮礼超就通过其多年积攒的旅游文化产业渠道优势，以旅游产业带动生态大米的营销，很快"隆滋源"大米就成为当地著名的旅游品牌，第一年生产的大米也很快销售一空。

第一年的成功让阮礼超信心倍增。2023年初，为了更好地把控大米质量，他投入1000多万元，在当地建起了现代化程度最高、面积最大的优质米加工基地。谈起未来的规划，阮礼超信心百倍地说，要继续保持和丰大生物节水抗旱稻的深度合作，推广种植更多、更为优质的节水抗旱稻品种，为老乡们带来更多的收益，把"青山梯田"和"隆滋源"品牌呵护打造成湖南乃至全国著名的生态大米产品。

一次相遇铸就一个品牌，阮礼超事业发展的齿轮从相遇那一刻开始转动，节水抗旱稻的品牌优势也自那一刻开始深入人心。

十一、我的微信名叫节水抗旱稻

黎佳佳

"从我认识节水抗旱稻之后,我的微信名就改为'节水抗旱稻',去年注册的抖音直播间,名字也叫'节水抗旱稻',我对节水抗旱稻情有独钟,我和节水抗旱稻的故事,有酸甜也有苦辣,三天三夜也讲不完……"节水抗旱稻经销商张凤维如是说。

从他的讲述中,我们仿佛看到一幅横跨十几年的画卷徐徐展开,画中有他走在田间地头推广节水抗旱稻的脚印,有失败时他沮丧的样子,有经过他推荐和指导种植节水抗旱稻后农民获得丰收的笑脸,也有企业起死回生后工人们的开心与喜悦。画卷的纸张是努力,画卷的卷轴叫决心。

(一) 初试牛刀

蚌埠,地处淮河中下游,似镶嵌在安徽省中北部的一颗明珠,也称"珠城",城如其名,地势平坦,是安徽省主要的粮食产区之一。蚌埠属于南北气候的过渡带,淮河由西向东流经全境,亚热带季风穿过城市,给它带来了四季分明的气候。但是,近年来由于厄尔尼诺现象频发,所以蚌埠的降雨量也发生较大的不规则变化,丰水年与枯水年经常连续发生。雨量不仅在年际间,在季节间也分配不均匀,汛期水灾、旱期干旱频现,极大地影响了粮食生产的产量,给农民造成了很大困扰。

怀远县隶属于蚌埠市。张凤维,就在怀远开了一家怀远县盛农农资有限公司,主要经营农资和种子。2010 年,张凤维第一次接触到节水抗旱稻科研团队,听了罗利军老师介绍节水抗旱稻之后,他觉得这种水稻有点意思,节水抗旱应该是以后的一个发展方向,就先试着种种看吧。蚌埠有一个废旧的药厂,厂区内基本都是坡地、荒地。2011 年,拿到 35 千克节水抗旱稻种子的张凤维,请人在厂区里面种了 5 亩水稻,旁边种植某旱稻品种。种植当年就遇到了干旱,张凤维并未抱着能收获的希望。直到一天,种地的工人特地跑到他的农资店里说:"你这个品种特别好,比旁边种的品种好很多。"抱着将信将疑的态度,张凤维驱车来到了废弃药厂,映入眼帘的是两块长势差异特别显著的稻田。一块稻田秧苗只长了 30 厘米高,基本都旱死了;而另一块田里的节水抗旱稻,由于抗旱性强,秧苗长了将近1米高。后来他请了好多人去看,大家都非常感兴趣,纷纷称赞这个品种真好。初战告捷,极大地增强了张凤维的信心。

(二) 铩羽而归

2012年,为了快速推广节水抗旱稻,张凤维在淮河边的河滩地,种了80亩的节水抗旱稻。当年又是一个特别干旱的年份,但是因为有2011年的成功经验,即使遭遇了特别严重的干旱,这80亩田也没上水。一直到8月份,张凤维看到田里实在太干旱了,禾苗只有30厘米多高,无法生长了,而且由于没有配套喷除草剂,田里杂草也比较多。于是,他接了很长的管子,从淮河抽水灌溉,救活了20多亩地的水稻。但是最后的产量不尽如人意,而且稻谷籽粒也不饱满。

通过这件事,张凤维才知道,任何植物生长都需要水,节水抗旱稻并不是一点水都不需要。怀揣着这条宝贵经验,张凤维在2014年和2015年,慢慢地把节水抗旱稻推广开来。

谁曾想,本以为战无不胜的张凤维在推广的过程中,再次沙场折戟。

鲍集镇有一位种田大户,承包了100多亩地。之前主要种植玉米,2015年改种节水抗旱稻。张凤维对种田大户说:"节水抗旱稻关键时候还是要浇水,不上点水真不行啊。"种田大户则不以为然地回答道:"旱地没有水。"所以,在节水抗旱稻整个生长期内,他并没有灌水。后来这100多亩地不仅全部丰收了,而且产量还非常高。丰收不仅麻痹了这位种田大户,也让张凤维把之前总结得到的宝贵经验抛之脑后。2016年,种田大户将种植节水抗旱稻的面积由100多亩扩种到200多亩。其中,100多亩地在种植过程中灌了1次水,最终得以收获,但是没有灌水的田里,近六七十亩地却没有收成。即使这样,灌1次水就能丰收的节水抗旱稻还是引起了当地相关部门的重视,当地电视台也去进行了采访。当地农业主管部门则从中看到了节水抗旱稻的发展机遇:"这个稻子好,能种在旱地上。我们这是黄淮海地区,不是平原,如果都种节水抗旱稻,只要灌1次水就能丰收,不就厉害了嘛!"这次教训再次让张凤维清醒地认识到,节水抗旱稻在种植过程当中,并不是完全不需要水。节水抗旱稻可以种在旱地上,在长期干旱时,需要在关键的几个生长时期灌点水,才能获得丰收。

(三)柳暗花明

通过张凤维的大力宣传,结合怀远县广播电视台和怀远县农业局制作的节水抗旱稻纪录片,节水抗旱稻推广量节节攀升。2018年,张凤维召开了一次推介稻种的会议,这一场会议创下了怀远县的奇迹。仅仅一个怀远县,当天参加会议的人数就达1200多人。县种子管理站、县农机安全管理站、县农业技术推广中心和县广播电视台都给节水抗旱稻站台,推广节水抗旱稻。因为在鲍集镇推广的节水抗旱稻,种植过程中基本不需要上水,县广播电视台对此进行了系列报道。当时会议现场定下的种子量就超过了15万千克。最终,当年卖出了超过30万千克的节水抗旱稻种子。

邓家计是岭集镇的种田大户,连续两年种植玉米。由于玉米收购价格低,导致年年亏本。邓家计到县种子管理站参加培训班时,领导问道:"老邓,最近怎么样啊?""不行不行,年年亏本!"邓家计不停地摆手。"不行你就改种节水抗旱稻嘛,我看鲍集镇种节水抗旱稻都挺好的!旱地都能种。你试试呗!"站长说。最终,邓家计下定决心,在2017年种了300亩节水抗旱稻。这300亩田都紧靠淝河,当年风调雨顺,没有浇过1次水,最后平均亩产量500多千克。邓家计非常开心,要知道,当年玉米价格是1.40~1.60元/千克,而好一点的杂交稻稻谷能卖2.40~2.60元/千克。第二年,尝到了甜头的邓家计进一步扩大面积,种了3000亩地的节水抗旱稻,这次的田地都在坡地上。怀远县农业局领导和上海市农业生物基因中心的罗利军老师、龚丽英书记、余新桥老师都到现场进行了实地考察。2018年,邓家计在3000多亩坡地种植的节水抗旱稻获得了丰收。

邵恒丰是怀远县古城镇水海村人,2018年承包了水海村900多亩土地。之前也是种玉米,连年亏损。2018年开始种植节水抗旱稻,田里的禾苗长势很好,但是除草效果不佳,产量不尽如人意,每亩产量约500千克;2019年,邵恒丰又种了900亩地的节水抗旱稻,这一次,仅4个月,邵恒丰的900亩地净挣近100万。原来,这一年,邵恒丰严格按照张凤维的要求:1亩地播种2.5千克种子,除草剂打封闭1次,打虫1次,1亩地施40千克复合肥,浇1遍水。最后平均亩产量达到750千克,将稻谷以每千克2.46元的田头价格卖给了安徽庆丰米业有限公司,公司直接从田里把稻谷拉走了。邵恒丰一亩地收入1900元左右,而1亩地的土地承包费、种子、化肥、农药等成本投入不到800元,每亩地可以挣1100多元,900多亩地净挣近100万。从此以后,邵恒丰就成了节水抗旱稻的忠实粉丝。从2019年至今,他没有一年不种节水抗旱稻,每年都是种一季小麦,种一季节水抗旱稻。而且由于节水抗旱稻生长期短,让出了更多时间给小麦生长,小麦的产量也非常高。这种种植模式让邵恒丰赚得盆满钵满,每年至少都保证了100万元左右的收入。

张凤维与蚌埠市固镇县王庄安徽雨荷生态农业科技有限公司(简称:雨荷农业,下同)的老板在2015年相识。雨荷农业占地5000亩,有葡萄采摘园,有挖塘养鱼的垂钓中心,有采摘的梨园,有蔬菜采摘地,葡萄树下则养了鹅,种植了牡丹,投资超过上千万。由于管理不善以及市场因素,老板年年亏本。在张凤维的劝说和推荐下,雨荷农业的老板杨山元拿出50亩地种植节水抗旱稻。由于前期一直没有浇水,禾苗已经萎蔫了,到了8月高温季,张凤维发现地里的稻子都快干死了,于是再次叮嘱老杨,稻穗已经拔节孕穗了,要抓紧浇点水、施点肥,否则会影响产量。巧的是,当天晚上,下了一场中雨。两天后,当张凤维再次来到雨荷农业时,眼前的一幕让他感慨:"太神奇了!太漂亮了!前两天快干死的禾苗已经全部活过来了,地里看不到一片卷叶。如果是其他水稻品种,地里干旱到这种程度是不可能再活过来的!节水抗旱稻的复原抗旱性太强了!""来来来,老杨,你每亩再施7.5千克肥料。"于是,老杨给每亩田施了10千克肥料,靠着这一场中雨和肥料,最后的55天生长期里,节水抗旱稻疯狂生长,最终每亩平均产量达到了575千克,并且稻谷以每千克2.60元的价格卖给了当地米厂。老杨对节水抗旱稻的表现非常满意。

2016年,雨荷农业种植了160亩节水抗旱稻、340亩普通水稻。其间,节水抗旱稻就上了一遍水,每亩产量为600千克,而340亩普通水稻品种亩产量没有一个超过200千克。究其原因,这些品种前期禾苗没有节水抗旱稻长得壮,干旱时没扛过去。雨荷农业的老杨通过大力宣传,还把节水抗旱稻打造成固镇县的好大米,使之成为固镇县的一张新名片。好大米每千克零售价达到11.60元,成为农业展览会上的常客。

怀远县河溜镇淮矿生态农业有限公司有6000亩地,一季种植糯稻,一季种植小麦。糯稻亩产量250~300千克。由于土地面积大，控草不方便，地里杂草丛生。淮矿集团找到张凤维，想试种传说中的节水抗旱稻。第一年，试种了40亩，全程靠天收，不灌水种植，亩产量达到了500千克。从此以后，淮矿集团开始大面积种植节水抗旱稻，亩产量没有一年低于650千克的，企业因此获利。一天，张凤维到淮矿集团查看节水抗旱稻种植情况。一位淮北的老工人说，这个水稻品种救了我们企业，以前是地没人种，年年亏；现在是抢着种，地租都涨到了800块钱一亩了。

岳阳天图建筑工程有限公司在蒙城县立仓镇二郎村承包了小田改大田后的将近1万亩土地，田块高低不平，土质不匀，甚至有些地块无法种植粮食，公司因此打起了退堂鼓。张凤维则鼓励他们："你们放心种。"公司种植了9000亩地节水抗旱稻和1000多亩普通水稻品种。最后，节水抗旱稻的平均亩产量达到了600千克。对此，张凤维印象最深刻的是，节水抗旱稻仅在9月中旬稻子还没抽穗时上了1遍水。公司当年种植的1万亩地，由于没有地租成本，光9000亩节水抗旱稻就挣了1000多万。

(四) 策源起新

2020年，距离张凤维首次接触节水抗旱稻过去了整整十年。这十年里，张凤维从初识到信服再到全力支持，已然成为了节水抗旱稻的铁杆粉丝。他找到了当时推荐给他节水抗旱稻品种的余新桥老师，表达了想全心全意推广节水抗旱稻的决心。余老师表示，我们一定大力支持，一起把节水抗旱稻迅速推广。听了余老师的话，张凤维顿时信心倍增。2020年，他在合肥成立了安徽利华生物科技有限公司，专门从事节水抗旱稻的推广。同年，该公司报审节水抗旱稻品种'旱香优919'，2023年12月通过审定。随即，张凤维在抖音开设了抖音直播间，直播间的名字就叫"节水抗旱稻"。每天10:30,14:00各有一场直播，每场2个小时，专门介绍节水抗旱稻，由张凤维本人主讲。经过近一年的直播宣传，积累了一批粉丝。直播间从开始的没有人气、毫无流量，到现在每场直播流量都在2万~3万人，互动人数达100多人。别小瞧这组数据，这已经是农业类直播间的翘楚了，目前大多数农业直播间的互动人数都在一二十人左右。就在采访当天，张凤维查了后台数据，一场直播的销售额在4000元左右。他说，这不算什么，2023年4—6月，2个月时间，直播间销售额就达到了 90 多万元。

而在直播间，也发生了很多有意思的故事。

贵州惠水县有个叫伍叶叶的女士，2023 年买了 1 亩多地的节水抗旱稻种子试种。贵州的土地以坡地居多，而且面积小、地块分散，她刨坑撒种就开始种植。张凤维觉得这条件，想要丰收可能有点困难。伍叶叶说没关系，我就试试。乐观开朗的她，最后亩产达到 600 千克。她高兴地和姐妹们带上大音箱，一起在金灿灿的稻田里跳起了舞。今年，张凤维又给她寄去了几百千克种子，分给周围的邻居、朋友一起种节水抗旱稻。伍叶叶说，要把贵州这一片的坡地、小地块和不能种植水稻的地方，都种上节水抗旱稻！

广西平乐县的黄长弟女士，2024 年的 6 月 18 号开始种植节水抗旱稻。她另辟蹊径，把节水抗旱稻种在了橘子树下的间距里，但收获时收成不是太好。她总结经验说，节水抗旱稻的抗旱性非常好，但是今年种植的季节不对；广西的季节，分为旱季和雨季，她今年是旱季开始种植，由于高温雨量少，所以今年收成并不理想；明年她准备在 3 月的雨季种，7—8 月份成熟，雨季降雨量大，肯定能成功。

河北省易县的老王，紧靠首都北京，2024 年也种了 2 亩节水抗旱稻。他在 6 月 15 号播种，成熟时平均亩产量达 500 千克。老王对张凤维说，明年我家里的 30 亩地全部改种节水抗旱稻，而且我准备提前到 5 月底播种，估计产量还会增加。

河南南阳市的老刘，主要种植几亩地的玉米，玉米夹着的一长溜土地种植节水抗旱稻。由于当地买不到除草剂，因此种植效果不太理想。张凤维闻讯给他寄了点除草剂，把野草除得非常干净。今年这么高的温度，老刘的地里没上过 1 次水，节水抗旱稻成熟时平均亩产量达到 550 千克。周边几个村里的人都开车去看，围着老刘问，在哪里买到这么好的种子呀？村民们对老刘如此种稻都啧啧称奇。

直播间这几个故事，反映了节水抗旱稻的广适性，基本无人说不好。偶尔有几个种不好的，张凤维也对此总结了原因，这是由于一些农户把节水抗旱稻当成传统水稻种植，长期大水大肥漫灌，造成节水抗旱稻易倒伏而减产。所以，张凤维每天都在直播间大力宣传节水抗旱稻种植、管理、除草的方案和模式，通过宣传，他收获了一批节水抗旱稻粉丝，也得到了大家的认可。目前，节水抗旱稻在四川、广东、广西、海南、浙江、江苏等地试种都很成功。

接下来,张凤维更感兴趣的地区是贵州和四川,因为那里普遍地块较小,且贵州年降雨量在1100毫米左右,基本能满足节水抗旱稻的生长需求。

画笔已落,画卷关阖。张凤维的故事却让人心情激荡,久久不能平静。这是怎样的热爱和信任,才能十几年如一日地把节水抗旱稻送到千家万户的土地里,才能对每个人、每件事、每个数据如数家珍,才能紧跟时代潮流开辟出更大的电商新战场。希望未来,张凤维和节水抗旱稻的友谊能长久深远,再次绘出新的辉煌!

十二、我和爷爷的约定——与节水抗旱稻结缘

张珍

北方面南方米,对于我这个出生于西北的女汉子来说,水稻这个词既陌生又熟悉。陌生的是我们那个地方十年九旱,种植的都是玉米、高粱等旱地作物;熟悉的是经常听说民以食为天,食以米为先。长江以南地区的人们都是以大米为主食,而我们北方地区都是以面为主食。

小时候每当春天爷爷耕种玉米的时候,我就好奇地问爷爷:"我们玉米是种植在旱地里的,水稻真的是一直浸在水田里吗?长期淹水真的能长出稻谷来吗?"爷爷抽着旱烟,笑眯眯地对我讲:"等你长大读书了就知道答案喽。"

2002年夏天的一个午后,我拿着山西农业大学录取通知书,敲着爷爷的房门说:"爷爷,爷爷,考上了,我考上了山西农业大学。"睡午觉的爷爷奶奶被我吵醒了,奶奶开心地说道:"小妮子有出息了。"爷爷习惯性地拿起旱烟袋,猛地抽了一口旱烟,笑呵呵地说道:"这大学好,听名字就知道是咱山西娃念书的好学堂。"

百年农大,扎根沃土。在农大的亭兰图书馆、嘉桂科学院、实验大楼等,我和同学们不断求索农业专业知识,与绿树间相映,与飞鸟成趣,于书声琅琅中把论文写在田间地头,把科技播撒在三晋大地。

一颗理想的种子可以上天,会创造奇迹;一颗理想的种子生根发芽,会迎来丰收;一颗理想的种子种在心里,会实现梦想。在一次学校的讲座中,主讲老师就是罗利军教授。

罗老师主要讲述了他的初心是要改变传统的水稻淹水种植栽培方式,实现旱

地里也能种水稻，穿上皮鞋去种稻的设想。听完罗老师的讲座后，我一路小跑着奔回寝室，立马给爷爷打电话，和爷爷说道："今天我们学校来了位华中农业大学的罗利军教授，他现在正在研究旱地里种水稻，我要考华中农业大学的研究生，到罗老师那里研究旱地里种水稻，以后你也可以穿上皮鞋在我们自己的田地里种水稻了。"

2006年的夏天，我拿着华中农业大学的研究生录取通知书兴奋地向爷爷喊道："我要去南方了，那里种水稻，我要亲眼看下水稻真的是一直浸在水里的吗？旱地里真的能种水稻吗？"爷爷习惯性地抽着旱烟，大声地笑着说："好啊，草窝里飞出了金凤凰，我们农民家出了个大状元，等你研究生毕业，咱们自家的玉米地也种你研究的旱地稻。"

明月别枝惊鹊，清风半夜鸣蝉；稻花香里说丰年，听取蛙声一片。我们在青浦白鹤、奉贤庄行的基地里，在罗老师的带领下，我对水稻的研究有了人生中无数的第一次；第一次接触水田，第一次插秧，第一次赤脚下水田、第一次做水稻杂交试验、第一次做干旱试验，在抗旱大棚里种植水稻，筛选哪个品种更耐旱，比我们老家那个田还要干和旱，简直是水旱两重天，一会儿水试验，一会儿旱试验。那个时候，我经常在寝室一边和爷爷打电话，一边哭着说："南方的水稻真的是长在水里的，但水田泥泞，还有蚂蟥，赤脚下田我都不会在水田里行走了。"我怀念家里的高粱地，即便穿着布鞋都可以去地里。而有时候又在高温天的大棚旱地里种水稻，热得我人都要晕过去了。我能感觉到电话那头的爷爷又抽了口旱烟，慢慢地安慰我道："娃，咱庄稼人有一句话：勤学勤做天不误，不做岂有谷堆仓。"

慢慢地我开始适应了水田，也适应了大棚的高温。研究生生涯中印象最深刻的就是在奉贤庄行基地做育种选育工作，水稻和旱稻杂交选育出一种新型水稻品种。这种新型水稻品种就是节水抗旱稻。在选育中，首先要学会剪颖。剪颖有严格要求，不仅每个稻穗要剪，而且每个颖壳都要剪一个小口子，但又不能把柱头剪掉。我们一届学生好多人都在剪，大家还进行比赛。每当这时，田里总是充满着我们的欢声笑语；傍晚，我们也是唱着歌，踏着夕阳回去。水稻育种的工作量很大，时间又紧，但是我们也会苦中作乐。记得隔一段时间，基地负责的老师会带我们到镇上去吃美食，那时候，能美美地吃一顿是很开心很满足的事，所有的辛苦都会被抛于九霄云外。

那时候我们专注于把剪颖工作做好,大家集中半个月时间就做这个工作,从开始的新手到后来大家都成为剪颖高手,并得到了基地育种老师的肯定。尤其是余新桥老师,他不仅诙谐幽默,经常在枯燥的剪颖工作中给我们带来乐趣,最重要的是还给我们提供充足的后勤保障。那时候我们经常调侃道,周末傍晚的时候看到余老师,我们就能打牙祭了。余老师跟我们研究生打成一片,现在回想起来还是乐趣满满,幸福之情,溢于言表。

不事农耕不知苦,丰年只道是寻常;闲来莫问秋颜色,且看满陂香穗黄。转眼间,三年的研究生生活结束了,毕业那年,我电话里告诉爷爷要留在上海浦东新区农业技术推广中心工作,我要在浦东继续推广罗老师选育的节水抗旱稻,让节水抗旱稻走进千家万户。爷爷听完后在电话那头沉默了一会儿,慢慢地叹了口气说道:"你这娃儿,小时候吃饭筷子就拿得长,奶奶那时就说你这个闺女今后嫁得远。"之后爷爷沉默了好一会儿才叮嘱道:"过年早点回家,让奶奶蒸花馍吃,小时候你最爱吃馍馍尖。"

工作后,我第一个月的薪水就给爷爷买了一部手机,爷爷知道后在电话里埋怨道:"小孩子就大手大脚,有钱就乱花,大城市到处用钱,要省着点花。俺们庄稼人常说晴天防雨天,好年防荒年。"我告诉爷爷:"现在国家政策好,种地有补贴,全程机械化,农民增收效益好,大力发展乡村振兴,我们农民的福利一天比一天好。"爷爷听后乐呵呵地说道:"你是我们家的状元,有文化,爷爷说不过你啦。但还有一件事,昨晚你奶还念叨着问,这娃现在一个人在上海也不知道咋样,不知道啥时候找男朋友,我们还等着抱重孙呢。"

纸上得来终觉浅、绝知此事要躬行。日常工作中发现农业推广之路其实非常困难,大多数当地的农民有自己习惯的种植经验,一开始对我们的新品种不怎么接受,表面上说愿意尝试,但是实际上依旧我行我素。每每在工作中遇到困难,我就会在电话里哭着鼻子向爷爷诉苦。爷爷总会抽着旱烟习惯性地说道:"娃你要知道,庄稼人是最本分的,你要跟他们走到一起,而不是你以为自己是状元,对他们就指手画脚,这样他们就会听你的。一旦认你了,心里就有你了,他们就相信你,就会跟着你干。"单位领导也经常嘱咐我,要入乡随俗,深入基层一线,好多事情不是靠嘴巴说的,要靠实际行动走入农民,跟农民交朋友,想农民所想,切实解决农民的实际困难才便于开展工作。

正如爷爷说的那样,庄稼人是最本分的,他们最能感受到我们工作中是真心付出还是敷衍了事。在七月烈日骄阳下,我们记录的不单单是田间苗情(图 6-12),更是身体力行地告诉在田间一线劳作的农民们:农业无小事,事事记录,事事完善。每次下乡,我都认真记录好他们的每一个问题,及时跟踪反馈。最后发现罗老师选育的节水抗旱稻是解决当地水稻生产面临问题的很好选择,熟期短,耐高温,米质也好。

图 6-12·小张在上海浦东新区的节水抗旱稻试验田

记得我们在节水抗旱稻推广初期,当地的农民开玩笑地说:水稻,水稻,没有水怎么会有稻子呢?再说上海又不缺水,不需要节水抗旱稻。我告诉他们,节水抗旱稻相比于普通水稻节水50%,灌浆期只需要两次灌溉,可节省化肥30%,减少甲烷排放90%,耐高温,好吃好种又好管理,还不减产。为了证明我所言非虚,我在浦东新区试种了节水抗旱稻。农民李德龙非要和我打赌,他说:"张老师,节水抗旱稻真的像你说得这么好,我请全村人吃饭。"村民们也跟着起哄(图 6-13)。我知道,他们都持怀疑态度,不看好节水抗旱稻。每次我们在田间管理稻子的时候,总能听

图 6-13 · 上海浦东新区李德龙的水稻田

图 6-14 · '沪旱16'扬花期

到有人说,老李头跟张老师在打赌呢,看谁的稻子长得好？随着时间的推移,水稻扬花结穗(图 6-14),又开始听到村民们的议论:"张老师种的稻子确实跟我们不一样,田里都看不到水,肥料农药都用得少,稻子长得也蛮好。这节水抗旱稻,真挺好。"

很快,我们在浦东新区试验种植的节水抗旱稻试验结果出来了。经历 100 多天的生育期,8 月中旬,节水抗旱稻成熟了,田间金黄一片,阵阵稻花香沁人心脾(图 6-15)。而老李头他们种植的传统水稻还是绿油油的一片,打赌的老李头咧着嘴笑着说:"张老师,你们种植的节水抗旱稻还真不错,不服不行,这么早就成熟上市了,产量还不低,米的口感也不错,最主要农药、化肥都用得少了,可以省出我一年的烟酒钱了。明年我也想种节水抗旱稻,希望张老师多来田间指导啊!"好事的村民起哄道:"老李头,大伙还等你请吃饭呢……!"

图 6-15 · '沪旱 16'成熟期

过年回家的时候,在饭桌上跟爷爷讲了老李头和我打赌的故事,全家人听了都哈哈大笑,爷爷端着酒杯也开心地抿了一口酒,说道:"娃出息了,今儿爷爷也请你吃饭。"

时光荏苒,匆匆数年,我也从刚刚入职的研究生成为如今一个奔波于田间的农技人员;在农民口中,我也从一开始的张老师变成了小张老师,又变成了现在的小张妹妹。我和农民的心理距离,也从一开始的警惕、防备的陌生心理,到现在的熟悉和认可。每次下乡,我老远就能听到:"小张妹妹侬来啦!有什么新的节水抗旱稻品种吗?"许多农民对我说:"我们现在也赶时髦了,空闲下来也会看手机、刷短视频了,小张妹妹,侬有知识,侬也可以做短视频宣传侬的节水抗旱稻,通过网络会传播得更远。"

说干就干,回家和家里人一商量,全家人都赞成。在我这么多年的感染下,家里人都愿意为节水抗旱稻的推广贡献力量。最后分配了任务,全家人一起写脚本,老公负责拍摄、剪辑;儿子女儿为我纠正普通话发音,帮我对台词。很快,第一期"小张说农事"就在视频号发布。虽然制作得一般,但是得到了大家的肯定,都说:"好!做得不错,等着你不断更新哦。"

农业推广也要顺应时代潮流,节水抗旱稻的推广任重而道远,我始终记得爷爷当年跟我说的那句话:"勤学勤做天不误,不做岂有谷堆仓。"这是我和爷爷之间的约定。

5月种8月熟,9月上桌香满屋。经过多年的宣传推广,节水抗旱稻走进浦东,在浦东落地生花。浦东作为国家现代农业先行区,需要大力发展茬口经济,"创新稻+"模式不断延伸稻界新业态。

作为一名农业技术推广人,我们更有责任和义务将绿色技术应用融入水稻耕、种、收等全过程中,助力推广更多的优质节水抗旱稻品种,助力都市农业高质量发展、助力都市乡村全面振兴,节水抗旱稻之路还很长很远。

中国的饭碗要牢牢端在自己手中,守住我们的根和魂,要一代一代地传承。夫妻一心,其利断金。为了支持"小张说农事"视频号,老公从原来单位的策划岗位退出来,专心辅助我的视频号宣传工作,由于所学专业不一样,很多节水抗旱稻的专业知识他一点都不懂,为了打破这个壁垒,他专门去示范种植节水抗旱稻的合作社应聘工作,从田头做起,了解节水抗旱稻专业知识的同时,做起合作社的宣传和推广工作。在老公的帮助下,通过自媒体传播,"小张说农事"发布的内容不仅更具科普性、幽默性、接地气,而且通俗易懂,让大家一看就懂。

一路向北,闻稻香,看彩虹,精于农而又不止于农。这是一方广阔绚烂的天地,更是一片驰骋纵横的原野,时代在诸多学科的相互碰撞下,描绘着前沿科学的模样。一次次自我突破的机遇,不断给予解决现实问题的能力,激发赋予自由创作的想象,一个个无限精彩的舞台,梦想从这里启航,出发追梦不止。舞动青春的澎湃,谨记行而不辍的教诲,越过高山大川,抵达梦想之巅。践行我和爷爷的约定,我们准备一家人在北方的旱地上种我们的节水抗旱稻。

十三、遇稻

王亚楠

作为一个在河南长大的姑娘，说起粮食，我所联想到的自然是秋高气爽下"布谷声中小麦黄，老家收割倍匆忙"的丰裕之景。对于水稻，我此前的认知则还停留在桌上的米饭，以及书本、网络上所展现的资料与知识，却未曾有机会真正了解过水稻，而给我机会在以往浮于表面的认知之上，真正深入了解、学习、研究水稻的，是一个关于我和节水抗旱稻的故事。

(一) 遇稻缘分

当研究生复试结束时，我们这一届的学生们都开始陆陆续续选择自己的导师和研究方向。对于这样的选择，我深知其重要性，却也因此犹豫踟蹰，不知如何选择导师和自己感兴趣的研究方向。直到有一天浏览微信公众号的时候，一段关于节水抗旱稻的解说吸引了我，我第一次听到节水抗旱稻的名字，知道在遥远的上海，为了推进节水农业和可持续发展的需要，也为了应对中国广阔土地上各种各样的挑战与难题，罗利军老师育成并持续改进的节水抗旱稻，如今已经在全国各地都取得了丰硕的成果。而其中尤其令我印象深刻的，便是节水抗旱稻可以旱直播、旱管、旱栽培的特性。这一点与我所认识的，往日印象中只能种在水田里的水稻相去甚远，反倒是有些像我家乡的小麦。即使当时的我对此了解不多，但我依然认识到，这是水稻育种上成绩斐然的成果与突破，也一下激起了我对节水抗旱稻的兴趣，"我也有机会接触节水抗旱稻吗？"开始成为了我心里一种隐隐的期待。后来在学校官网公布的导师名单里，我看到罗利军老师的名字，那一刻，我如同海上迷航的小船，看到了泛着光的灯塔。我紧张而又激动地打开电脑，将改了一遍又一遍的简历，核对了一遍又一遍的邮箱地址发给了罗老师，期待着罗老师的回复，期待着见到那个在我脑海里构建无数次节水抗旱稻的模样。罗老师打电话了解完我的基本情况同意录取我后，令我欣喜而激动，内心仿佛被波澜壮阔的大海包围，让我想要乘风破浪，勇往直前去看看节水抗旱稻的样子。遇"稻"的缘分，没有早一步，也没有晚一步,刚好恰到好处,解开了我的迷茫,让我有幸成为罗老师的学生,也开启了我与稻的故事。

(二) 遇稻故事

1. 我见证稻的故事　记得初见节水抗旱稻是在刚插好秧的稻田里,秧苗已整整齐齐地排列着,轻风拂过,它绿油油的长发随风舞动,仿佛是欢迎我的到来。这一刻,它的样子从脑海中的想象变成了灵动的现实,展示着其独有的生机和活力,让我更加坚定我的选择是正确的。刚开始接触它的时候,我经常到田间去看它,帮它梳理长发,学着去辨别那个常常模仿它的家伙——稗草并将其去除。悄悄告诉你水稻与稗草的区别呦:首先,从叶片上看,水稻的叶片和叶脉为绿色,稗草的叶片颜色为深绿,叶脉则是白色的且形状细长;其次是叶舌和叶耳,水稻的叶舌呈披针状,叶舌两旁还有2枚镰刀状的叶耳,稗草则没有叶舌和叶耳。随着我与它打交道的时间逐渐增加,我对其了解也与日俱增。我发现它们适合在高温和短日照的气候环境中生长,它株型直立,各部位呈现出一种匀称的生长状态,它叶片成长条状,叶脉清晰,展现它积极向上的挺拔姿态。节水抗旱稻的生长也伴随着我不断学习和积累,渐渐地我了解它的一生:幼苗期、分蘖期、拔节孕穗期和结实期,在与它相处的时间里,它教会我不同阶段需要观察和学习的各种知识,我也努力结合自己所学的实践操作,守护好它的一生。它沐浴着阳光雨露茁壮成长,我们根据它的生长状况进行科学施肥,让其更好地从营养生长转化进入生殖生长;它抽穗开花,我们观察它开花特性并进行杂交选育,期许它在未来更加强韧优异;它易受病害,我们帮它接种白叶枯病和稻瘟病病菌,对其病情进行鉴定分析,并进行针对性地改良,提高它的抗病能力,让它更好地去完成所肩负的使命;它孕育粒粒生命,我们小心呵护,让它更好地延续生命。直到秋风裹着稻香,吹向四野,它无声地向万物诉说,我们参与过它的四季迭代,金灿灿的稻谷也见证了我们的辛勤和汗水。

2. 老师讲稻的故事　初识节水抗旱稻,我们好奇于节水抗旱稻不仅要满足水稻的高产优质,而且还要满足传统旱稻的节水抗旱特征。那它是如何选育出来的呢?老师告诉我们首先要有选育策略:一是要充分利用好最新的水稻育种成果,二是适当地引进旱稻的遗传基础,三是应用科学的抗旱性评价方法,四是采用有效的选择技术。有了选育策略，选育方法是付诸实践的关键，水稻具有高产、优质等性状，但是它的节水和抗旱性差，而传统旱稻具有节水、抗旱和易种的特点，但是它的不足之处是产量较低，二者的优缺点刚好可以互补。因此，我们就用水稻优良品种与传统的旱稻进行杂交选育，从分离世代中选出具有高产、优质、节水、抗旱、易种性状的植株，再进行综合评价分析，得到了节水抗旱稻，后续继续改良筛选。我们选育的节水抗旱稻是新型栽培稻品种，可采用"旱直播旱管"的绿色栽培模式，既可以在水田不淹水栽培，又可在旱地或山坡地种植，极大拓展了水稻的种植空间，生产过程中不仅可节约大量灌溉用水、减少面源污染和甲烷排放，而且还可降低劳动成本。

它经历一次次筛选，一次次沉淀，一代代的接力，凝聚希望，去完成属于自己的使命。老师在田间传道授业解惑，以熹微灯光，点燃滚烫星河，将他与稻的故事讲给我们听，我们作为生命的开拓者和见证者，要将稻的故事写好、记好、讲好，用脚步丈量，用实干传承。

3. 听农户讲稻的故事 节水抗旱稻保护环境，节约水资源，致力于我国农业、农村、农民的发展，增添着我们端牢中国饭碗的信心和底气。所有成果都要经得住市场和百姓的检验。种植节水抗旱稻好不好，是千千万万百姓说了算，百姓说好才是真的好。节水抗旱稻所取得的一切成果都属于中国广大的劳动人民，都从属于为人民服务的理念。

工作中，我们深入农户稻田，用专业技术指导农户种植管理，争取以最少的投入获取最大的收益。农户反映节水抗旱稻在栽培过程中草害问题突出，我们回到实验室就探讨解决方案，制定改良计划，针对其除草剂的抗性进行改良和鉴定，推出洁田稻。洁田稻是一种具备抗除草剂优势性状的水稻，在实际生产运用中，可以按比例配用指定除草剂，可采取机械化直播，一次性除尽杂草，在产量不减的前提下，让农户能省时省力地完成田间劳作。也许在未来还会有各种各样的问题等待着我们去解决，这是我们与节水抗旱稻共同的旅程，我们躬耕田畴，脚踏实地，蓄积向上"拔节"的力量，努力进步让中国农业新时代惠及每一位劳动人民，让追逐稻的光芒照耀在祖国的大地上。我们在不同地区种植户走访调研，观察节水抗旱稻在不同地区的表现并询问农户在种植中所遇到的问题，农户拉着我们的手说，他们最初种植节水抗旱稻是怀着试一试的心态,后来在种植过程中发现节水抗旱稻与其他水稻品种相比,表现出很强的抗旱性,特别是在干旱缺水的地方,庄稼地里的水稻更是因为缺水而无法正常生长影响收入,而节水抗旱稻凭借其抗旱性能,在干旱条件下依然能保持较高的产量,为他们带来了可喜的收入。也有一些地区的种植户反馈,节水抗旱稻还可以采用"麦套稻"模式进行种植,即在小麦还没有收割时,直接把稻种撒到麦田里,这样可以省去传统的翻耕整地、育秧、拔秧、运秧、插秧等繁杂的工序,简化了栽培程序,大大地降低了劳动强度。与此同时,利用小麦秸秆还田覆盖在种子表层,使种子和土壤不被阳光暴晒,从而起到保湿、保墒作用,有利于水稻齐苗,还能培肥地力、改良土壤,有利于可持续农业的发展。许多农户欣喜的表示,节水抗旱稻不仅响应国家建设美丽乡村的号召,而且给他们带来了实实在在的收益,每年都将节水抗旱稻作为种植作物的首选。从种植农户那一双双真挚而又饱含希望的眼神中,我们感受到了无形的力量在激励着我们,这是我们与种子的约定,也是我们未来付诸努力的方向和意义。

遇稻的故事,让我们感受到了节水抗旱稻已经在祖国的大地上生根发芽,并得到了广大农户和市场的认可。水稻"蓝色革命"的号角已吹响,罗利军老师提出节水抗旱稻"1522"发展目标,即新增节水抗旱稻种植面积 1 亿亩,增产稻谷 500 亿千克,减少 200 亿吨水稻生产用水,减排温室气体 200 亿千克二氧化碳当量(CO_2e)。有了目标的指引,未来我们将不忘初心,俯首田畴,扎根土壤,积蓄力量,培育更多优良的节水抗旱稻品种,惠及更多的百姓,为建设农业强国贡献自己的一份力量。

(三) 遇稻感悟

遇稻,有幸见到挂满朝露和夕阳下透着余晖的稻田,听到稻穗随风舞动弹奏的乐曲,闻到十里西畴熟稻香,感受到一粒种子所赋予的使命。我愿做稻田的守望者,守望一片片稻田,守望一粒粒生命。遇稻,也让我收获了一些人生感悟,我们每个人都是一粒种子,向阳而生,努力绽放,要做就做一粒好种子。

我与稻的故事,还在书写中,只要用心,我相信这故事将会延续下去。

十四、小王读研记

王慧秀

(一) 我的考研经历

为响应国家建设种业强国的号召,我在2022年加入了考研大军。起初,华中农业大学并不是我的第一选择,那时候在导师的推荐下首先选择的是其他农业大学。但是在备考期间,各种视频软件经常给我推送关于华中农业大学的研究成果,其中最令我心动的是一种叫作"板蓝根青菜"的全新蔬菜,该成果来自华中农业大学的葛贤宏老师团队。于是,在和我的导师沟通之后,我决定转战华中农业大学植科院的农艺与种业专业。功夫不负有心人,在经历了长达5个月的备考之后,我收到了华中农业大学的复试通知,一个人踏上了去武汉的列车,满怀期待地来到了这座英雄的城市。

复试结束之后,我迎来了选择导师的问题,本来心仪的葛贤宏老师已经招满了学生。在重新选择导师的时候,我恰巧看到了上海市农业生物基因中心,上网搜索了一下发现该中心位于上海,专门从事节水抗旱稻相关研究,于是我就投了简历,并且得到了确定的回复。就是这样的阴差阳错,让我得到了宝贵的学习机会,开启了我的节水抗旱稻研究之路。这时的我,还没有对自己将要走的路、做的事有一个很好的认知,也不会想到自己将会从事一个多么有意义的事业。

(二) 初见节水抗旱稻——山东临沂调研记

在开始研究生生活之前,通过一段调研经历来认识节水抗旱稻无疑是一种很好的选择,但令我没想到的是,调研地点竟然在山东临沂,在山东居然也会种水稻?我和我的一位同门来到了山东省临沂市施可丰智能农业装备有限公司(简称:施可丰,下同)。在这里,我第一次见到了水稻,这种养活了成千上万中国人的农作物。

施可丰总经理孙运生带我们一起去看了上海市农业生物基因中心的'旱优3015''旱优73'等优秀的节水抗旱稻品种。我和我的同门赤着脚走进稻田里,秧苗刚刚播种半个多月,正在旺盛地生长着。第一次见到这种作物感觉和我们家种的麦子很像:刚开始绿油油地苗壮生长着,然后长出穗子,待到穗子成熟,整片田野将是一片金黄。孙运生经理带我们参观了公司的研发车间,他们自主研发的旱稻覆膜直播一体机,让我们大开眼界。旱稻机械覆膜旱直播技术,是指在具备一定水源条件的地块中,使用专用配套机械,采用旱直播方式,在起垄覆膜免打孔条件下,种植水稻的一种模式。当水稻可以在旱地种植,当机械代替劳力,当地膜不再需要回收,那么水稻种植的效率会大大提高。在孙运生经理的带领下,我们对施可丰有了一个初步的认知,也对节水抗旱稻这种作物有了一个深刻的了解。

接着,我们在孙经理的带领下,一起走访了临沂市种植节水抗旱稻的地域,对当地节水抗旱稻种植情况进行了调研。在这次调研中,我们走遍了临沂市 4 个县、9 个村庄,翻越了红色沂蒙山,看到了节水抗旱稻在这片热土上茁壮成长。在沂水县崔家峪镇磨峪村调研时,有一片种在民宿旁边的稻田,这片稻田的上面是红棕色岩石,下雨冲刷之后有许多的砂砾流入田中,土质为红棕色砂壤土。在这样的土地上种植的时候,虽然大块的土粒经过翻耕,但仍然结块不松软,所以种植前铺上膜之后,用小推车压了好几遍,才把土层压实,土壤的水土保持情况也非常差。但即便在这样的条件下,节水抗旱稻依然生长得很好,让我看到了它顽强的生命力。还有一个印象比较深刻的地方是在沂水县夏蔚镇曹峪村,这是一片地势非常不平整的土地。我们通过和农户的交流得知,这块田之前被叫做"死田",种啥啥不活,年年没有收成。后来,在乡镇政府和施可丰的帮助下改成了节水抗旱稻示范田,没想到节水抗旱稻能长得这么好。听到老百姓对节水抗旱稻有这么高的认可,虽然我还没有开始投入到节水抗旱稻的研究中,但是一想到自己即将成为研究团队的一员,自豪感油然而生。

■ (三) 我在魔都种水稻

在结束了调研之后,由于课题组需要我在入学之前提前来到上海,在基因中心的金山基地开展相关课题的预实验。第一次来上海的我对这座城市充满了期待,对即将开始的课题也满怀憧憬。我见识了上海在农业领域的高科技:一种高通量表型监测系统,这是一种可以给水稻做 CT 的仪器,它可以在短时间内检测上千份材料的性状。这是一套专为田间或者温室内各种不同尺度的作物表型性状提取而定制的检测系统，上面携带有 RGB 相机、高光谱相机、红外相机、激光雷达相机等，用于采集植物材料的性状，可有效代替人工，也可以更好、更准确地采集材料性状，从而大大提高工作效率和精准度。我也被表型大棚里的各种仪器和设施所震撼，各种温控大棚设施和灌溉设备都让我大开眼界。

（四）节水抗旱稻大本营——上海市农业生物基因中心

2024 年 2 月份，我怀着激动的心情再次踏上上海这片土地，来到了节水抗旱稻的大本营——上海市农业生物基因中心。在基因中心为我们举行的新生见面会上，罗老师对我们的到来表示了欢迎，对我们未来三年的学习表达了深切的期望，对我们的科研生活进行了指导。陈大虎老师带我们参观了中心的科普展厅，为我们介绍了中心的各种设施。来到这里，我学到了很多的新的知识，也得到了很多的鼓励，由于老师和同学们的信任，非常荣幸让我担任学生代表，成为连接老师和同学的纽带。

（五）海南岛——人生新体验

刚对基因中心进行了简单的了解，紧接着便迎来了海南的水稻生长季。我跟随师姐来到了基因中心的南繁基地——海南陵水。对于第一次来到海南岛的我，对这里的南繁工作充满了好奇。我印象中的海南，不仅是一个美丽的度假区，而且作为祖国最南方的省份，在我国农作物育种事业中还承担着非常重要的使命，是中国的南繁硅谷，作物种子繁育的"大本营"。每年的二三月份都有大量的科研人员带着自己的科研任务来到这个地方，利用当地丰富的光温资源开展农作物加代育种研究。

今年，我来到海南的任务是利用无人机携带各种相机（RGB 相机、多光谱相机等）进行无人机图像采集工作。我们扛着十几千克重的无人机在中午最炎热的时候进行无人机田间采集工作。最开始的时候，炎热的天气和强烈的紫外线让我一度无法忍受，由于没做好防晒保护，让我黑了好几个度。但是在适应过后，我更加理解了育种工作的艰辛。我非常珍惜这次海南出差的机会，让我扎根在泥土里，疯狂地吸取养分,不断地丰富自己的知识领域。在不进行无人机作业的时候,我积极地帮助其他师兄,协助他们完成水稻授粉工作,也让我自己学习到了更多的知识。

这次海南之旅令我感触颇多,我们感受了繁忙的南繁工作,感受到了海南的风土人情,吃到了最正宗的热带水果和美味的海鲜,看到了画中的椰树沙滩,更收获了满满的知识,丰富了我的人生体验。

(六)初涉科普

作为农村长大的小孩,一开始我觉得农业科普没有太大必要,因为我从小就在田野里奔跑,吹着带有青草味的风,看着麦田从绿油油变成金黄一片。因为从小看惯了这些,所以觉得这些事应该每个人、每个小孩都知道。其实,事实却并非如此。很多城市中的小孩不知道大米收获于土地,从生长到发育要经历那么漫长的过程;也不知道水稻杂交是如何做的,更不知道保护水稻种质资源的意义。但这些知识又那么重要,需要通过我们专业人员让每个小朋友从小在心里种下热爱农业的种子,让他们知道我们如今取得的成果经历了多么漫长的过程。

在龚丽英书记和黎佳佳老师的鼓励下,我加入了基因中心的科普行列。在科学之夜活动中,我为小朋友们展示了水稻的杂交过程,也带领大家在显微镜下观察到了水稻的花粉。我发现,其实小朋友们对这些都很感兴趣,他们在稻田里面体验收割、脱粒的过程;在大棚里面感受科技的力量;坐在板凳上拿起小剪刀,一点点地剪颖;拿起父本上的花粉,轻轻地撒到母本上去。一个个小朋友们虽然说着"太热啦",但脚步却一点没有停留,继续向前走,感受田野的魅力。作为科普讲解员的我,在此刻终于明白了科普的重要性。

随后,我参加了嘉源海美术馆的科普活动。为进一步提升水稻种质资源科普展示水平,加强水稻种质资源利用与普及工作,传播科学思想,弘扬科学精神,基因中心与嘉源海美术馆合作,将科学与艺术完美融合,共同推出"稻种资源"系列科普讲座,这也是基因中心对农业科研与艺术交流融合的全新探索。我也非常荣幸可以作为一名讲解员,讲述水稻的起源与进化、播种和丰收。也带领小朋友们一起做了科普小实验——DNA 的提取,带小朋友们了解我们的遗传物质携带者——DNA。

在为孩子们讲解科普知识的同时,我自己的知识面也获得了提升。接下来,我将继续投身到科普工作中,让更多的人了解节水抗旱稻的厉害之处。

此刻的笔停留在了2024年的末尾,但我和节水抗旱稻的故事还在继续⋯⋯

十五、'旱优73'到东非

舒小丽

" 'WDR-73' is the deal now, Madam Cheery." Caleb 如是说。

目前正是稻种的销售季,布隆迪公司的经理 Caleb 每天晚上都会发信息向我汇报当日的销售情况,这段时间'WDR-73'品种的销售占大头。"WDR"是节水抗旱稻的英文缩写,目前非洲农民几乎记不住这个名称,一些官员朋友在大会上描述这个品种时常说成"DWR"或者"WRD",好朋友 Dr. Jimmy Lamo 也跟我说不然改个名字,比如"Chiuga"之类的。我懒得纠正,也懒得改名,早晚这个名字会刻在非洲稻农的基因里,与生俱来。

2013年,彼时的我还在国内一家种子公司做国际贸易,那时候的非洲对于我来说遥不可及、神秘又向往,我常思忖着要如何才能同非洲的国家建立起链接,如何才能开拓一方净土让我轻松地卖个种子,因当时的中南亚种子市场,我们几乎就是血淋淋地进去,再支离破碎地出来。机会很快来了。

"联合国粮食及农业组织(FAO)-中国-乌干达南南合作一期项目"领导联系上我:"妹儿呀,乌干达这里需要陆稻(Upland rice),你们有没有资源?""有!怎么会没有?!"我一边飞速回应一边想陆稻要在哪里找。于是,我开始百度。嘿!还真找到一些信息。

我怀着有枣没枣打一杆子再说的心理,"热情洋溢"地给国内各大科研院所发了几封邮件出去,无非就是要点样品种子到非洲试试之类的。事实证明百度很有效,事实也证明上海方向的科研工作者思想开放,有国际视野,胸怀天下。没几天,邮件有了回复,一名叫余新桥的老师回复了邮件并且说可以邮寄一些样品给我们试试,且样品也很快寄来了,整理得干干净净,处处透着细节,我甚至感受到一股父母对孩子的爱与期盼从装着种子网袋的空隙缓缓流出……（多年以后，当我从媒体上看到余老师本人的照片时，发现在他饱经风霜的外貌下却具有如此细心的工作态度）。'WDR73'就这样落地非洲了，但从第一次试验到品种审定，我们前后用了9年。

2013年获得样品种子以后，我们很快把样品寄到了东非的乌干达，南南合作的水稻栽培专家对品种进行了试验，结论是可以进行第二季试验，但是非常遗憾南南合作一期项目在2014年底结束了。2015年，怀揣非洲梦的我正式落地乌干达并注册公司，一边适应着新的生活环境一边盘算从哪里入手开始做生意，除了解一点外贸知识以外我什么也不懂，种子行业里的我实际是个彻彻底底的外行，节水抗旱稻在我的脑海里闪现回来，我很快通过余老师联系到天谷生物，样品也很快与一众中国杂交稻一起种在公司的试验田里。

"Cheery，'WDR73'这季试验单产我们收了621千克，下个货柜请你多进一点'WDR73'种子，我们下季全部种'WDR73'。"2017年的某一天，合作伙伴Peter忽然打电话给我说。"蒸煮后口感如何？是乌干达市场能接受的口感吗？"我问Peter。"没有问题的，我已经找当地人试吃了，整精米率也挺好。"Peter回答说。目前中国市场上所有杂交稻品种，只要是个正经品种，在乌干达首季试验都会表现高产，但是这里是非洲，蒸煮方式不一样，食用手段也不一样，我们总要多走一步，看看终端消费者是否接受'WDR73'米的品质。但问题是，'WDR73'还没有在乌干达通过审定，为此，我联系了Jimmy博士。他是乌干达稻类研究领域的首席育种家，在非洲国家稻类科研界很受尊重。我告诉Jimmy有一个很好的杂交稻品种，想要在乌干达申请品种登记。他很快答应："好的，我马上把预算发给你。"让人头疼的是：当地品种审定要种四季！大致算一下，加上抗性鉴定和产量测产，一点岔子不出，一个品种过审需要2年8个月。我们有些等不起。

为了满足Peter农场生产需要，我开始想如何实现该品种快速完成乌干达的品种登记工作。看着Jimmy发的关于品种审定的预算，我的内心充满矛盾。杂交水稻种子市场潜力究竟如何？当地报纸、广播天天都在争吵农民湿地种水稻利弊的话题，乌干达的种子公司是否还开得下去？我又把'WDR73'的前世今生搜索出来看了一遍，又把公司试验收获的'WDR73'稻谷加工成大米，向众多客户展示后，再次确认这种大米外观符合非洲当地普通民众的食用习惯。最后，我决定'WDR73'要走官方品种审定这条路。

快就是慢，慢就是快。2018年上半年，我们通过乌干达农业部下属国家农业研究组织（NARO）Jimmy博士团队，在乌干达的4个主要水稻区布点开始做新植物类型（New Plant Type，NPT）试验，样品种子陆陆续续放下去，经费也都按部就班地支付到位，我和我的乌干达助理Julian静静地等待着Jimmy的团队通知我们下点去陪同采集数据。但2018年上半年的4个点，只有2个点的数据可用，一个点的种子被鸟吃掉，一个点被杂草覆盖几乎看不到秧苗。这一季白费了，让人感到欣慰的是'WDR73'在高高矮矮的试验田里还是显得比较突出。2018年下半年的多点试验我们学聪明了，先在公司自己的田里育好秧苗，然后分别运到试验点去，试验点也准备5个。

有了经验以后，2019年的NPT试验做得就很顺利。2020年、2021年，可谓乌干达的多事之秋，幸运的是我们的NPT试验终于如期完成。

2022年11月25日，这个日子令我此生难忘。我和助理Julian起了一个大早，并到会场检查放在会场里的'WDR73'植株以及放在每位评审专家面前的稻谷和大米样品，团队为之连续奋战4年的品种'WDR73'成败在此一举。我们的内心是既紧张又笃定的，为今天的评审会，NPT试验团队、DUS测试［植物新品种测试是对申请保护的植物新品种进行特异性（Distinctness）、一致性（Uniformity）和稳定性（Stability）的栽培鉴定试验或室内分析测试的过程，简称DUS测试］团队已经做了好几次路演，我也无数次预演回答评审老师们的各种问题，时间一分一秒地过去，我们每个人在会场外焦急地期待着……

终于，我们被请回会场，当亲耳听到评审委员会主席的那句"祝贺你们！"时，我们每个人心情都无比的激动。

目前'WDR73'也通过了布隆迪的品种审定，就连布隆迪的总统、总理，包括总理小姨子家里都种上了'WDR73'水稻品种，Cibitoke区的警察局长还开着警车到公司买种子，把公司对面医生邻居着实吓了一跳。'WDR73'在马拉维和肯尼亚的NPT试验也在进行之中，仲衍种业乌干达有限公司也收到津巴布韦农业部的正式邀请，去津巴布韦推广节水抗旱稻。可以预见，'WDR73'将在东非国家稻米产业化发展的路上做出贡献,也为保障非洲国家的粮食安全添砖加瓦。

感谢品种审定路上陪伴我的 Jimmy 博士、刘灶长教授和张剑锋经理,没有他们的耐心等待和大力支持,我们不会有今天的成果。

感谢我生死之交的合作伙伴 Peter,我们共同成长,Peter 的稻田从最初的 300 多亩发展到如今的 25 000 亩左右。正是因为有了 Peter 的持续支持,我的"非洲梦"才得以实现。

十六、收获的季节

张婧琪

北翟路,天蓝色,从高架桥下穿过,直行,右转,圆形建筑;门口的石头上刻着庄重的红字"上海市农业生物基因中心"(图 6-16)。

二楼,有间会议室。"您是来面试的吧?""是的,老师您好。""请在这里稍坐一下。""好的,谢谢。"

与其说是会议室,这里更像是一个阅览室。在会议桌的两边,围放着两排书柜。透过玻璃,可以看见里面紧密摆放的杂志和图书。在紧张的气氛中,我匆匆瞟了一眼,却瞬间产生了好奇。那些书脊上写着《稻种资源学》,还有其他农业领域的名词,让我回忆起之前在应聘单位公众号上反复出现的高频概念"节水抗旱稻"。

图 6-16 · 上海市农业生物基因中心

我又想到招聘岗位要求上写的:岗位名称"农业科普宣传"。招聘专业没有限制在农学范围内,说明这个岗位需要一位跨学科人员,用不同学科视角和大众易懂的方式将科技成果广泛地传播出去。

农业科普宣传,应该怎么做呢?带着思考,我低头整理了一下着装,深吸一口气稳定情绪,和其他应聘者一起紧张地等待面试开始。虽然已经入冬了,可一贯怕冷的我,额头竟然沁出了一层薄汗。

窗外阳光穿过树枝,斑驳的光影投射在窗框上,落在我的脸上。窗户开了一个缝,微风钻进来,一点一点抚平我内心的紧张。

其实很多时候,我们想找的答案总是很明显的,只是容易被暂时的迷茫遮住了眼。正如我这时安静地坐在凳子上,可内心的声音却一声比一声响亮,一次比一次坚定:我对这里充满期待,我想有一个传播节水抗旱稻的机会,一个成长的机会。

不试试怎么知道呢?为准备面试鏖战到凌晨两点的我,反复打磨面试 PPT 的我,分析思考农业问题的我。无数个我在心里给自己打气,既然已经做好了充足的准备,那就竭尽全力。

这次面试分为两个部分,首先是笔试,然后配合 PPT 向考官作自我介绍。

8:30,笔试部分开始。看着卷面,我的眼睛里映出一行题目,字数不多,却仿佛占满了整个 A4 纸。"请您为荣获上海市科技进步奖一等奖的科技成果出一份宣传策划。"这时的我没有想到,这将成为我长期学习并不断突破的课题。

挥舞的笔杆,翻飞的答题纸,高跟鞋的回响。然后,一步步走向自我介绍环节的考官会议室。深吸一口气,敲门,鞠躬,微笑介绍。结束,离场。不完美的我,在这一天竭尽全力达到了自己的极限,将最好的一面展现出来。我希望能在农业科技成果的战线上发挥自己的价值,让那些伟大的成果传播到更远的地方。

在紧张和自我鼓励、忐忑和期待中,我终于收获了好的结果。"各位同事,向大家介绍一下,这是我们办公室新来的职工,农业科普宣传岗位的,张婧琪。"

院子里草地泛黄,可雀跃的心却告诉我,应是收获的季节。我和节水抗旱稻的故事,也正式开始了。

■ (一) 初涉职场

四月,在大学里应该是学生们泡图书馆、焦头烂额地写论文的攻坚期。我坐在工位上,透过阔面的窗户,刚好可以看到一片春色绿意。办公室里,同事们忙着申报科研项目、执行预算、准备材料,小小的空间里人来人往,却又井然有序。我走到窗前,开了一条缝,空气急着挤进来,连桌上厚厚的文件材料都染上了春意。

"时间过得真快,都四月了。"我喃喃自语道。噼里啪啦的键盘声放缓,同事从材料堆里仰起头,笑着接话道:"海南正是收种的时候,育种老师们可要忙翻天了!"我愣了一下,猛地反应过来。是啊!四月,正是农忙的时节。

和上海不同,海南冬季还可以种植一季水稻。对于育种家来说,四月也和金秋时节一样热火朝天。

虽然地点不同、岗位不同,但是人们的目标却是相同的,那就是让农业科技成果惠及更多人。在田间育种家们奋斗的同时,我也在工作之余把自己的时间塞得满满的,好让自己尽快加入战斗的队伍,和大家并肩前行。从学生到职工,从中文专业到农学水稻领域,如何充分发挥跨学科优势,将科技成果变为通俗易懂的故事,传播给更多人,成为我一直思考的课题。我争分夺秒地汲取农业知识,结合工作需要,广泛学习农业领域的政策方针和专业知识等内容,也认识了很多水稻领域的专家,不时向他们请教。做好理论积累是实践的必要前提。从我的工作出发,理论学习最先是从"节水抗旱稻"开始的。找论文、看网站、翻著作,从野生稻到栽培稻,从旱稻、水稻到节水抗旱稻,概念逐渐清晰。

"节水抗旱稻(Water-saving and drought-resistance rice,WDR)是在水稻科技进步的基础上,引进陆稻的节水抗旱特性所育成的一种新的栽培稻类型,具有高产、优质、抗病虫害、耐高低温、节水、抗旱和易种等特性。2010 年,罗利军提出了节水抗旱稻的理念。2016 年 4 月,中华人民共和国农业部正式颁布实施《节水抗旱稻 术语》农业行业标准(NY/T 2862—2015)。节水抗旱稻整合了水稻的高产优质与旱稻的节水抗旱特性。在水田,整个生育期不需淹水,其产量、米质与水稻基本持平,但可节水 50% 以上;在旱(山坡)地,可像种植小麦一样进行旱直播,具有较好的抵抗干旱的能力。关键时期若遇干旱,只需适当补水即可达到增产稳产;在栽培操作上,不仅简单易行,可实现免耕直播,投入低,而且大幅减少了面源污染和甲烷排放。"

我逐字逐句地读完,将这个概念录入脑子。可是我总觉得少了一点东西。原来是少了实地学习,少了亲身经历。

对新事物的理解,总要有理论和实践的双重加持才能更为深刻。

很快,伴随着一项制作任务,我拥有了第一次实地学习的机会。上海电视台的一个栏目组想围绕节水抗旱稻团队领头人罗利军老师制作一期节目,需要到海南南繁拍摄稻田场景,我作为对接人随行。和摄制组一样,我的内心充满了期待。

借助于海南丰富的热带农业资源,南繁极大地缩短了我国农作物育种周期,有力地促进了我国育种事业的发展,是国家宝贵的农业科研平台,正致力于建成集科研、生产、销售、科技交流、成果转化为一体的服务全国的"南繁硅谷"。在上海市南繁科研育种基地(上海市农业科学院海南试验站),有大量的科研育种人员在这里开展田间试验。这个由基因中心小白楼肇始的育种基地,种植着成片的节水抗旱稻,根据筛选需求被分割成一块块的小地块。正是在这里,选育出了众多优良的节水抗旱稻品种。这是我第一次实地走近节水抗旱稻,也是第一次走近节水抗旱稻幕后的故事。

为摄影组准备的雨靴并没有派上用场,我们穿着运动鞋、帆布鞋,稳稳地穿行在生长着浓密稻株的田间,踩在坚实的旱地上。

"节水抗旱稻可以在水田、旱地和山坡地种植。"我的脑中闪现了这句话。眼前的这种可以在旱地种植的节水抗旱稻,带给我超出想象的惊喜。放眼望去,一群科技人员正戴着草帽、拿着水桶收稻子。"谁能想到这些在田里割稻的朴实农民,其实都是博士、教授、科学家呢!"摄影组导演感慨地说。

他们是农业领域严谨钻研的科学家,是大学讲台上传授知识的教授,而现在,他们是雕刻科技成果的工匠,是躬耕稻田的农民,他们是无数投身农业科技发展和种源创新的科技人员的缩影。他们的心和农民在一起,和大地合二为一。他们颠覆形象,他们直面骄阳,他们淹没在金黄的稻田里,他们和科技成果共光辉。

我也走进稻田里面,站在一株株节水抗旱稻中间,拿起了旁边的水桶和割下的稻穗,向同事学习手工收种的技巧:手臂挥着稻穗猛敲水桶内壁,谷粒飞舞,声声作响。

每一块试验田都紧紧地挨着,共同构成了试验站的丰收景象。在农田和天际接壤的地方,节水抗旱稻发明人罗利军研究员正带领团队,在田里考察(图6-17)。

图 6-17 · 罗利军研究员(左二)与团队在田间

我兴奋地意识到,节水抗旱稻从育种家的创新中走来,正不断向更广袤的大地走去。而我,也正走进他们中间,参与这项伟大的事业,用手中笔,书写无数的节水抗旱稻故事,传播到远方。

(二) 渐入角色

五月,在海南南繁工作告一段落而上海将要播种的间隙,我翻开工作日历,看到在节水抗旱稻的生长提示后面,写着:"五月重点工作——上海科技节。"

上海科技节创办于 1991 年,是全球第二个、中国第一个由政府主办的科技节,于每年 5 月举办。近年来,上海科技节以"打造具有全球影响力世界一流科技节"为目标定位,成为践行人民城市理念的品牌活动。

基因中心依托科研优势和丰富的科普资源,以"基因园"科普基地为阵地(图 6-18),联合上海市农科院多个研究所开展丰富的科普活动。经过多年的努力,"基因园"科普品牌已逐渐在市民中产生一定的影响力,科普内容和形式也相对完善。在这个优秀的平台上,我逐渐积累了在科普活动的基本组织形式和内容设计方面的经验。通常我会在"基因园"科普馆里讲解,在这里,人潮涌动,提问热烈。往常安静的工作场所,在这段时间里都充满了各种脚步声、扩音器的讲解声、小朋友的欢笑声和市民的提问声。早上刚准备好的电饭煲一打开,冒出的节水抗旱稻米香就会吸引小朋友争相品尝。红的、绿的,卷心的、散叶的,常见的、不常见的生菜品种铺满中庭展示台。科技人员和观众的热情填满了科普展厅,观众对知识的渴望、对新兴农业科技的好奇、对节水抗旱稻这一农业科技成果的赞叹、对从事农业科研工作的期待和有所收获后的满足,这些都是对科普工作者的鼓舞。

图 6-18 · "基因园"科普基地部分场景

我既是其中的讲解者,也时常会成为现场统筹和活动的组织者。组织活动是一项兼顾全局和细节的工作。若仅以活动参与者的视角来看,会觉得组织活动似乎是一件很轻松的事情。然而,真正扮演组织者和策划者的角色时就会意识到,想为观众提供良好的参与体验,并且充分实现科普的目的,是一项充满挑战的工作。比如,怎么处理观众个性化的问题,怎么处理不同批次参观之间的时间重合问题,怎么让小朋友们专注听讲而不是到处乱跑等。不过这些都不是最难的,最难的是,怎么在保证科学性的前提下,吸引更多的观众来探索科学知识、了解农业科技、传播科学价值,让观众更容易接受,这就要在内容和形式两个方面同时探索创新。

形式上,在之前已有的节水抗旱稻科普视频资源基础上,我创建了视频号和抖音号,参与创作短视频。视频虽小,却有大能量。在内容上,基因中心对所持资源进行充分整合,并与其他科普资源合作,不断探索科普新途径;扩大实践活动在节水抗旱稻科普中的比重,将科普场所搬到金山基地的大田里,科普人员可以实地向观众展示节水抗旱稻在田间的长势,带领观众"真听、真看、真感受"。通过延长科普的知识链条,从以前仅对水稻某个环节的科普,拓展到"从一株稻到一粒米"全过程的科普。在金山基地,观众可以亲自动手做水稻杂交,可以亲自拿起镰刀割稻子,还可以看着水稻脱粒,看着香喷喷的米饭端上餐桌。加强和其他科普资源的合作,和上海科技馆等拥有丰富科普资源、多样化科普形式、广泛受众群体的单位合作,不仅扩大了节水抗旱稻科技成果的影响力,而且还能学习到很多科普新形式,从而提升基因中心科普工作的综合水平。

在提升科普水平的同时,我时常思考,科普宣传的重要意义,和我可以为节水抗旱稻这一农业科技成果做些什么。习近平总书记指出:"科技创新、科学普及是实现创新发展的两翼,要把科学普及放在与科技创新同等重要的位置。"因此,农业作为关乎民生的第一产业,农业科普宣传工作不可忽视。宣传是润物无声而又震撼人心的力量,是社会和科技"火箭"上的助燃剂,是不可忽视的战略要素。科普给科技赋予生活化的意义,是将深奥难懂的知识转变为浅显易懂的故事,以科技和真理为"里",以有趣的语言和多样的形式为"表",将农业内容和宣传形式表里相应地紧密结合。节水抗旱稻作为利国利民的农业科技成果,应该让更多人了解,得到更广泛的应用,造福全球。作为科普宣传工作者,我也正在为推广和普及科学知识、传播农业科学技术、提升市民科学认识贡献绵薄之力。

(三) 与有荣焉

九月,应当是收获的季节。可偏偏 2022 年的台风和降雨来得晚,持续高温干旱影响了很多普通水稻。

在嵊州市崇仁镇的山改田里,持续高温干旱下的节水抗旱稻,在台风带来的一场雨水后奇迹般地焕发新生。新的生命在旧日枯叶中挣扎向上,迸发出绿色的希望之光,节水抗旱稻也因此被当地的农民亲切地称为"神仙稻"。

作为节水抗旱稻事业的一员,我也因此与有荣焉。在广阔天地辛劳耕作的农户,他们的评价最为真挚,节水抗旱稻经受住了自然的考验,得到了广大农户的肯定。如今,节水抗旱稻的年种植面积达 500 万亩,累计种植面积超 3 000 万亩,种植区域已经覆盖了我国长江上游、中下游稻区、华南稻区,代表品种'旱优 73'是目前长三角地区种植面积最大的杂交稻品种。目前,'旱优 73'已在东北、华北等粳稻区开展大范围的适应性试验,并正在 20 多个"一带一路"国家示范推广,广受赞誉。

发源于上海的节水抗旱稻,正走向全国,走向世界。

(四) 渐入佳境

还是熟悉的键盘声夹杂着空调的低鸣,还是同样的打印机,一张张地吞吐着文件;还是四月春色正浓,还是微风拂面、阳光明媚。

不过这次是在酒店房间里,所有的同事都在为即将召开的"全国节水抗旱稻直播旱管绿色栽培技术现场培训会暨新品种(系)展示会"做准备。工作紧张而有序地开展着。

我正在最后确认会议手册的细节。会议手册的夹页上,细致标注了 3 个展示区,它们在上海市南繁科研育种基地。在这里,展示着节水抗旱稻 186 个品种(系),路边彩旗飘扬,各类农业机械蓄势待发。3 个展示区分别是:机覆膜直播技术示范区、旱直播旱管栽培技术效果展示区、节水抗旱稻新品种(系)展示区。3 个展示区从品种、栽培技术、机覆膜管理等方面直观展示了节水抗旱稻田间表现和科技研发的最新进展。

这次展示会围绕"发展节水抗旱稻,助力千亿斤粮食产能提升行动"主题展开,搭建起政府部门、科研单位、种业企业和种植户的沟通平台,扩大农技成果实践转化效果,提升农户节水抗旱稻种植技能,展现农业科技风采,展望绿色可持续的农业发展新态势。众多新品种(系)吸引了参会人员,种业企业和经销商、种植户现场探讨品种和技术,气氛热烈。

随着关注和参与节水抗旱稻推广的种业企业、科研单位越来越多,2023 年 3

月，在第十四届中国国际种业博览会暨第十九届全国种子信息交流与产品交易会开幕式上，全国节水抗旱稻全产业链创新联盟正式宣布成立。在本次展示会上，因来自节水抗旱稻联盟各环节企业的参与，我看到了来自全国的种业代表。他们围在展示区，热烈讨论品种特性，聚精会神地聆听现场讲解，交流对节水抗旱稻生产和发展的想法。

在本次展示会上，上海市农业生物基因中心、华中农业大学作物遗传改良全国重点实验室、上海交通大学农业与生物学院、上海天谷生物科技股份有限公司、江苏丰大生物科技有限公司、宝稻（上海）生物科技有限公司、上海市金山区廊下镇人民政府共七家单位签署了《节水抗旱稻国际策源中心联合共建协议》。节水抗旱稻国际策源中心是依托上海市农业生物基因中心，以节水抗旱稻突破性品种培育和全产业链技术协同创新为核心工作，集原始创新、综合示范、科技传播于一体的创新应用平台，将开展全国和国际性高水平示范、培训、交流、科技成果传播与转移转化，助力乡村振兴和现代农业可持续发展，服务"一带一路"倡议和维护国际粮食安全。签约各方将在节水抗旱稻理论研究、品种和产业链相关技术研发、节水抗旱稻为核心的生态高效农业生产模式创新与配套农业政策创新、人才培养、成果转化应用等方面进行协同创新、融合发展。

展示会照片记录下了节水抗旱稻在全国的已有成就和未来的新发展。全国节水抗旱稻全产业链创新联盟的成立和节水抗旱稻国际策源中心的推进，标志着以节水抗旱稻这一科技成果为核心的全产业链各环节优势互补、合作互联、开放共享、协同创新的新局面开始形成，节水抗旱稻发展进入全新阶段。

随着节水抗旱稻国际策源中心的建设和全国节水抗旱稻全产业链创新联盟的发展，一个与国家需求和人类共同发展紧密契合的科研成果正在推动全球水稻加快进入高产优质、绿色可持续的新时代。

（五）国际合作

七月，是北半球农民和育种家们密切关注水稻生长的关键时节，我们也迎来了南半球的朋友——博茨瓦纳农业代表团。

2022年，人民网发布了这样一条新闻："博茨瓦纳，中国旱稻试种喜收获，总统亲临收割。"节水抗旱稻在博茨瓦纳的成功，为博茨瓦纳农业发展提供了新选择。

2023年7月，中博节水抗旱稻合作圆桌会在基因中心学术报告厅召开，中博双方就节水抗旱稻在博茨瓦纳试种取得的成果和发展前景进行讨论。我有幸见证了上海市农业生物基因中心、博茨瓦纳农业与自然资源大学、博茨瓦纳国家农业研究与发展研究所、非洲农业有限公司签署了谅解备忘录，这也开启了中博节水抗旱稻合作发展的新篇章。双方的合作，将助力博茨瓦纳实现粮食的自给自足，提高博茨瓦纳水稻栽培技术水平。

不仅仅是博茨瓦纳，还有很多非洲国家因节水抗旱稻受益。自2008年开始，节水抗旱稻在非洲肯尼亚、马达加斯加、多哥、乌干达、加纳、安哥拉、尼日利亚、坦桑尼亚等多国持续开展了筛选试验、示范种植和应用推广，并在多国参与或通过新品种审定。至2024年底，共有5个节水抗旱稻品种在4个非洲国家通过新品种审定；在非洲大地的11个国家开展了十多个低碳排放节水抗旱稻的示范种植与试验性推广工作，产生了很好的社会效益。仅东非的乌干达和西非的加纳就已经示范性推广了12万亩，稻谷增产超720万千克，帮助两国农民增收超千万元，为当地人民带来了看得见、摸得着的成果和实惠。除了这些实实在在的经济和社会效益外，节水抗旱稻更为广大非洲国家早日实现粮食自给自足提供了可复制的"节水抗旱稻方案"，持续为非洲农业现代化发展注入新动力。

节水抗旱稻在非洲的推广合作，是推动中非农业现代化发展的具体落实，是中国同非洲国家真诚友好、携手发展的生动写照。节水抗旱稻作为推动中非农业合作提质增效的具体实践，将继续为中非共绘农业发展蓝图，携手奔赴农业现代化新征程贡献力量。

（六）新篇

又是一年九月。我以节水抗旱稻的生长为例，记录着自己的成长。

从完全不了解，到有所认识，再到深入学习，到自信地站在宣讲台、走进社区群众中间、蹲在试验田间讲解，节水抗旱稻的科普宣传员小张正不断成长。我见证了节水抗旱稻科技成果荣获2020年度国家科学技术进步奖一等奖时的荣耀，感受着农业科技成果为农户带来的福祉，看到了节水抗旱稻为水稻种植方式带来的巨大变革。我也和节水抗旱稻一起成长,和农户一起欢笑,和科技人员一起讨论,为学生做讲解、为市民解疑惑。

又是一年九月。那份最开始的课题"对农业科技成果的宣传方案"正在工作中不断被完善。我在节水抗旱稻科普宣传的路上边学习、边实践、边创新,参与制作了第 1 部节水抗旱稻主题微电影《大稻自然》,组建了基因中心科普志愿服务队和节水抗旱稻信息员队伍,组织着"基因园"品牌活动……,和无数人一起助力节水抗旱稻的宣传和推广。我坚信,节水抗旱稻这样利国利民的科技成果将在一群有志者的努力下传播到更远的地方,造福更多人民。

又是一年九月。是一年轰轰烈烈耕种乐曲的尾声,也是丰收大潮的开端。是节水抗旱稻过去二十余年成就的小结,也是其走向更广阔天地的新篇章。又是一年九月,又是一年收获的季节。在广阔的天地里,节水抗旱稻的精彩故事仍在续写,敬请期待。

第七章
任重道远——广袤大地任汝行

一、蓝色革命与"1522"目标

刘毅

■ (一) 水稻蓝色革命提出的背景

60多年前,以黄耀祥先生为代表的中国育种家大胆创新、艰苦探索,通过引进、利用矮秆种质资源与当时生产上主推的高秆水稻品种杂交,成功选育出世界上第一个大面积应用的水稻矮秆品种'广场矮',开创了一条水稻矮化育种的新途径,实现了水稻单产的第一次突破和飞跃。'广场矮'比后来由国际水稻所育成的、被称为"奇迹稻"的'IR8'早了7年,我国水稻矮秆品种在生产上的应用也比其他国家早了约10年。因此,我国的水稻矮化育种与墨西哥的小麦矮化育种一起,引领了农业史上的第一次绿色革命,并为第二次绿色革命——杂交水稻的育种成功与应用奠定了重要基础。

然而,随着全球人口的不断增长和经济的快速发展,水资源短缺已经成为一个全球性的问题。传统水稻种植不仅消耗大量的水资源,而且还会产生大量的温室气体。稻田是全球温室气体排放的重要来源之一,其中甲烷是稻田温室气体排放的主要组成部分。随着全球气候变化问题日益严峻,减少温室气体排放已经成为全球各国的共同责任。2020年9月22日,国家主席习近平在第七十五届联合国大会一般性辩论上郑重宣布:"中国将提高国家自主贡献力度,采取更加有力的政策和措施,二氧化碳排放力争2030年前达到峰值,努力争取2060年前实现碳中和。"

党的十九届五中全会提出要加快推动绿色低碳发展。2020 年中央经济工作会议进一步将碳达峰、碳中和工作列为 2021 年的八大重点任务之一,要求抓紧制定 2030 年前碳排放达峰行动方案,并支持有条件的地方率先达峰。我国作为农业大国,水稻种植面积广阔,减少稻田温室气体排放对于我国实现碳中和目标具有重要意义。

在此背景下,2022 年 7 月 31 日,基因中心科研团队总结了 20 年来在节水抗旱稻理论与应用研究中的发现,在植物学国际权威期刊《分子植物》(*Molecular Plant*)上发表了观点文章《碳中和背景下的蓝色革命:以节水抗旱稻为例》(Blue revolution for food security under carbon neutrality: A case from the water-saving and drought-resistance rice),向全世界提出水稻蓝色革命的理念,即通过创新培育节水抗旱稻,实现旱种旱管的稻作生产模式,使水稻生产摆脱对水的过度依赖,大幅减少稻田温室气体排放,促进水稻生产向"资源节约、环境友好"的绿色可持续生产方式转型。

■ (二) 节水抗旱稻的减排潜力

2019—2020 年,研究人员针对安徽省亳州、蚌埠、滁州、淮南、合肥、安庆、铜陵 7 个地区种植的节水抗旱稻进行了 2 年的碳减排效益评估。结果显示,传统水稻种植模式改为节水抗旱稻旱管种植模式后,稻田主要温室气体成分甲烷的排放量降低 97%。虽然淹灌改为旱管模式后,另一种温室气体氧化亚氮排放略有增加,但综合温室气体(即甲烷和氧化亚氮)减排达 92%。实验证明,在确保稻谷产量的前提下,该模式为目前已知稻田甲烷减排效果最好的方法。另外,即使与同样旱种的玉米种植相比,节水抗旱稻旱管种植模式由于施肥量较低,亦可减少氧化亚氮排放量 11%。

2019 年,安徽省节水抗旱稻推广面积约 7.8 万公顷,在现场实测数据的基础上,利用联合国政府间气候变化专门委员会(IPCC)推荐的生物地球化学过程模型(DNDC)对节水抗旱稻的温室气体减排效果进行了模拟计算,结果表明,旱管种植模式可减少温室气体排放 51.6 万吨二氧化碳当量(CO_2e)。

节水抗旱稻推动了我国水稻生产的蓝色革命,是一次在"双碳"目标下保障粮食产量的成功尝试,率先在实际生产中开拓出一条既能保障我国粮食安全,又能实现水稻生产"碳中和"的"两全法",有利于促进农业减排和水稻生产绿色转型,对粮食安全、水资源安全和生态安全具有重大意义。

(三) 节水抗旱稻"1522"目标的内涵

节水抗旱稻"1522"发展目标的核心内涵是"两增两减"。其中,"两增"首先是新增水稻种植面积1亿亩。这1亿亩新增面积具有重要战略意义,它将拓展水稻的种植范围,以充分利用一些原本不适合传统水稻种植的土地资源。具体来说,包括滩涂盐碱地、低洼易涝旱地、撂荒复垦地等(表7-1)。通过种植节水抗旱稻,可以将这些闲置或利用率不高的土地转化为有效的农业生产用地,提高土地资源的利用效率。

表7-1·节水抗旱稻新增种植面积分布

新增土地类型	区域分布	特征
盐碱地	滨海滩涂(江苏、山东、河北、福建、广东、广西和海南等)	土体盐分含量高,盐分组成以氯化物为主
	东北松嫩平原苏打盐碱地(辽宁、吉林、黑龙江等)	高pH、高钠离子、高碳酸盐和低渗透性、低养分、低钙的"三高三低"特性,土壤质地黏重
	西北内陆盐碱地(新疆的准噶尔盆地、甘肃河西走廊、宁夏银川平原和内蒙古的河套灌区)	土体含盐量高、pH高,盐分组成以可溶性盐复合物为主,地表厚硬的盐结壳和水资源的缺乏
	黄淮海平原盐碱地(北京、天津、河北、山东、河南、安徽北部和江苏北部等)	土壤表层形成1~2厘米厚的盐结皮,含盐量在1%以上,结皮以下土层内盐分含量下降到0.1%左右
低洼易涝旱地	长江中下游(鄂皖苏)、黄淮海平原(豫鲁冀)、内蒙古	季节性积水,排水不畅
撂荒复垦地	长江中下游、东南沿海、丘陵山区劣质坡耕地	土地贫瘠,水利条件差,农业收益低,劳动力不足

其次,增产500亿千克。随着人口的不断增长,对粮食的需求也在持续增加。新增的1亿亩节水抗旱稻种植面积将为实现增产目标提供坚实的基础。节水抗旱稻具有适应干旱环境的特性,在一些干旱或半干旱地区也能保持较好的生长和产

量。通过科学的种植管理和品种改良,有望实现增产 500 亿千克的目标,这将大大提高我国的粮食产量,保障国家粮食安全。

"两减"是指减少灌溉用水和减少温室气体排放。我国目前水稻生产面积大约 4.5 亿亩,如果节水抗旱稻能替代种植 5 000 万亩,就可以减少 200 亿吨灌溉用水。具体来说,包括东北井灌田、南方望天田、灌渠末端易旱田等(表 7 - 2)。传统水稻种植需要长期保持水淹状态,用水量巨大。而节水抗旱稻采用旱种旱管模式,大大降低了对灌溉水的需求。这不仅可以缓解水资源短缺的压力,还可以节约大量的水资源用于其他领域。

同时,减少排放温室气体 200 亿千克二氧化碳当量(CO_2e)。由于节水抗旱稻采用旱作方式,减少了稻田的淹水时间,从而降低了甲烷等温室气体的排放。这对于应对全球气候变化、实现碳中和目标具有重要意义。

表 7 - 2 · 节水抗旱稻替代种植面积分布

替代田块类型	区域分布	特征
东北井灌田	黑龙江三江平原、吉林松嫩平原、辽宁辽河平原	地下水超采严重
南方望天田	南方丘陵山区(包括湖南、江西、广西、云南、贵州、四川、重庆、湖北、安徽、福建、浙江、广东等)	依赖自然降雨(无灌溉设施),易发生季节性干旱
灌渠末端易旱田	长江中下游(湖北江汉平原、安徽沿淮地区)、西南(四川盆地东部)	灌区上游优先用水,末端田块缺水率达 30%~40%

(四) 实施方案

为了践行水稻蓝色革命的理念以及实现节水抗旱稻"1522"发展目标,还需要围绕节水抗旱稻全产业链相关技术,包括良种、良法、农机、农艺、生态等进行协同攻关,加快新品种和新技术的推广应用,为国家粮食安全做出贡献。

(1) 育种理论创新 主要开展水稻抗旱性溯源研究,揭示陆稻旱作适应中获得节水抗旱、养分高效等绿色性状的分子机制及其关键基因调控网络;利用表型组技术开展抗旱性及绿色性状(如根系构型)的精准鉴定与遗传研究,为节水抗旱稻重要性状加值育种发掘关键基因,揭示其作用机理;研究抗旱性—产量品质权衡的分子机理,解析重组变异与"一因多效"基因调控在性状间的解耦合关系与协同机制,研发抗旱—高产优质解耦合设计育种策略;研究旱种旱管模式下,节水抗旱稻耐直播、养分高效的生理生化及分子机制,为配套轻简栽培技术研发提供理论依据;解析旱作条件下土壤水肥—根系—微生物群落的互作机理,揭示节水抗旱稻旱种旱管节水、节肥、减碳的生态效益的生物学机制。

(2) **关键共性技术研究** 建立绿色多基因高效聚合技术体系,包括抗旱育种芯片开发与设计、全基因组选择技术、基因编辑技术和植物快速加代技术研究,建立基于高通量表型组、图像识别、大数据的高通量 AI 智能育种技术。

(3) **突破性品种选育** 以资源高效利用和应对气候变化为主导,根据不同种植场景和目标推广区域的需求,针对性地聚合耐盐碱、高光效、养分高效和温度韧性等非生物逆境及耐直播、宜机化、超高产等优异性状,培育突破性节水抗旱稻新品种。

(4) **绿色栽培技术体系** 贯通种子处理、机(覆膜)直播、杂草防控、水肥耦合、病虫害绿色防控等技术,建立直播旱管栽培技术体系;依据不同应用场景,研发轻型农机,整合无人智慧农机技术,实施全过程机械化、智能化栽培;依据不同地区需要,研发稻—菜轮作、稻—豆轮作、烟草—稻轮作、农光互补等高效栽培模式,形成"稻+"栽培技术集群。

(5) **价值产品开发** 结合节水抗旱稻绿色生态生产过程,开展全程生态经济评价研究,包括碳足迹跟踪、土壤综合评价、海绵农田水土综合评价、全周期应用场景成套技术方案经济效益评价等,开发碳标识产品、碳汇产品、水权产品、排污权产品、大米精深加工和米糠副产品精深加工研究等(图7-1)。

节水抗旱稻的推广应用,不仅是一场农业品种的革新,更是一次农业生产方式的革命。需要加强农业工程、生物技术、环境科学等多学科的交叉融合,形成综合解决方案,提高节水抗旱稻生产的效率和可持续性。利用物联网、大数据和人工智能等技术,实现生产过程的智能化管理,提高资源利用效率,降低生产成本。进一步推广生态农业模式,实现农业生产与生态环境的和谐共生,提高农业系统的抗风险能力。这不仅有助于保障国家粮食安全和生态安全,也将为全球农业可持续发展贡献中国智慧和中国方案。

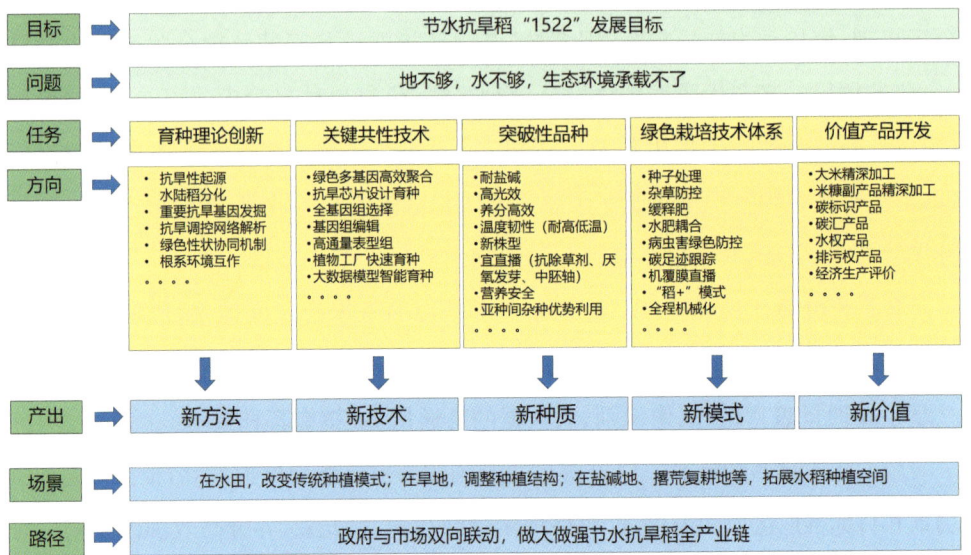

图 7-1·节水抗旱稻全产业链实施方案

二、让自己变得更加强大

刘毅

粮食安全事关社会稳定和国家安全。习近平总书记指出:"中国人的饭碗任何时候都要牢牢端在自己手中,我们的饭碗应该主要装中国粮""要下决心把民族种业搞上去,抓紧培育具有自主知识产权的优良品种"。农业种质资源是现代种业发展的基础,是国家战略资源。系统挖掘和创新利用农业生物种质资源,挖掘优异基因资源,创制突破性新种质,对于从源头上保障我国种业发展具有重要战略意义。

我国的水稻育种经历了矮化育种、杂种优势利用和绿色超级稻培育三次飞跃,每一次飞跃都是稀有种质资源的利用。第一次绿色革命起源于矮秆种质资源,而雄性不育野生稻野败材料的发现则为水稻杂种优势利用带来了突破口;作为绿色超级稻的典型代表节水抗旱稻的选育策略是将水稻与旱稻进行配组,并结合大田强胁迫鉴定和选择,是旱稻种质资源在水稻上的有效利用。

目前，节水抗旱稻研究团队在以下三个方面已经取得了重要进展。

（1）在全球范围内收集了大量的抗旱基因资源，构建了抗旱核心群体，建立了节水抗旱评价体系，制定了《节水抗旱稻抗旱性鉴定技术规范》（NY/T 2863-2015）行业标准。

（2）系统地进行节水抗旱的生理、遗传与分子机制研究，阐明了节水抗旱稻采用水稻、陆稻杂交及山地抗旱筛选和水田产量筛选交替育种体系的理论基础，解析了水陆稻的演化顺序和主要驱动力。

（3）实现良种良法在生产上的配套，培育出32个节水50%、高产优质的包括籼型、粳型、杂交和常规4大系列节水抗旱稻新品种通过国家或省市审定，其中'旱优73'入选国家粮油生产主导品种（2022）和国家农作物优良品种推广目录特专型品种（2023）。《节水抗旱稻旱直播节水栽培技术》入选国家粮油生产主推技术（2022）和国家成熟适用节水技术推广目录（2023）。目前，这些新品种已在我国安徽、浙江、上海、河南、江西、湖北、湖南等省市推广应用，年均推广面积约500万亩。在生产上大面积实现了"改变水稻传统种植方式，实现资源节约、环境友好、农田增值和农民增收"的目标。

为了适应未来气候变化、劳动人口减少带来的挑战，进一步发挥节水抗旱稻在促进水稻生产绿色转型、农业可持续发展中的积极作用，实现节水抗旱稻"1522"发展目标，节水抗旱稻的研究还需要关注以下十个重要问题。

1. 抗旱性与水陆稻分化　水陆稻的分化主要是抗旱性的分化，陆稻是在有限水分条件下驯化的，经历双向选择过程，具有较强的抗旱性。已有的研究结果表明，至少在粳稻中，野生稻是先进化到陆稻，再从陆稻进化到水稻，具体进化的时间点则比较难判断。在这个驯化过程中，产量和米质得到提高，但抗旱性和直播适应性下降，如何找回这些丢失的性状仍需要进一步研究。

2. 抗旱性的分类与起源　抗旱性是复杂的数量性状，植物学家将抗旱性主要分为避旱性、耐旱性、复原抗旱性和逃旱性。这也是节水抗旱稻没有被称为"节水耐旱稻"的原因之一。通常说避旱性是作物应对干旱胁迫的能力，是第一道防线，也就是保水和吸水的能力；当干旱胁迫进一步加剧的时候，作物就启动第二道防线，耐旱性。那么有没有一个开关能调控这两种机制？这几种抗旱类型起源是否相同？是否有类似或者独立的遗传基础呢？还有没有其他更科学的抗旱性分类以及评价指标？

3. 抗旱关键节点基因与遗传网络　抗旱性受多基因和环境因素的共同影响，一些抗旱基因在实验室条件下有一定的效应，但在大田条件下，对于提高品种的抗旱性效果并不明显，目前尚未发现利用单个基因育成节水抗旱水稻新品种的事实；另外，采用常规杂交育种方法，通过水稻与旱稻杂交，并结合"双向选择"而育成的系列节水抗旱稻新品种，在应用上表现节水抗旱，但是还不清楚如何实现不同抗旱机制和水分利用效率的有效组合。因此，研究的重点是要明确抗旱基因网络、确定关键节点基因，特别是研究这些基因及其网络的遗传特征。

4. 抗旱性与其他重要性状的关系　抗旱性与产量性状普遍存在负相关，因此制约了水稻抗旱性的改良。但陆稻在驯化过程中受到抗旱性和产量的双向选择，也就是在干旱年份选择抗旱性，在雨水充沛年份选择产量，形成了有利的重组变异，打破了原有的"抗旱性—产量"的遗传累赘。再比如，耐旱性与耐盐碱性存在部分共同的遗传机制（渗透调节、活性氧清除等），如何协同改良抗旱性与耐盐碱性？节水抗旱稻根系分泌有机酸能提高作物对养分的吸收，旱作栽培也改变了土壤环境，那么土壤微生物如何与节水抗旱稻互作而影响产量？怎么保证干旱胁迫下节水抗旱稻的稻米品质？

5. 抗旱性的杂种优势　水稻杂种优势利用在保障国家粮食安全中起到了重要作用。其中，不育系和保持系是同核异质的关系，就是两者的细胞核是一样的，但是细胞质不同。有意思的是，节水抗旱稻不育系'沪旱1A'和保持系'沪旱1B'的抗旱性存在显著差异，'沪旱1A'的抗旱性优于'沪旱1B'，初步研究也找到了一些线粒体来源的基因与抗旱性相关，那么抗旱性是否存在杂种优势，其调控机制又是什么？

6. 重要节水抗旱稻品种抗旱性的来源　陆稻种质资源长期适应旱作农业生境，与水稻形成显著的适应性分化，具有较高的旱作适应性，是节水抗旱稻育种中重要的供体亲本。水稻中也有部分品种表现出很好的耐旱性和水分利用效率，目前推广应用的节水抗旱稻品种利用了哪些水陆稻有利遗传位点？还有哪些有利的位点或者区段需要在陆稻种质资源中进一步挖掘利用？

7. **标准化的节水抗旱稻品种选育与加值育种** 长期的育种实践和组学研究表明,水旱稻配组结合大田强胁迫鉴定和选择是培育节水抗旱稻的有效途径。利用抗旱能力强、综合农艺性状和地区适应性好的旱稻资源作为抗旱性的供体亲本,选择最新育成的水稻品种(品系)、杂交稻保持系和恢复系等材料作为高产优质亲本,通过两者的杂交产生杂种优势,选择结合两亲本优点的后代,是培育节水抗旱稻的最基本的策略。对后代进行多年、多地点的抗旱性和产量的选择,一般在山坡地或者旱田进行避旱性和耐旱性的筛选,在推广目标地区进行产量和适应性状的筛选。节水抗旱稻正是借鉴并强化陆稻驯化中的"抗旱—产量"双向选择模式,聚合了陆稻的抗旱性与水稻高产优质特性。依靠传统的育种方法进一步培育出突破性的大品种越来越难。分子标记辅助选择结合传统育种在节水抗旱稻加值育种中展示了较好的效率,随着全基因组选择育种技术和基因编辑技术的逐渐成熟和广泛应用,为实现分子设计育种提供了机遇,利用生物育种技术,结合植物育种工厂、高通量表型组,推动节水抗旱稻育种向高效、精准转变,从而加快突破性节水抗旱稻新品种培育进程。

8. **代表品种的生理特性与高产栽培技术** 节水抗旱稻系列品种已经在我国除青藏高原外的所有稻区实现商业化推广或者示范,展现出良好的生态适应性和节本增效作用。那么在特定的生态区域,要达到目标产量,不同品种具体的生理特征和水肥需求是什么?怎样才能在栽培管理技术上进一步提高节水抗旱稻的高产潜力?

9. **节水抗旱稻种植的全程解决方案** 随着城镇化加快和劳动力资源减少,农业生产的人力成本急剧攀升,因此轻简化栽培方式(直播、机械化)是农业可持续发展的趋势。建成节水抗旱稻直播旱管绿色栽培技术体系是关键,包括研发一播全苗种子处理技术,适应不同生态区的智能化耕、种、管、收技术及生产投入品和农机装备,开发全程机械化种植方案。

10. **延长优良品种生命力的策略与方法** 以节水抗旱稻代表品种'旱优73'为例,为了延长'旱优73'品种生命力,研究团队探索了一种多系品种混合种植的方式,即利用遗传背景高度近似,农艺性状基本一致的多个'旱恢3号'近等基因系混合种植,从而提高'旱优73'对生物逆境胁迫的适应性和产量。这种策略的优势是田间栽培管理同常规种植,推广应用范围和潜力巨大。此外,还需要进一步构建更多的单个抗性位点的近等基因系,研究如何选择不同的近等基因系和搭配比例,探索其抗逆增产的机制,从而指导在实践生产中达到最佳的效果。

三、价值实现之路

刘毅

在资源节约、环境友好的前提下发展水稻生产,是实现农业可持续发展的重要路径。节水抗旱稻在品种特性上已可满足在生产上少打农药、少施化肥、节水抗旱、优质高产的绿色超级稻目标。为加快节水抗旱稻的推广,还需要多学科协作,在全产业链上创新和发展相应的技术,进一步提高节水抗旱稻的生产效率和资源利用效率,为农业的生态价值转化提供更多途径。

(一)农田规建

高标准农田建设是我国发展农业现代化的重要举措之一,即建设"田成方、土成形、渠成网、林成片、路相通、沟相连、土壤肥、旱能灌、涝能排、无污染、产量高"的现代化农田。在最新的《高标准农田建设通则》(GB/T 30600—2022)中,更改了高标准农田建设的原则,明确了绿色生态的基本原则。同时,在该标准中,最为重要的补充是强调了农田绿色发展的要求,要求现代高标准农田建设应该推动绿色生产方式的形成,那么高效节水灌溉技术应用就非常关键,节水技术和农业科技的配套应用也促进高标准农田建设,减少建设和生产的资源浪费,实现绿色农田开发。

随着城镇化和基本建设的发展,为了保持基本农田面积不变,有必要开拓新的农田进行占补平衡,比如山改田、新垦地等快速发展(图7-2)。然而新垦、复垦土地存在地力条件差、缺水、水肥保持能力低、灌溉成本高等问题。如杭州种业大力推广应用节水抗旱稻新品种'旱优73',积极探索旱种旱管、"果—稻""幼林—稻"等山地种植新模式,解决"种什么"难题,在建德市杨村桥镇示范基地,亩产达到498.8千克,比上年种植传统水稻每亩增产150千克以上,节省灌溉动力电费300

图 7-2·山改田种植节水抗旱稻

元左右,增产节本示范成效显著。

还有一个不能忽视的问题是犁底层对于形成和加剧洪涝灾害的影响。犁底层是由于长期耕作和农机具压实导致的土壤硬化层,一般位于地表下 12~18 厘米,厚约 5~7 厘米,最厚可达 20 厘米。坚硬的犁底层限制了作物根系的深入发展,导致作物生长受阻,甚至可能使作物发生倒伏,影响作物产量和质量;犁底层的存在阻碍了水分和养分的垂直运输,使得表层土壤营养贫瘠化加剧,从而增加了化肥的施用量;由于犁底层的存在,集中的强降雨无法渗透进深层土壤,因此加剧了大范围的径流,从而造成严重的土壤侵蚀和土壤有机质流失。近年来一些城市洪水泛滥,在一定程度上和城市周围农田的犁底层有关。如果没有犁底层问题,在强降雨的情况下,耕地的平均吸纳和渗入深层土壤的水量可以增加 50 毫升或以上,这样一亩地就可以减少径流 33 立方米以上,一年下来至少可以多吸纳 66 立方米的径流(以一年两次强降雨计算),相当于农作物种植对水的需求量的 20% 以上。我国 18 亿亩耕地中,存在严重犁底层问题的面积超过三分之二,如果能打破犁底层,一年按两次超过100毫米的强降雨计算,每年可吸纳的径流就是900亿立方米,相当于中国前6大水库(包括三峡水库,丹江口水库等)的总有效库存容量,这是一个巨大的可节约水资源库。

通过深翻或深松等办法可以打破犁底层,增加土壤的通气性和透水性,也可以采用保护性耕作方法,减少土壤的耕作次数和强度,减轻农机具对土壤的压实。近年来,在淮河流域利用节水抗旱稻进行麦套免耕直播栽培发展较好,农民在小麦收获前3~6天将节水抗旱稻干种子撒播在麦田,小麦收割后灌"跑马水",即田块充分湿润但不保留水层,每亩单产可达650千克以上。研究团队在基因中心金山试验站,对核心试验区内的稻田进行了水改旱的探索,通过减少进排水明沟渠,降低田坎系数,打破犁底层,增加耕作层,不仅增加了农田有效种植面积3%~5%,而且基本可实现整个生育期零人工灌溉。

通过农田规建创新,达到以下目的:一是增加农田面积,特别是水稻生产面积;二是实现在较低投入的前提下,提高耕地质量;三是促进"资源节约、环境友好"农业生产体系的建设。

(二) 杂草防控

相对于传统水稻栽培,节水抗旱稻旱直播杂草危害较为严重,用药种类、除草适宜时间、施用剂量难把握,旱直播出苗后的每个阶段,草相都有变化,尤其是禾本科杂草耐药性比较强不容易灭除,而且旱直播除草剂登记产品少,如果使用不当容易产生药害。所以,特别是要做好播前封闭防治和苗后茎叶喷雾,优先保证土壤封闭除草。目前,对杂草的防控主要依靠除草剂,按照"一封、二杀、三补"的原则进行,灭除效果在很大程度上取决于除草剂用量和农民对相关技术的把握程度。使用化学除草剂无疑会给环境带来不利影响,因此开发高效绿色除草剂产品是很有必要的。同时,利用高效生物育种手段培育抗除草剂新品种也是一种有效的途径。另外,随着可降解膜的推广应用,实现机覆膜直播可有效防治杂草,且有利于保温保墒,减少土壤水分蒸发,现有的水稻种膜直播机覆膜质量差、覆膜效率低,且机器的自动化程度较低,需要较多人力参与作业环节中,导致该技术不能广泛应用于生产实践。因此,水稻种膜直播机械的研发具有重要的推广价值(图7-3)。

图 7-3 · 机覆膜直播

(三) 水肥管理

节水抗旱稻虽然具有较强的避旱性和耐旱性，但在水分敏感期，如幼穗分化期受旱，也会严重减产甚至绝收。因此，节水抗旱稻在旱地种植，若遇长期干旱，当田间植株出现明显受旱症状，如稻叶卷曲且第二天还不能完全张开时，应及时补水。没有灌溉条件的田块，可因地制宜打井浇水，水井数量与深浅依出水量而定；也可以结合微喷、滴灌等高效节水灌溉技术应对干旱风险，从而保障粮食稳产。有研究表明，节水抗旱稻灌水时间和次数与产量密切相关。

与高产水稻相比，节水抗旱稻对化肥的需求量减少，特别是由于根系发达且分泌有机酸的能力较强，可有效活化和吸收土壤中的磷元素。有些品种如'旱优549'等，氮肥利用率较高，如果在施足基肥的基础上，辅之以缓释肥，通过化学或物理作用延缓养分的释放，以满足作物整个生长周期对养分的需求。因此，节水抗旱稻可以提高肥料的利用率，减少养分损失，从而提高产量，同时从源头上减少了污染。

俗话说"有收无收在于水，收多收少在于肥"，也是强调水肥管理对作物增产增效的重要性。提高水肥利用效率是目前粗放式农业向集约化、精细化转型的关键。

水肥一体化是一种高效精确的灌溉施肥技术,受制于成本和设备,现阶段主要应用在蔬菜、苗木、花卉以及玉米、小麦等旱地作物中,在水田作物中应用较少。节水抗旱稻旱种旱管的栽培模式,可以尝试使用水肥一体化技术,以大幅度提高水肥利用效率,降低生产成本。

(四)减少农业面源污染

农业面源污染主要来源于农药和化肥的过量使用。水稻生产中病虫害日益严重,为了减少病虫害对产量的损害,农民主要依靠化学农药杀虫防病。喷施大量农药不仅加重农民的负担,而且还会严重破坏生态环境。长期以来,为提高水稻单位面积产量,品种选育都是以耐肥抗倒为目标,然而化肥消耗量不断增加,但利用率却不高。全国24%的氮肥用于水稻生产,过量化肥投入提高了土壤氮、磷背景值,但氮、磷利用效率分别仅为30%~35%和15%~25%,过多施肥和频繁排灌导致氮、磷等随地表径流或地下渗漏迁移至环境水体,从而成为农业面源污染的重要来源。据我国《第二次全国污染源普查公报》显示,我国种植业水污染物排放(流失)量氨氮8.3万吨,总氮71.95万吨,总磷7.62万吨,分别占全国总量的8.6%、23.7%和24.2%。这些化学物质随雨水流入河流和湖泊,造成水体富营养化和生态破坏,这也是湖泊和海洋赤潮频发的原因。

2005年,我国著名水稻分子遗传学家、中国科学院院士张启发教授提出绿色超级稻的设想,具体目标就是少打农药,少施化肥,节水抗旱,优质高产的绿色理念,实现水稻生产的资源节约和环境友好的目标。其中,节水抗旱稻就是绿色超级稻的典型代表,因为其在田间不需要保留水层,降低了田间湿度,减少病害发生概率,而且节水抗旱稻根系发达,吸水吸肥能力较强,减少了对化肥和农药的依赖。研究表明,节水抗旱稻在旱种旱管栽培模式下,总氮和总磷的排放较普通水稻分别减少69%和37%,农药排放量对比减少85%以上,因此可以减少化肥使用量约20%,农药使用量约30%。这不仅减少了农业生产对环境的负担,也为农民节约了成本,同时也最大限度地降低农业面源污染,在缓解水资源供需矛盾的同时实现生态安全,有利于绿色农业的可持续发展和环境友好型社会的形成。

(五) 减少稻田温室气体排放

中国作为世界上最大的水稻生产国,如何在保障粮食安全的同时实现"双碳"目标,是必须面对的挑战,而节水抗旱稻的研发成为解决之道。节水抗旱稻的种植模式主要包括旱管模式和节水灌溉模式。旱管模式通过减少灌溉用水,降低稻田的水分含量,从而抑制甲烷的产生。同时,通过科学的水分管理,如干湿交替灌溉,可以在保证水稻生长所需水分的同时,减少氧化亚氮的排放。节水灌溉模式则通过优化灌溉系统,提高水资源利用效率,从而减少水资源浪费,同时降低温室气体排放。研究表明,节水抗旱稻在节水76%灌溉条件下甲烷排放量降低89%,氧化亚氮增加37%,且减产幅度低于普通水稻;旱管模式下甲烷排放降低70%～90%,且产量较为稳定。2019—2020年,基因中心罗利军团队与上海市农科院周胜团队合作,针对安徽省推广的120万亩节水抗旱稻进行了碳减排效果评估。根据现场实测及专业模型评估,旱管种植节水抗旱稻模式比传统淹水稻田的甲烷排放量减少90%以上,碳减排总量51.6万吨二氧化碳当量(CO_2e)。以当前1吨二氧化碳约合40元的碳交易价格计算,当年的碳减排价值就高达2000多万元。

浙江安吉作为"两山"理念的诞生地,长期坚持绿色发展,大量投入开展环境整治,形成了得天独厚的绿色资源禀赋和山清水秀的生态优势。2023年,安吉县分别选取新垦耕地、山坡旱地、水改旱田等类型地块引进种植节水抗旱稻,划分机覆全生物降解膜旱直播高效栽培技术、机械旱直播旱管种植示范、海绵农田种植示范、旱栽秧旱管示范等多个区块进行对比试验,对节水抗旱稻种植过程中节水减排减污进行全面的监测,种植期采集用水量、面源污染排放、农田甲烷排放等数据进行分析、比对,验证节水抗旱稻"节水、减排、增产、高效"等特性,为安吉水稻绿色生产发展提供新途径。通过展示节水抗旱稻机覆全生物降解膜旱直播旱管及海绵农田改造种植示范,形成绿色生态种植技术及管理体系,为探索水权交易和排污权交易提供有力支撑,形成可复制、可推广的节水科研成果。通过本次的田间实验,为下一步编制"节水抗旱稻生产定额灌溉"提供基础数据。基于节水抗旱稻的技术集成与推广项目已入选湖州市碳达峰、碳中和创新典型案例名单。据了解,旱管种植节水抗旱稻减排项目方法学已经通过浙江省碳普惠方法学备案,按照国际上的碳交易价格,农业领域自愿减排的二氧化碳交易价格是其他领域的 2～3 倍,意味着农户种植节水抗旱稻还能获得碳交易带来的收益。

节水抗旱稻的推广不仅能有效减少温室气体排放,而且有助于解决水资源短缺和环境污染问题。未来,通过健全碳交易、水权交易和排污权交易等市场机制,农民可以在保护环境的同时获得经济上的回报。相信节水抗旱稻的发展之路会越来越好,越来越宽。

第八章
雅俗共赏——独具匠心盼君来

一、相声《稻家之争》剧本

杨华

角色：旱稻、水稻、节水抗旱稻。

- 旱稻：秋风送爽，咱们农科院过50大寿，咱哥俩祝寿来啦。
- 水稻：祝愿上海市农科院发展壮大、寿比南山。
- 旱稻：更祝愿"农科人"多出成果，多拿荣誉。
- 水稻：(轮着说)：特别是多发奖金，多拿钞票(上海话，数钱动作)。
- 旱稻：(同时)科研出成果了，自然就有经济效益了。
- 水稻：换个大房子。
- 旱稻：(同时)改善必要的生活条件。
- 水稻：再买辆奔驰，或换辆宝马。
- 旱稻：嘿，欲望还不小。
- 水稻：再换个年轻貌美的老婆，生个大胖儿子。
- 旱稻：啊？等等，快停下，老婆能随便换吗？
- 水稻：不好意思，跑题了。啥，说半天还不知道我是谁？那我们来自我介绍下：我叫水稻。
- 旱稻：我叫旱稻。
- 水稻：提起我们水稻家族啊，那可是有着辉煌历史。
- 旱稻：瞧瞧，够不谦虚的。

水稻：我的祖先是野生稻，繁衍到近代，变成水稻，遍布世界各地，占领了肥沃的水田。

旱稻：还好意思说，尽占好地方，真够黑的！把丘陵、山地，还有那些贫瘠的荒地留给我们，老祖宗也偏心，让我们在旱地安家，变成旱稻。

水稻：作为水稻，我骄傲！没有我全世界都不行，都得重视我，嘿嘿。

旱稻：又开始吹了。

水稻：别看我现在个子不高，可"浓缩的才是精华"。你看那些傻大个，风一吹就倒。

旱稻：您别说，还有点道理，不过那还不是人家科学家矮化育种的功劳。

水稻：再说咱这产量，那可是节节攀升啊。

旱稻：是吗？

水稻：解放前，我们水稻亩产是100多千克，到了20世纪60年代，我们变矮个儿后，涨到了200多千克。

旱稻：啊！

水稻：20世纪70年代，袁隆平院士让我们相互杂交，亩产达到了400千克。

旱稻：涨的确实够快的。

水稻：现在，我们又换了名字，叫 supper rice——超级稻，亩产达到了800千克。

旱稻：吹上天了。

水稻：在2010年世博会上，我们可风光啦，全世界人民都来看我们，叫我们"世博稻"，您说我们水稻家族行不行？

旱稻：行！

水稻：强不强？

旱稻：强！

水稻：咱可不像有些稻，既没有产量又贼难吃，整个一无是处。

旱稻：嘿，您这话我就不爱听了。

水稻：咋的啦？

旱稻：您产量是高，可那是你的功劳吗？那是人家水的功劳，没水你还不得死翘翘！

水稻：这……

旱稻：您产量是高，可那是您的功劳吗？那是人家肥的功劳，没有化肥你会变成"瘦猴"，还有产量吗？

水稻：那……

旱稻：你产量是高，可那是您的功劳吗？那是人家高产田的功劳。你黑心地抢占了肥水充足的高产田，要什么有什么。

水稻：可是……

旱稻：再说了，就您那高产试验地的产量是高，可为什么我国的平均产量总是上不去啊?!

水稻：那您倒说说看，这是为什么？

旱稻：那是因为我国稻田大部分都不适合你们种！

水稻：为什么？

旱稻：那些地方长期缺水，旱灾频繁，您那娇贵的身体能承受吗？

水稻：我……

旱稻：而且，我国本来就是个贫水大国，人均水资源仅为世界平均水平的四分之一。您知道你一年喝掉多少水吗？您可是用水大户啊，都接近用水总量的一半了！您说说，现在幼儿园的小朋友都知道要节约用水，您咋就这么不节约呢?!

水稻：可我是水稻啊，我不喝那么多水，那我还叫水稻吗？（委屈）

旱稻：你知道你还有一大罪状是什么吗？

水稻：我又犯啥错误了？

旱稻：你有破坏环境罪！

水稻：这罪名可真够大的！

旱稻：你那在水稻种植田里保留水分的臭习惯，造成大量温室气体排放；甲烷排放已经占到接近 20% 了。

水稻：是吗？

旱稻：还有你过量施用化肥、农药，你自己又用不了，好家伙，都排到江河湖泊,您是不是怕咱们生态所的老师还不够忙吗?还有,说起"世博稻"我就生气。

水稻:怎么了?

旱稻:你说怎么了,"世博稻"包括那么多品种,有几个是超级稻?再说,为了种好你,我们院的几位老师睡过好觉吗?他们的眼睛总是红红的,知道的说他没有休息好,不知道的还说他得了红眼病呢!

水稻:看你说的。

旱稻:还是我们旱稻好啊,吃的是草,可挤出来的全是奶啊。

水稻:你是奶牛啊(摸摸旱稻的肚子)。

旱稻:我们的命是不好,从出生就爸爸不疼妈妈不爱的。

水稻:苦大仇深!

旱稻:可我们能吃苦呀。我喝的水只有你的四分之一,农民种起来也省事,往地里一趟,靠天下雨,到时候去收就完事了,既省水,又省事,这多好啊。

水稻:你也别瞎吹了,就你那产量,还想养活我们13多亿人口吗?省省吧,咱虽然造成了一点点的危害,但好歹有产量啊,起码让大家吃饱肚子啊,哪像你,跟我比,你还是差远了!

节水抗旱稻:(走出来)同志们好,同志们辛苦了!听说上海市农科院在这里举办院庆,我也来凑个热闹,给大家道喜来了。

旱稻:他是谁啊?咋没见过啊?

水稻:小样,新来的吧?!

节水抗旱稻:两位大哥,你们好,我先自我介绍一下,我的名字叫"节水抗旱稻"。

水稻:什么节水抗旱稻,你到底是我们水稻?

旱稻:(同时)还是我们旱稻啊?

节水抗旱稻:哈哈,可以说我既是水稻又是旱稻。

旱稻、水稻:怎么讲?

节水抗旱稻:我刚才在下面听你们俩吵半天了,觉得你们说的都对。水稻大哥产量高，米质好，但需水量大，污染厉害，跟咱们现在提倡的低碳农业不符合啊。旱稻大哥抗旱性强，能在恶劣环境下生长，但产量低，米质也不太好。

旱稻、水稻：是啊，那你说该怎么办？

节水抗旱稻：办法总比困难多，你们知道我的名字叫什么吗？

旱稻、水稻：节水抗旱稻。

节水抗旱稻：对，我们节水抗旱稻是一种既有水稻高产优质特性，又有旱稻节水抗旱特性的一种新型水稻品种类型。

水稻对旱稻：（拉一起）瞧这小子，人虽不大，口气倒不小，怕是吹的吧，我活这么久，还没听说有这么好的事情呢。

旱稻对水稻：是啊，高产、抗旱是个矛盾，怎么能结合在一起呢？

节水抗旱稻：可能大家对我还不了解，那我就给大家介绍介绍我们家族。

旱稻对水稻：我们不妨听听看。

节水抗旱稻：节水抗旱稻的节水、抗旱与水分利用效率，是相互联系而又有所区别的，节水呢，就是节约农田用水。

旱稻：那抗旱呢？

节水抗旱稻：抗旱就是在干旱条件下我们依然能够正常的生长、开花、结果。

水稻：那水分利用效率呢？

节水抗旱稻：水分利用效率就是以最少的水分消耗获得最大的经济产量啊！

水稻：好像还蛮有道理的嘛。

旱稻：你的想法听上去不错，不过，你真的做到了吗，怕是吹的吧！

节水抗旱稻：基因中心的科学家正在从不同的角度，全方位地进行节水抗旱稻的研究呢。

旱稻：哟，还全方位呢，说来听听。

节水抗旱稻：已经建立了节水抗旱评价体系，确定节水抗旱核心资源，发掘节水抗旱的优良基因，使得我们这些节水抗旱稻横空出世！

水稻：还横空出世呢。

旱稻：你刚才不是说节水抗旱稻家族吗？

节水抗旱稻：是呀，我们有常规节水抗旱稻，还有杂交节水抗旱稻；有籼型节水抗旱稻，还有粳型节水抗旱稻。

旱稻：（对水稻说）还不少呢。

节水抗旱稻：有'沪旱3号''沪旱7号'，有'旱优3号''旱优8号'，还有'忽悠2号'。

水稻：什么，忽悠什么，忽悠2号？

节水抗旱稻：不是忽悠，是'沪优2号'，上海的"沪"，优质的"优"。原本我们叫'旱优2号'，在国家审定时，为了突出咱们上海，改成'沪优2号'了。

水稻：还是忽悠。

节水抗旱稻：今年，我们在安徽开了大面积展示的现场会，节水抗旱稻表现是相当的好，那场面真是相当的大，那产量真是相当的高，那什么是相当的……

旱稻：好了好了，听你这么说，你们家族真是好，不像有的"人"，多吃多占，还牛皮吹到天上去（对水稻）。

水稻：是啊，也不像有的"人"，吃得虽然少，可产出也太低了。

节水抗旱稻：好了，好了，两位都不要争了，我们节水抗旱稻能横空出世，还得多谢两位呢。

水稻：此话怎讲？

节水抗旱稻：节水抗旱稻是在水稻科技进步的基础上，引进旱稻的节水抗旱特性所育成的。你们水稻育种研究历史长，有很好的研究基础；你们旱稻家族虽然在育种上研究较少，但尚有很多宝贝正等着科学家去挖掘，你们的抗旱性是无与伦比的。而我们节水抗旱稻是个年轻的家族，要走的路还很长，还需要不断地获得你们的支持啊。

旱稻、水稻：不客气，有事只管说。

节水抗旱稻：我们本来是亲兄弟，大家团结一致，努力奋斗，成为绿色超级稻。

水稻：对，只有这样，我们才能在任何环境下都能获得好的产量。

旱稻：重要的是还能做到节能减排。嘿嘿，咱也时髦一回。

节水抗旱稻：对，我们要百花齐放，百家争鸣，让老百姓吃饱饭，吃好饭。

旱稻：哎，我看我们在这讲再多也没用，还是要靠在座的专家们多出力。

水稻：对，只有靠你们，我们上海的农业才能更上一层楼。

旱稻、水稻、节水抗旱稻：更上一层楼！（图8-1）

图8-1·上海市农科院建院50周年表演相声《稻家之争》

二、相声《稻家之争》的创作故事

杨华

2010年10月，上海市农科院建院50周年庆典需要每个单位出一个节目，时任上海市农业生物基因中心工会主席的我当时心里就盘算着：文艺演出也是展示单位风貌的一种方式，作为我院最年轻的单位，我们何不借此机会出一个跟我们的工作相关的节目，这样既能完成院工会安排的演出任务，又能通过文艺表演的形式，展现我们基因中心的工作，让更多的人了解我们基因中心。

大方向有了，但是具体以何种艺术表现形式，反映基因中心的哪些工作？这又使我犯了难。下班后我躺在床上辗转反侧：基因中心成立8年来，在做好种质资源收集保存工作基础上，一直致力于节水抗旱稻的研究。有关节水抗旱稻的研究成果在2005年和2007年先后获得上海市科技进步奖一等奖，2010年获得上海市技术发明奖一等奖。短短8年，节水抗旱稻的成果可圈可点，但是节水抗旱稻毕竟是个新生事物，大家对它还不是很了解。

我从2002年毕业进入基因中心种质资源库工作，是第一批入职基因中心的员工，也是节水抗旱稻事业发展的见证者和亲历者，看着中心一步一个脚印，慢慢把节水抗旱稻研究做起来。然而，在节水抗旱稻研究初期，总听到来自外界的不同声音，很多人不理解：在水稻育种追求产量和品质的主流下，罗老师为什么要另辟蹊径，研究节水抗旱稻？什么是节水抗旱稻？是文字游戏还是科研难题？甚至我们院里很多老师也未必了解和理解我们做的这些研究，我们何不用一种简单、通俗的方式来宣传一下我们的节水抗旱稻研究呢？

方向定了，题材有了，剩下的创作倒是异常顺利，因为本身对这块内容比较熟悉，几乎是一气呵成地完成了初稿，后又查阅了相关文献，将部分数据进行了校准。写完初稿后，又请龚丽英书记、罗利军老师等一起修改。第一次用相声的形式来讲述科学知识，大家也来了兴致。后选定了中心在读研究生刘毅、付冬和赵洪阳三位男生分饰水稻、旱稻、节水抗旱稻的角色。在上海市农科院建院50周年庆典上，演出获得了成功，并得到了专家们的认可。

2011年，为了科普节水抗旱稻这一科研成果，科普刊物《科学画报》用专刊形式，以"粮食安全的新希望——节水抗旱稻"为题，用科普的语言，第一次系统地介绍了节水抗旱稻的理论与实践。专刊内容围绕我国农业生产所面临的重大问题、科学家为此所进行的科学思考、从事的科学研究和取得的阶段性科研成果、涉及的科学原理和栽培技术等方面进行了详细的介绍，使读者可以直观地理解节水抗旱稻的科学内容。在向《科学画报》编辑部提供素材时，龚丽英书记把我们为文艺会演创作的《稻家之争》相声剧本也给该刊编辑审阅，他们觉得该相声内容生动有趣，将艰涩深奥的科学术语、科学知识用诙谐幽默的方式展示出来，让普通百姓能在轻松的氛围中了解科学家的工作，非常符合科普需求，因此也将其收录到该期《科学画报》中。

三、科普舞台剧《穿上皮鞋种稻去》剧本

杨华

(一) 内容简介

本情景剧由真实故事改编,全剧共分三幕。

第一幕:历史。主要通过农民遇到干旱天气导致水稻绝收的场景,科学普及旱灾给农民生产带来的危害。

第二幕:使命。通过潘小虎推广由上海市农业生物基因中心研发培育的节水抗旱稻的经过,科学普及节水抗旱稻这项科学成果的前世今生。

第三幕:愿景。通过农民种植节水抗旱稻获得丰收,媒体采访节水抗旱稻培育人罗利军的场景,表达了发展节水抗旱稻,改变水稻的传统种植模式,实现资源节约,环境友好,为世界粮食安全、水资源安全、生态安全做出中国贡献的愿景。

(二) 剧本

第一幕·困境

场景:安徽某处稻田。

时间:日。

人物:李爷爷、李奶奶、张大爷、王奶奶、农民 A、村民 B。

大屏幕:踏水种稻五千年

　　　　面朝黄土背朝天

　　　　粮安天下使命在

　　　　滴滴汗水浇稻田

- 悲凉的音乐响起。

旁白:天有不测风云,安徽怀远地区旱情严重,几千亩地因干旱而绝收。

村民 A:老李,你快点,你家那口子气晕了。

- 村民A和李爷爷三步并作两步来到田埂边。
- 李奶奶醒过来,周围围着村民。

  李爷爷:孩儿他妈,你没事吧?

- 李奶奶瘫坐在地上,悲天跄地哭起来。

  李奶奶:整整一季的稻子,就这么旱没了,明年吃什么?喝什么?(李奶奶狠狠地捏了一把枯黄的干水稻),老天爷怎么就一点雨也不下啊。

  李爷爷:你放心,孩子们都在城里打工,饿不着咱的。

  李奶奶:哎,打工,打工,孩子们稍微大一点,都愿意去城里讨生活,你看就没几个年轻人留在这田里,我们这些个老骨头啊,撑着身子种一年,谁料到老天爷还这么不长眼啊(李奶奶捶着胸口)。

- 村民们附和着。
- 李爷爷将李奶奶扶起来,村民们都站在田埂边,愁容满面。

  张大爷:你说的可不是,你看看,李婶家的地都荒了两年了,我家的,这一季要不是儿子赶回来帮忙,到现在秧都没插到地里呢。

- 张大爷摆了摆手,摇了摇头,看着一片枯掉的稻子。

  王奶奶:可别说这些天灾,就这犁地、插秧,还有一年好几次施肥、打药,费钱、费力不说,也真是干不动喽。你说啊,咱祖祖辈辈都是庄稼人,哪有庄稼人把庄稼地给荒了的,心疼啊。

  李奶奶(做求雨状):啊,老天爷啊,可怜可怜我们这些庄稼人吧!这水稻啊看来是种不成了,这人都快没水喝了,哪有那么多水灌到田里啊。这水稻能不喝水或者少用点水就好了!

  李爷爷:老婆子,你是急傻啦?祖祖辈辈都是这样种稻子的,这水稻不用灌水还叫水稻吗?!

  村民B:哎,走喽,不看也罢,看了都是满眼的伤心。

- 村民们愁容满面,相互搀扶着离开了田埂。

第二幕 · 使命

场景:村口。

时间:日。

人物：虎子、小周、村民A、村民B、村民C、村民D。

表现形式：快板。

大屏幕：刻苦求索二十年

　　　　捧出硕果舞翩跹

　　　　节水抗旱效益好

　　　　直播旱管真简单

虎子（快板）：我的名字潘小虎，安徽亳州利辛人，面朝黄土背朝天，祖上世代是农民。

小周（快板）：农民实在太辛苦，看天吃饭没定数，初一忙到除夕夜，一场天灾收成无。

虎子（快板）：十八弃学闯上海，运输公司把车开，车轮滚滚见识长，科技发达真厉害。

小周（快板）：离乡离土不离情，置家富裕不忘本，能为家乡做点啥，你得好好想一想。

虎子：对啊，你说我一开车的，能为家乡做点啥呢？

小周：那你得使劲想一想！

虎子：唉，我还真想到了！（快板）家乡土地经常旱，种地只剩老人家，缺水缺钱少劳力，怎么能把稻子种？！

小周：怎么种？

• 虎子调皮地拍了一下小周的脑袋。

虎子（快板）：种地首要品种好，仔细听我表一表。初识节水抗旱稻，基因中心立功劳，听说稻谷真不错，节水省力产量高。

小周：那么，我们开干？！

虎子：好嘞——进村推广喽——！（快板）科技创新要启动，推广良种冲在前，挨家挨户把门敲，种稻知识多宣传，乡村振兴把力出，五千亩连片夺高产。

• 虎子、小周走向舞台左区。

村民A、村民B：哎，你这种子真的产量高吗？

- 虎子、小周对着村民A、村民B。

  虎子：'旱优73'哪里好？

  小周（快板）：第一好，产量好！

  潘家虎（快板）：有水产量高，缺水产量稳，节水抗旱稻，像给农民吃了个定心丸。

- 虎子、小周走向舞台右区。
- 虎子、小周对着村民C、村民D。

  村民C、村民D：你确定，这种子比其他种子好种？

  小周（快板）：第二好，栽培好。

  潘家虎（快板）：少施农药，少施肥，省了农民种粮钱；水种旱管，旱种旱管，改变传统栽培法。

- 虎子、小周走向舞台中央。
- 把农民聚集在一起。

  小周（快板）：第三好，米质好。

  潘家虎（快板）：'旱优73'米质好，全国评比拿金奖。老人小孩都爱吃，一家做饭十家香。

  众村民们：我们试一试？

- 村民们对望。

  众村民们：我们试一试！种田去喽——

- 村民们下。

第三幕·愿景

场景：节水抗旱稻田间。

时间：日。

人物：记者、罗老师、余新桥老师、村民A、村民B、村民C。

大屏幕：仰望星空一万年

　　　　稻香四方稻农闲

　　　　绿水青山家园美

　　　　百业兴旺人康健

旁白：大丰收喽——

- 音乐起,舞蹈演员上。
- 节水抗旱田间,丰收锣鼓震耳欲聋,丰收歌舞此起彼伏。

  农民们劳作的劳作,欢庆的欢庆。
- 罗老师、余新桥老师拿着一个穗子,边走边讨论。
- 记者拿着话筒随机采访村民。

  记者:经过三年的努力,水稻亩产量发生了巨大的变化。作为第一批尝试'旱优73'的农户,你有什么想说的吗?

  村民A(激动地):这节水抗旱稻好啊,种了这个稻子,我们年年都是丰收年啊,我们都乐开怀。
- 罗教授、余老师迎面走来。
- 村民迎着罗老师、余老师拥了过去,握手感谢。

  村民B(激动地):罗老师、余老师,真的非常感谢你们。你看现在,年年都是丰收年,最主要的是,这'旱优73',不仅改善了我们庄稼人的生活,更留住了庄稼人的心。村里的年轻人,愿意出去打工的越来越少了,各家各户都一门心思地搞生产。这留住了年轻人的心,就等于留住了希望啊。

  众村民C:是啊,是的呀。

  罗教授:刚推出节水抗旱稻这个新品种,我们也面临了很多的困难,推广难、接受度低啊,大家不了解这个品种。但我们的心时刻和你们绑在一起,痛你们所痛,急你们所急。

  余老师:好在村民信任我们,愿意跟着我们一起干,就这样一步一步,把这条路给踏出来了。

  记者:罗老师、余老师,那未来对节水抗旱稻的工作还有什么部署吗?

  罗教授:我们的工作目标就是发展节水抗旱稻,改变水稻的传统种植模式,实现资源节约,环境友好,为世界粮食安全,水资源安全,生态安全,做出中国贡献!我们的事业已经起航,它必将经过惊涛骇浪,像巨轮一样行驶在充满希望的大海上!
- 背景是大海中行驶的巨轮,所有人边说边到船上。
- 巨轮扬帆起航。

四、《穿上皮鞋种稻去》获奖背后的故事

——献给所有为此剧付出汗水的小伙伴们

杨华

2019年,上海市农科院国庆70周年文艺汇演,当主持人报出获得一等奖的单位是基因中心时,基因中心所有在场的小伙伴都情不自禁地高呼起来:这个奖来之不易,这个奖是对我们所有努力的肯定,这个奖我们等得太久……(图8-2)

图8-2·上海市农业科学院国庆70周年汇演

(一) 创作

2019年8月中旬,龚丽英书记邀请我加入节水抗旱稻的宣传群,希望我能写点东西;下旬,她又告诉我国庆院里要举办文艺大汇演,让我负责节目。当时我就想,节目的编排需要很多人力、物力、财力,如果既能作为国庆演出节目,又能宣传节水抗旱稻岂不是更好。想法得到龚书记的赞同。

确定节目形式是当务之急。几年前,我创作过一个群口相声《稻家之争》,虽然内容不错,但舞台效果略显单薄。刚好 2019 年 6 月,院人事处领导带领我院青年党员去河南新乡开展党员先进性学习,学习当代愚公的精神。可能因为多年从事工会工作的惯性思维,对新乡市委党校老师们给我们呈现的舞台剧印象深刻。我们可以围绕我们的节水抗旱稻,编排一部情景剧。刚好那天罗利军老师也在,一听我们要以情景剧的形式宣传节水抗旱稻,也来了兴致。节水抗旱稻的研究和推广历程从不被人理解,到被接受、肯定,乃至最近罗利军老师又提出了改变传统水稻种植模式的口号。就像在迷雾中行走——拨开云雾始见天——迎着阳光昂首阔步。很快和两位领导一起把情景剧确定为三幕:困境、使命、愿景。

大标题有了,那又如何来充实呢?基因中心十几年来留下了很多宝贵的影像和图片资料。尤其是龚书记在科普宣传上做了大量的工作,这些积累都是宝贵的素材来源,余雅马上全部拷给我,足足好几个太字节(TB)呢。整个周末我就把这些图片、影像反复细看,希望能从中获得灵感。广西来宾老太太仰天的照片给我留下了深刻的印象:罗利军老师走上节水抗旱稻的研究,不就是因为受 1997 年广西来宾干旱的触动,才从超级稻育种转到了节水抗旱稻的研究吗?(图 8-3)。那我们就以此为背景。

图 8-3 · 广西来宾旱情严重

第一幕：困境。把干旱给农民带来的困境呈现给大家，来揭示我们节水抗旱稻研究的意义。有了这个想法，情景剧的场景马上确定为农民因干旱绝收的现场。通过村民的对话，就可以把水稻种植的困境以及节水抗旱稻研究的意义都呈现出来了。

第二幕：使命。这个词有点庄重严肃，如果把科学研究严谨的气氛搬上舞台，恐怕舞台效果不太好。从什么角度既要把中心的科研工作体现出来，又要把节水抗旱稻走向市场都展现出来呢？躺在床上辗转反侧，忽然一个人的形象进入脑海。其实，我只跟这个人有过一面之交：几年前，有个陌生人来基因中心，开门后我照例询问他找谁，得知他是找赵洪阳要种子的。因为洪阳在天谷公司，我又在种质库工作，就顺便问了下，看看我能不能帮忙。结果，这个小伙子就兴奋地跟我讲起了他与基因中心、与节水抗旱稻结缘的故事。这个人就是第二幕中潘小虎的原型——潘家虎。他来自安徽亳州，在上海某运输公司开车，罗老师经常深入安徽调研，租他们公司的车，因为他是当地人，就担任罗老师在安徽跑点的司机。慢慢地他了解到了我们的品种，并逐渐产生了兴趣，到最后自己也开始做起了节水抗旱稻种子的生意。这不就是个典型的人物吗？一激动，我马上起床开始编写剧情。因为要把事情讲清楚，同时剧中基本都是对话，为活跃表现形式，干脆第二幕就以快板形式表现吧。

第三幕：愿景。是对事业的展望，也是我们这部剧的高潮。编写前我请教了罗利军老师，他希望我能把节水抗旱稻要改变传统水稻种植模式这个理念带给大家。同时，我们也想反映节水抗旱稻在"一带一路"、乡村振兴上所做的贡献，并展望未来。前段时间，罗利军老师、龚书记一行去安徽发回的连片种植图片给人以不小的震撼。那就干脆设计丰收地里对罗利军老师的采访场景吧，让罗利军老师亲自把我们的愿景说出来岂不是更好？！受新乡之行以及女儿弹的古筝曲《丰收锣鼓》的启发，第三幕前奏锣鼓的舞蹈更加喜庆，舞台效果也会更好。

三幕剧情都想好了，给个什么题目好呢？既要通俗形象、朗朗上口，又要跟我们的节水抗旱稻息息相关，不可太直也不可太虚，思前想后，干脆就叫《穿上皮鞋种稻去》！

（二）排练

初稿完成，龚丽英书记看后表示赞同，但是罗利军老师希望我跟一线的人员多了解，他们还有很多更好的故事。后来我也电话采访了安徽推广节水抗旱稻的张凤维经理。确实，他那边还有很多感人的小故事。但是，因为第二幕编写时是一气呵成的，我感觉自己的热情和灵感已经被掏空了，不知道怎么把张总的故事编进去。就这样搁置了几天，到了9月。

9月2日，当陈之豪把会演彩排的时间表发给我：第一次是12日，我瞬间石化！马上把情况向龚书记做了汇报，龚书记很重视，向我推荐了做舞台剧的专业人员，把我的剧本发给他们，请他们帮忙修改，并约时间一起进行商量。同时，龚书记拿着基因中心的花名册陪我一起选演员。由于工作原因，留给我们排练的时间不到20天！因此，排练只能放在晚上和周末的休息天。我们这个又是大剧，需要的演员较多，所以整个中心排了好几轮。感谢时任中心学生会主席罗国瑜，虽然因为实验的关系他最终没有参演，但是前期也承担了很多工作。9日，我和龚书记把情况向他一说，他立马召集全体在中心的研究生积极配合参演。可是，演员人数还是不够，我们把住在附近的基因中心职工也都请了过来，总算初步建立了我们的演员队伍。10日晚上，20多名演职人员在基因中心会议室齐聚一堂，龚书记给大家开了一个简短的动员大会。大家有点兴奋，但又很忐忑，因为没有参与过这样的表演，怕演不好。专业编导根据我们人员的情况分配了角色，这时已经晚上9点多了，编导又把戏给大家讲一遍，大家算是知道自己的任务了。我们的第一次集合匆匆忙忙在晚上10点多结束。紧锣密鼓的排练算是拉开了序幕。

由于国庆70周年时，各位演员老师们手头的工作也特别多，11日晚上开始，我们就按照之前编导讲的要领，自己组织排练。15日，舞蹈编排结束，编导对跳舞的8位小伙伴进行了指导。一晚上，让8位毫无基础的小伙伴记住队形、动作，真的很不容易。老师尽心教，学生刻苦学，大家甚至忙到来不及吃饭。17日，大家从下午一直练到接近晚上10点，个个都练得筋疲力尽。但是我还是特别焦虑，因为时间真的太紧了。18—20日由于会议，排练被迫中断，但老师们没闲着，帮我们选道具，选服装。22日是休息天，老师、演员全部到位，算是第一次配上服装排练。26—27日是院运动会，演员又无法凑齐，那一周还是科技周，很多人员有接待的任务。算了下，只剩5次排练机会。这更增添了我的焦虑感，睡觉都在想着怎么快点排好节目。

(三) 获奖

29日的会演,15家单位节目样式多,设计新颖,看得出每家单位都花了很多心思。真是好事多磨,由于当天舞台话筒没有打开,导致第一幕演出时音响出现问题。好在演员们还是冷静地表演完了,并且尽量放大声音,让台下能够听到台词。第二幕开始话筒打开后,给演员的表演增色不少。评委们看出了我们对节目的用心,给我们打出了全场最高分。

演出结束,当第一时间知道我们获得第一名的时候,大家都抑制不住内心的激动。为了这个节目,大家克服了许多困难,编导老师们下了班,还来帮我们排戏:安然老师怀着孕,陪我们到很晚;孙编导累得嘴上都长了热疮;舞蹈老师为了帮我们卡视频的时间多次过来指导我们排练,还在其他老师没空的时候,给我们舞蹈组亲自示范舞蹈动作。罗老师为了我们的情景剧,专门赋诗三首,并亲自书写,作为三幕的序,还在我们的道具上书写了6个"福"字,给剧情增彩不少;为了剧情的背景效果,龚书记反复琢磨修改背景素材,直到28日晚上才修改好背景视频;我们的演员也不简单,余雅家里爱人出差,孩子只能独自在家叫外卖充饥;张云超、滕小英、卫海滨的小孩都很小,但都无法照顾;王飞、陈大虎两口子女儿寄宿难得回来,也没空陪伴,杨诗勤很早就约了看牙,也只能改期;熊杰献了400毫升血,还没来得及休息就赶回来排练;黎佳佳怀二胎,加班排练第二幕的快板和第三幕的记者;我们的硕士、博士实验紧张,顶着毕业的压力抽时间参加排演,常常因此忙碌到深夜,平时一有空都在喃喃自语背台词;我自己也是,两个孩子在家,没空照顾,只能托付给邻居,有时候实在不行,只能把小的抱到排练现场,甚至累病了也不敢休息;我们舞蹈组的小伙伴为了呈现最好的效果,经常单独加练;28日上午赶去奉浦彩排,很多人因为出发早,早饭也没来得及吃;那天彩排的单位不多,上海市农科院团委书记给了我们很多排练时间。彩排结束,看着大家狼吞虎咽吃饭的样子,着实令人感动。为了演好这部戏,这样的事例真是不胜枚举啊!

成功来之不易,需要团队的精诚合作,需要我们每个人倾情付出!感谢每一个为此付出汗水和智慧的小伙伴,感谢我们一起经历的这段紧张而快乐的排练时间,它将成为我们所有人的美好回忆!

(四)《穿上皮鞋种稻去》后记

《穿上皮鞋种稻去》在上海市农科院国庆70周年会演上一经演出,大放异彩。不仅上海市农科院工会主席情不自禁地大加褒扬,很多院领导和其他所的同事都对我们的节目纷纷赞赏不已:毫不谦虚地讲,这是一个能让人留下深刻印象的节目——既演出了我们农科人的精神风貌,又科普了节水抗旱稻的前世今生,以及这项科研成果给百姓带来的希望,同时又不失艺术魅力。这样的赞扬让我们每一位参与者兴奋不已!

近年来,国家各层面对科普项目非常重视。2020年初,上海市2020年度"科技创新行动计划"科普专项项目开始申报。龚书记当即决定将我们的舞台剧《穿上皮鞋种稻去》进行申报。于是,她紧锣密鼓地组织我们撰写项目申报书。由于我们的舞台剧表现形式新颖、故事真实生动、趣味性强、科普内容受众范围广等创新点,最终获得了上海市科委的立项。该剧先后在上海市科委组织的科学之夜、上海国际科技艺术展(图8-4,图8-5)、2020年闵行区科技艺术展(图8-6)、上海市农科院建院60周年

图8-4·上海国际科技艺术展(闵行)展演

图 8-5 · 上海国际科技艺术展(静安)展演

图 8-6 · 2020年闵行区科技艺术展演

庆汇演、2021年闵行区人社局庆祝建党100周年文艺汇演（图8-7）、上海市农科院国庆70周年汇演（图8-8）等展演了7场。科普舞台剧通过公益演出，在国内主流网络平台腾讯视频、上海市农业生物基因中心微信公众号等新媒体上也有播放，进行广泛的宣传，结合节水抗旱稻的种植推广区域开展线上视频播放，累计网络点击量5.8万人次。

图8-7·2021年闵行区人社局庆祝建党100周年文艺汇演

图8-8·上海市农科院国庆70周年汇演

为节水抗旱稻的科学普及创作两个文艺作品,我深感自豪。当然这两部作品能搬上舞台,获得这么好的宣传效果,得益于领导的重视,以及许多为此努力的伙伴。我也相信,随着我们节水抗旱稻事业的发展,在这过程中会涌现出更多感人的故事,也期待有更多的故事搬上舞台、搬上银幕!

五、微电影《大"稻"自然》剧本

龚丽英　张婧琪　黎佳佳

人物：

胡大可：男,55岁,当地农民。

胡　杰：男,26岁,胡大可儿子。

余择心：男,35岁,农业科技员。

王欣婷：女,24岁,种业公司销售人员。

三　胜：男,30岁,农民。

农民甲、乙若干。

字幕：

端稳中国碗,装满中国粮,关键在农民,根本在耕地,出路在科技。

——2020年7月30日人民日报

1. 田间　外　日

烈火般的骄阳炙烤着大地,空气中都仿佛带着一种黏稠;老农胡大可光着膀子弯着腰在田间拔草,一个神秘人从远处走来。

神秘人：老乡啊,这么热的天怎么也不戴顶帽子啊?

神秘人站在垄上对着田里的胡大可说,胡大可头都不抬地边干边说。

胡大可：现在太阳大,看得清。得赶紧把这些杂草给薅了。

神秘人看了看稻子的长势。

神秘人：这两年大旱,老乡啊,你们不容易啊!

胡大可：农民嘛! 就是靠天吃饭。

神秘人：老乡,你这稻种得不错,就是叶子稍微有点卷,要是再多浇点水就好了。

胡大可直起了腰,由于逆光的关系看不清跟他说话的人。

胡大可:哟,你这城里来的,懂的还挺多啊!

神秘人似乎感受到了胡大可挑衅的语气。

神秘人:我们在山脚下那片地种试验田呢,有空可以去看看,我们的新稻子不错的。

胡大可转了一个身,冷笑一声,屁股对着神秘人弯下腰继续拔草。

胡大可:(冷笑地回答)这方圆五百里没有种地比我好的,我还要去看别人,笑话!

神秘人看见胡大可背身拔草,知趣地离开了。

胡大可:(嘀咕着)现在是个城里来的就觉得自己了不起,还教我种地,可笑啊。

远处一个女孩向胡大可处跑来,边跑边喊。

王欣婷:叔,出事了,胡杰出事了……

胡大可直起了腰,望着王欣婷着急忙慌地跑来,一股不祥之兆涌上心头。

2. 山上田间　外　日

山上田间,胡杰带着几个村民,聚集在一起开垦一块试验田。胡杰忙碌地指挥着大家耕作时,三胜快速从远处走来。

三胜:胡杰,你把钱还我吧!我不干了,我要和媳妇儿一起去城里打工。

胡杰:这哪行啊?当初咱们说好的,大伙儿一起凑钱搞这试验田。怎么就临阵退缩了呢?!

三胜:我媳妇儿说了,不能再信你了!

胡杰:你再相信我这一次!我是学农的,读了这么多的书,做了这么久研究,离成功就差这一小步。

三胜:得了吧,前年就是因为相信你,搞了什么试验田,最后旱了一场,全赔了!去年你瞒着你爸,忽悠我们搞了新品种,产量是上来了,但是米难吃得要命,卖都卖不出去。我媳妇儿说了,坚决不让我再跟你一起瞎搞了,你今天就把钱退给我!

胡杰:我现在哪有钱退你啊?你看我这儿肥料都买了,水渠也挖了,你看从山脚下引水上来多费劲啊!

三胜:我管不了这么多,反正你今天必须把钱退给我。

胡杰:(转过身不当回事地继续干活)你那没文化的媳妇儿,你听她的干吗?你还是不是个男人啊!

三胜这个老婆奴,一听胡杰说他老婆坏话,顿时火冒三丈,跳起来揪着胡杰的衣领。

三胜:你说啥!你再给我说一遍,说谁没文化呢!你今天不退钱给我,我就砸了你这试验田!

两人越吵越激烈,三胜和胡杰扭打在一起,场面一片混乱。一旁的村民赶紧跑去叫来了胡杰的父亲胡大可。胡大可随村民急急忙忙跑来劝架。

胡大可:都给我住手。

洪亮的声音响了起来,胡大可强行分开了胡杰和三胜。

三胜:(气急败坏地拉着胡大可)叔,今天我就摊牌给你讲了,这两年胡杰都是骗你的,他搞试验田的钱,都是问我们借的,今天我不想干了,他还不给我退钱。你来给我评评理!

胡大可一听,气不打一处来。

胡大可:臭小子,让你老老实实种田,你非要搞什么新实验。我花钱供你读书,是让你来祸害村民的吗,我的老脸都让你给丢光了。

胡杰:爸,你听我说,这次肯定能成功。王欣婷说了,有一批新的种子,可以节约很多水,我算过,我们这样泵水上来的钱,加上新种子,成功的概率很高。

胡大可:你又听那小骗子的忽悠了,你说说你这几年干啥都不成!乡亲们这两年被你害成这样,我怎么对得起他们!

胡杰:爸,你们看天吃饭的时代已经过去了,以后要靠科技兴农……

胡大可:啥?我们祖祖辈辈看天吃饭怎么了?我靠这片土地把你养这么大,你翅膀硬了,还来教训我?臭小子,看我今天不打死你!

胡大可挥手朝胡杰打去。众人纷纷上前劝架。

3. 欣婷种子商铺　内　日

王欣婷的种子商铺里,她拿着鸡蛋在给坐在凳子上的胡杰消肿。

王欣婷:你说你好好的,怎么又跟你爸吵起来了?你又不是不知道你爸的脾气。

胡杰:我搞这么多试验田,还不是为了让我爸认可你嘛。他这个死脑筋就是不肯接受新鲜事物,你几次三番跟他推广新品种,他看都不看就拒绝了,还说你是骗子。我就是想用事实证明给他看你是对的。

王欣婷：那你也不能瞒着他搞这么大动静啊！现在你爸更不相信我了。

胡杰：不过，我跟你说实在话，我自己心里也没底。

王欣婷有些泄气，手里的蛋慢慢松了下来，胡杰慌忙接住按在脸上消肿的鸡蛋。

胡杰：这自古万事都讲个天时地利人和，我现在是哪头都不沾？天时，你说这天气都能把人熬干，更别说地里的庄稼了。这些田普遍缺水少肥、土壤贫瘠、保水性也差……

胡杰越讲越丧气，不由自主地把鸡蛋塞到了嘴里。王欣婷看着胡杰，胡杰深吸了一口气。

胡杰：（自我打气）加油！（对王欣婷）回去了！

王欣婷看着即将走出去的胡杰。

王欣婷：晚上记得过来！

胡杰：（疑惑的）干吗？

王欣婷：余择心大哥的申请批下来了。要在咱们这住段日子，今晚给他接风。

胡杰：（激动的）你，你怎么不早说啊！太好了……我回去收拾收拾，晚上过来……太好了，这下天时地利人和了……

胡杰激动得手舞足蹈，王欣婷看着傻乎乎远去的胡杰。

王欣婷：（叮嘱）回去跟大叔好好说话——！

4. 胡大可家院子　外　日

胡大可家院子中央放着两个行李箱，胡大可把打包好的被子、褥子一件件往外扔，胡杰赶忙上前制止。

胡杰：爸，你这是干吗？

胡大可：我已经给你姐和姐夫打过电话了，你现在就给我走，回城里去。

胡杰：不是说好的嘛，要是这次稻子种成功了你就让我留下嘛。

胡大可：不能让那个小骗子把你再这么霍霍下去了。

胡杰：你在说什么呢？

胡大可：我说什么，你听不懂啊！你能不能有点脑子……今天这事儿是不是她撺掇的？二十六七岁的人了，不想着踏踏实实凭劳动赚钱，成天脑子里就想着走捷径。人家说什么你就信什么……

胡杰:你要说我就说我,你说人家王欣婷干吗? 这事儿跟她没关系。

胡大可:好,我不说她。你现在立马给我走,回你姐那儿去!

胡杰:我不去,我就留在这,我说什么也要把这试验田种出来,证明给你看,让你输得心服口服。

胡大可:你放屁!

气急败坏的胡大可抄起一根笤帚就打,胡杰撒腿就在院子里兜圈跑。

胡杰:这么大岁数了,怎么气性还那么大。

胡大可:你别跑! 我们老胡家怎么出了你这么个二流子,看我今天不打死你个臭小子,丢人现眼的败家子儿。

胡杰:(灵活地闪躲)你打不到我,8岁以后我要不诚心给你打,你能打得到我吗? 你就歇会儿吧,回头别闪着腰。

胡大可看着自己追也追不上,撵又撵不过,把笤帚一扔,站在原地喘着粗气。胡杰立马孝顺地搬来凳子、桌子、倒好茶放到胡大可边上。胡大可顺势在院子里坐了下来,胡杰蹲在二米外,防止胡大可突袭。

胡杰:我就不明白了,人家都希望子女在身边,你倒好,天天把我往外赶。

胡大可:我的田不要你碰。

胡杰:爸,你们口口声声看天吃饭,能不能不要这么消极? 新时代了,要靠科技创新。

胡大可:创新? 创什么新! 老祖宗的规矩不是你们想改就改的。

胡杰:正所谓,我命由我不由天!

胡大可:由你个奶奶腿!

胡大可脱下一只鞋砸过去,胡杰头一缩躲了过去。

胡杰:现在是互联网时代,要有点互联网思维。农业科技化,你懂不懂啊。

胡大可:学了二句新词,在老子面前拽,看我不打死你!

胡大可越想越气,赤着个脚又想追过去打。

胡杰:我跟你讲不通。

胡大可拿出一沓钱,扔给胡杰。

胡大可：拿去，把村民的钱给还上！

胡杰：我不要！

胡大可：你！

胡杰：你不是赶我走吗，我欠的钱，我自己想办法。

胡杰说罢就要走。

胡大可：你给我回来！

胡杰：(调皮地)青山绿水，江湖再见！

胡杰拎起行李箱，跑出了院子，边走边说。

胡杰：老胡，我告诉你，总有一天我会赢你的，你那套看天吃饭行不通！

胡大可：你要能赢，我叫你爹。

5. 乡村　外　傍晚

胡杰拎着箱子独自走在乡村的田野上，夕阳洒在大地上宛如一幅油画。

6. 王欣婷家　内　傍晚

王欣婷、胡杰和余择心三人面前放了一桌菜，王欣婷把酒杯高高举起。

王欣婷：我以这杯水酒，欢迎农科院余择心同志下乡指导工作。胡杰，这不是你盼星星盼月亮就盼着专家来嘛，我这次帮你找来了！你怎么一点反应都没有？

胡杰有点尴尬，默不作声。

余择心：这次正巧和我的老师一起来这里考察，碰巧遇到了小王，她说你在搞试验田，需要一些技术上的协助，于是把我找来了。小伙子你跟我说说，碰到什么困难了？

胡杰支支吾吾半天，说不出一句话。

王欣婷：(着急的)你今天怎么回事儿啊？平时吵着要见专家，今天见着了，你怎么变闷葫芦了呢？你倒是说啊！

胡杰：(叹了口气)不好意思，余老师，试验田我放弃了，我要进城了。不好意思让您白跑一次，谢谢您。

胡杰说完，转身离去。余择心和王欣婷不解地望着胡杰远去的背影。

7. 一年后　城里　某日

穿着一身快递员制服的胡杰正忙着分拣快递，这时电话响了，胡杰接起电话。

胡杰：欣婷……你放心，我挺好的。你跟三胜说一声，我一两个月就能把钱还上，我在这儿的事你也别跟我爸说。嗯嗯。我很好你放心，哎，不多说了反正我挣到钱了就回去，好了先不说了，我去忙了。

说完胡杰一边忙着挂上电话一边拿着沉重的快递盒准备分拣。因为一只手有些不吃力，快递盒滑落摔在了地上，胡杰急忙弯腰捡起来检查，发现盒子有些破损了。胡杰面露难色……

8. 基因中心　日　内

胡杰拿着一盒快递来到基因中心门前按响了门铃。门里一位男性走出来开门。

胡杰低着头看着快递单习惯性地说着：先生你的快……

正当他还没说完时抬头看见开门的人竟然是之前见过的余老师。

胡杰：（歉意的）余老师……原来您在这里啊，上次……不好意思……

余择心：没关系的，小伙子怎么改行做快递啦？

胡杰：（尴尬）做这个也挺好的，来钱快，也不累（心虚地说）！

余择心笑了笑，眼睛望向胡杰手中的包裹。

胡杰：（愣了半天才反应过来说）哦，哦，这快递麻烦您签收一下，不好意思，盒子有些破损了，您看看里面东西有没有坏，坏了我赔您。

余择心：（笑了笑）没事没事，这里面都是种子。

胡杰：种子？

余择心：是我们新研发节水抗旱稻的种子。

胡杰：节水抗旱稻？真有这种稻？

余择心：你有兴趣吗？

胡杰：（尴尬的）没什么，没什么。

余择心：（看了看胡杰似乎明白了这个年轻人心中的想法）今天正好有场介绍会，是罗教授来做节水抗旱稻的报告会，你有兴趣可以来听一下。

说完，余择心对胡杰笑了笑，拿着快递转身向里面会场走去。胡杰转身准备离去时，被身边看板上介绍的节水抗旱稻内容所吸引，驻足观看了一会后转身出画。

9. 会场外画外音

罗教授：节水抗旱稻是在现有优良水稻品种的基础上育成的，因此具有优良水稻品种所拥有的优异特性,如高产、优质、抗病虫害、耐高低温等,同时,还具有节水、抗旱、易种三个特性。

胡杰坐在最后一排的角落里,穿着快递员的衣服,双手捧着头盔,聚精会神地听着罗教授的介绍。

画外音

观众提问:节水抗旱稻是怎么培育出来的呢?

罗教授:培育节水抗旱稻主要有两种方法:常规杂交育种和生物技术育种。常规杂交育种是选择适合的旱稻和水稻进行杂交,让旱稻的抗旱基因、水稻的高产优质基因组合在一起,经多次筛选抗旱性、产量、品质、抗病性、抗虫性等,选育出既抗旱又高产优质的节水抗旱稻!生物技术育种则包括基因工程、细胞工程和组织培养等方法。通过这些方法,可以改良特定基因,提高水稻的产量、米质、抗旱性、抗病虫性和耐盐碱性等,加快了育种进程,提高了育种效率……

散会后,余择心看到坐在后排正认真阅读着宣传资料的胡杰便走了过去。

余择心:所有人都走光了,就你还在看啊。

胡杰:啊!余老师……这个真的能节水抗旱吗?

余择心:(调侃)怎么?你对这个有兴趣?不做快递了?我听说快递员一个月不少挣啊?!

胡杰:那不是我要的。

余择心:你要什么?

胡杰:我想种地,我想通过科技,实现农业致富,想要证明给我爸看,人不是只能靠天吃饭的。

余择心:你不是为了欣婷啊?

胡杰:(脸一红)哪有,我们只是志同道合。

余择心:哈哈哈(两人欢笑中转场)

数日后

10. 欣婷种子商铺　内　日

胡杰拿着节水抗旱稻宣传页来找王欣婷。

飞奔入店铺的胡杰一把拉过欣婷说:欣婷、欣婷,我给你看个东西。

王欣婷：呀，你怎么回来了？

胡杰：唉，别问这个。你快看看这个，这是上海市农业生物基因中心研发的节水抗旱稻，不仅可以少浇水、少施肥，还能抗旱抗虫害，这不就是我一直梦寐以求的稻子嘛！

王欣婷接过宣传页看了看气不打一处来地说：那天我特意找了基因中心的余老师，就是想给你说这个种子的事，谁知道人家还没开口你就撅屁股跑了！真是气死我了！

胡杰：我的错，我的错，我这不是来给你道歉了嚒，来来来，快说说这个东西能不能成？

王欣婷：肯定能，但问题是你爸不是不许你再种他的地了吗！

说到这，刚才还一脸喜悦的胡杰瞬间就没了笑容苦思起来。王欣婷看到一脸苦闷的胡杰不禁窃喜起来。

一把拉起胡杰说：来，我给你看样东西。

11. 转场山上试验田

王欣婷拉着胡杰来到了当初胡杰开垦的那块试验田，只见田间土壤肥沃没有一点荒弃的迹象。

王欣婷：我一直相信你会回来的，所以这块地我一直帮你打理着没有荒，现在正好能用上了。

胡杰上前拉着王欣婷的手：婷婷太谢谢你了，还是你最懂我。

王欣婷被胡杰说得有点不好意思了，两人四目相对正不知道接下去说什么的时候，边上有人上前招呼了他们。

余择心：小伙子看起来挺有干劲的嘛。

突然被话音打断气氛的两人有点不好意思地撒开了手。

胡杰：余老师，您怎么来了？

余择心：我收到欣婷给我发的消息说你要在这里种节水抗旱稻的试验田，让我来帮忙讲下技术细节。

胡杰：太好了，我正好也想去请教您呢。

余择心细心地开始跟胡杰讲解着，一个讲得仔细，一个听得认真。窗外的稻田里蛙声一片。

*"节水抗旱稻"科普性介绍，可根据罗老师或者余老师的画外音进行贴片。

画外音

节水抗旱稻可以在水田种植，改变传统种植方式，实现资源节约、环境友好。采用旱直播旱管，全生育期可以不淹水种植。如果降水丰富，特别是在水分敏感期有降雨，就完全不需要灌溉，这是与普通水稻不同的地方。也可以在低洼易涝的旱地种植，优化调整种植结构，实现农田增值、农民增收。比如在我国长江、淮海流域有大量的低洼易涝旱地，传统上以种植玉米和大豆为主，这些旱地遇降雨就会出现涝害，造成农作物大幅减产，甚至绝收。而以节水抗旱稻取代玉米的种植方式，可实现了旱涝保收。在山(滩)改田种植节水抗旱稻，可以拓展水稻种植空间，实现扩面增产。节水抗旱稻已经在我国各地示范推广，并跨出了国门，比普通的水稻节约用水、减少面源污染、扩面增产效果明显，在农业绿色生产中发挥了重要的作用。

斗转星移，日月交替。

12. 实验田　外　日

胡杰正在田间打理稻种，王欣婷在一旁协助陪同，这时一个身影气冲冲地走来。来人正是胡杰的父亲胡大可。

胡大可：臭小子，你偷偷摸摸又跑来搞这些乱七八糟的东西了，看我今天不打断你的腿。

话音刚落，胡大可便举起手中的棒子朝胡杰的腿打去。

胡杰见状不停地躲闪，并大声叫住父亲：爸！爸！爸！你先听我说！

胡大可：说什么说，你又准备和这个小骗子一起来祸害乡亲了是吗！

胡杰几个躲闪后一把接住了胡大可的棒子说道：爸，你先听我说，这次真的不骗你，这是农科院专家介绍的种子，你怎么就不能相信我一回呢。

胡大可：我信你个鬼！

胡大可还是准备举棒打胡杰。

此时王欣婷急忙跑了过来劝架：叔，这次真的是农科院的专家指导胡杰种的，肯定能成，你就相信他一回吧，你也是知道他是多喜欢种地，他从小就跟你在田里长大，大学还去选读了农业专业，你其实是最了解他的呀。

胡大可慢慢停下了手。

胡杰：爸，之前我是给村里添麻烦了，但是这一年我在外面打工都把乡亲们的钱给还上了，这次我可没找他们帮忙，都是欣婷在帮忙一起弄的。

胡大可：那也不行，你这乱七八糟的东西回头把村里的其他粮种都带坏了怎么办，我不能让这世世代代传下里的粮食毁在你的手里。

说完，胡大可又激动起来想要毁了胡杰的稻子。

胡杰一把抓住父亲的手哀求道：爸，算我求你了，你就让我试最后一次吧，要是这次失败了，我就全听你的，你让我干嘛我就干嘛。

胡大可看着哀求的儿子也软下了心，虽然嘴上强硬的他其实内心还是十分疼爱这个儿子的。

胡大可：哼，我不管你了，但是只许你在这里弄，不许他这乱七八糟种子弄到村里去。

说罢，胡大可提着棍子转身离去。

望着远去的父亲胡杰对着王欣婷叹息道：你是不是觉得我特别没用啊？

王欣婷：要是种砸了那才叫没用。

胡杰听到王欣婷的话，站了起来，眼里露出了坚定的目光：对，我一定要证明给他看。

王欣婷露出了喜悦的微笑。

13. 田间

一组胡杰和王欣婷日复一日地在田间劳作镜头。胡杰勤劳地耕作，满头的汗，王欣婷给他擦着汗水。余老师也时不时来田间看望二人。远处树后胡大可也不时悄悄来观望着儿子。

时间穿梭，三人看着成片的稻子茁壮成长，喜悦挂在脸上。时间来到了夏天。

14. 电视上新闻播报

主持人：多日以来，我乡因连续晴热高温天气，高桥、胡埭、环路、拓石、梅园等五个行政村出现了不同程度的干旱。环路、拓石、梅园等三个村干旱特别严重。现在灾情还在持续蔓延。灾情发生后，乡党委政府积极应对当前旱情，采取措施……

主持人：截至目前，我乡因干旱使农作物和其他作物受灾面积达 2.3373 万亩；

其中,成灾面积1.2558万亩,绝收面积1.0605万亩,因灾减产481万千克,直接经济损失1824万元;全乡80余个水源点供水减少,部分枯涸;间接经济损失超过2500万元,直接经济损失1824万元,受灾群众达3200多户……

各级党员、干部、群众都在田里积极抗旱的画面。一位农民绝望地瘫坐在田埂上,望着龟裂的土地;一位干部挑着水突然晕倒了,众人赶忙将他扶到树荫下。太阳炙烤着大地,一位妇女在狂饮水,水滴到地上瞬间无痕。

15. 胡大可家

胡大可蹲在院子门口抽着烟,三胜带着几个农民着急忙慌地跑过来。

三胜:叔,得想想办法啊,再这么下去,地里的粮食全瞎了。

胡大可:(绝望的)该想的办法都想了,听天由命吧。

三胜看着胡大可无动于衷的态度,急得原地打转。

天边飘来一丝乌云,三胜看见乌云欣喜若狂。

三胜:叔,你看,要下雨了,要下雨了!

三胜激动的往地里跑去,胡大可也情不自禁地扔掉烟头追了出去。此时,随着乌云到来,局部零星地下来一点小雨。众人还没高兴一会儿,太阳又从乌云里探出了头,众人空欢喜一场。

稻田里静的一丝声响都没有,岸边柳树上的知了也喑哑了。夜晚的乡村静得可怕,时间在渐渐流逝。胡大可躺在床上辗转反侧了一夜。

天亮了,胡大可走在干涸的田埂上,看着自己稻田里枯死的稻子,胡大可心如刀绞。

就在此时,不远处传来了一阵唏嘘,远远望去,在山头聚集了一群农民,胡大可好奇地走过去。

16. 试验田　外　日

农民甲:你上哪弄的水?

胡杰:(哭笑不得)这山顶上我上哪弄水去?

农民乙:没浇水那为什么只有你的稻子没事儿啊？你这变的什么法术啊?

众人:是啊!

胡杰:老乡们,这就是节水抗旱稻的优势所在,还记得昨天那场小雨吗?!

农民乙:哪能管什么用啊?

胡杰：就恰恰那点小雨，充分发挥了节水抗旱稻节水、抗旱的特殊作用，可以比传统水稻更耐旱坚持到有雨来。

胡杰在给村民们讲述着节水抗旱稻的种种优点。人群最后的胡大可也挤身走了上来，望着胡杰田里郁郁葱葱的稻子和边上其他田里已经干枯死亡的稻子，不禁感叹了一声。

胡大可：唉，我老头输了，没想到真的可以不用再看天吃饭了！

转过神看见自己父亲在承认自己成果的胡杰不禁激动万分，父子俩的关系从这一刻开始发生了根本性的转变。正在胡杰想和父亲说些什么的时候，人群中突然冲出一位农民。

农民：你们还在这瞎耽误什么工夫啊。三胜他们已经跑去王欣婷那边订购"节水抗旱稻"啦，快点去，去晚了就订不到啦！

众人一哄而散。

17. 欣婷种子商铺　外　日

欣婷种子商铺人山人海，王欣婷不停地招呼大家注意秩序，王欣婷拿出了大喇叭，呼喊着大家排队登记，交预付款。胡大可也在人群中，向村民们介绍着节水抗旱稻的各种优势。

字幕：一年后

欣婷种子商铺改换成了欣婷种业有限公司，营业员向老乡们介绍产品，王欣婷身着职业装，微笑巡视。

一望无垠的稻田一片金黄，远看像是铺了一层金黄的地毯，稻谷颗颗饱满，压得茎秆都弯下了腰。胡大可跟胡杰扛着锄头有说有笑地看着自己家的丰收成果。

余择心来到田间遇见父子二人。

胡杰：余老师怎么今天有空来玩啊？

余择心：我可没时间玩哦，今天是为了实现我们"1522"目标，陪罗老师来考察的。

胡杰：什么是"1522"啊？

余择心："1"就是新增水稻种植面积1亿亩；"5"是增产稻谷500亿千克；"2"是

减少200亿吨水稻生产用水;下一个"2"就是减排温室气体200亿千克二氧化碳当量(CO_2e)。如果达成这个目标,就能在生产上完全实现"少用农药、少施化肥、节水抗旱、优质高产"啦!是不是很有挑战性啊!

胡杰:这个挑战我也想参与,我相信罗老师一定能够实现这个目标的。

风吹稻田,金光灿灿,像极了油画一样。罗教授站在田间眺望着远方,向下一个目标前进。

音乐响起:童声"我们的田野,美丽的田野,碧绿的河水,流过无边的稻田……"

六、大地的艺术家:微电影拍摄的幕后故事

张婧琪

农民和农业科技工作者都是大地的艺术家,他们在镜头前演绎农业的故事,并把这些故事透过银幕,讲给更多人听。

2023年12月21日,首部节水抗旱稻微电影《大稻自然》正式发布(图8-9)。微电影为上海市科学技术委员会科技创新行动计划科普专项资助项目(项目编号:22DZ2302600),由上海市科学技术委员会指导,上海市农业生物基因中心出品,上海茏屿文化传播有限公司制作。上海市农业生物基因中心首席科学家罗利军担任科学顾问,龚丽英担任项目策划。

图8-9·《大稻自然》微电影

《大稻自然》讲述了农学专业毕业的农村青年胡杰,带头种植和推广节水抗旱稻,并通过实践赢得村民的信任和支持,使自己的事业与节水抗旱稻共成长的故

事;影片同时展现了节水抗旱稻节水抗旱、高产优质的特性,体现了节水抗旱稻在保障粮食安全,推动农田增值、农民增收方面的重要作用。

"天地与我并生,而万物与我为一。"人类哭着在大地上降生,从大地中汲取,也将微笑着重归大地。节水抗旱稻是大地的馈赠,是人类向下扎根、向上生长的创造,更是天地与人和谐共生的缩影。"大稻自然",我们应和着自然与生命的律动,探讨"节水抗旱稻"与"人"的交互,讲述一个好品种带给人的实实在在的幸福,把那些无奈和不甘、奋斗和探索的片段,那些执着、向上的力量,展现给大家。

这部微电影改编自真实的故事,每个角色都有原型。和其他影视作品不同,《大稻自然》大胆启用了从事节水抗旱稻种植的农民、从事节水抗旱稻研究的科技工作者等非专业演员。农民和农业科技工作者都是大地的艺术家,他们可以拿起镰刀下地,也可以放下剧本走入镜头中。他们在镜头前演绎农业的故事,并把这些故事透过银幕,讲给更多人听。

我们相信,真实的故事更打动人心,真实的人物更能引发共鸣,而《大稻自然》背后的故事也同样真实、真诚。

在确定好剧本之后,制作组首要任务就是选角(图 8-10)。为了找到更贴近角色的演员,我们从出品方上海市农业生物基因中心的职工和学生里广泛筛选,许多位"胡杰""欣婷""三胜"来到试镜现场。

图 8-10 · 制作团队

我们选取了一段"胡杰"和"欣婷"的双人对白请候选人试戏。正在围绕节水抗旱稻开展研究学习的研究生李自明和曾海云脱颖而出，他们的表现让人眼前一亮。李自明与片中的"胡杰"都有踏实肯干、开拓创新的一面，而曾海云的温柔细致、耐心包容又与片中"欣婷"的性格非常相近。因为都是研究生同学，彼此较为熟悉，所以有一定的默契度，两位演员的台词表达也更为流畅。在导演的引导下，他们较好地演绎了对手戏片段。

而饰演"三胜"的徐光柳则是整个剧组的意外之喜。"意外"是因为，他最开始是面试"胡杰"一角的，却在试戏的过程中，被导演发掘出"三胜"性格中机灵、直率、真诚的一面，成为天选"三胜"。在导演的讲解下，结合自己的理解，每个演员都赋予了角色新的生命。最终，从形象贴合度、台词流畅度、搭档默契度三方面考虑，确定了主演人选。

在本片中，有一个不是男主角，但重要程度堪比男主角的人物，就是"胡杰"的父亲"老胡"。这个角色外表严肃、固执，内里却有一颗饱含父爱的心，担当、踏实、勤勉是这个角色的质朴底色。这样一个戏份重、情感层次丰富、形象朴实的重要角色，选角更要慎重。该角色不仅要在农业种植方面具有较高的专业能力，而且还要对农业生产实际非常熟悉，动作情感最好发之自然，因此制作组首先考虑从节水抗旱稻的种植户中筛选演员。因此，浙江磐安的胡烈镇进入了制作组的视野中。胡烈镇年轻时的经历与"胡杰"的很多经历相近，他有丰富的节水抗旱稻种植和推广经验，对节水抗旱稻饱含感情，更对推广工作有无限的热情。制作组随即安排了线上试镜。演员的形象也让导演非常满意：因为常年在田间奔波，所以胡烈镇皮肤颜色较深，岁月带来的细纹也给面部增添了质朴感。于是"老胡"等一众配角演员也逐一被敲定。片中的农业技术指导专家，也由罗利军和余新桥两位老师本色出演。

农民和农业科技工作者出演节水抗旱稻主题电影，最大的优势就是经历相似，更容易带入情感色彩；最大的困难是台词和配合。"台词"成了这些一辈子从事农业工作的"演员"意料之外的人生挑战，也将成为他们独特的人生经历。

一场"老胡"与"胡杰"激烈争执的戏，是全片中矛盾冲突最剧烈、最集中的部分，也是对两位演员挑战最大的片段。这段戏不仅台词量大，而且还要做好动作配合，以呈现既激烈又流畅的表演效果。对于业余演员，难度不可谓不大。

在开拍前期筹备和剧本围读时，制作组和演员重点关注了这场戏，导演和副导演在拍摄现场亲自指导台词和动作，帮助演员尽快进入角色，流畅地做出剧本要求的动作。这场戏也是剧组开拍的第一天。饰演"老胡"和"胡杰"的两位演员彼此刚开始磨合,同时因为紧张,导致拍摄并不顺利,卡了好几次。

这是一场夜戏,从天色微暗,一直拍摄到凌晨一点钟。两位演员的压力都非常大,焦虑和紧张弥漫在片场的空气中。没有戏份的演员都坐在片场周围,为两位演员鼓气,也会偶尔开个玩笑,来缓解他们的压力(图8-11)。

图 8-11 · 拍摄现场

随着紧张情绪的逐渐消散,演员表演渐入佳境。一句一句的抠,一个动作一个动作的走位,两位演员的发挥越来越自然,配合也逐渐默契。"老胡"与"胡杰"因为农业新科技和传统种植方式争执不休,但他们最终目的都是一样的。在镜头里,"老胡"和"胡杰"大吵一架;镜头外,两位演员激动拥抱。是他们让"老胡"和"胡杰"从剧本中走了出来,赋予了角色以新生。

而这样的努力在每一场戏的拍摄现场都在反复重现。角色无大小,在这个节水抗旱稻的故事里,每个人都很重要。一个水稻品种,只有经得起实践的检验,才能受到农民的认可;只有受到农民的认可,才能走向更广阔的天地。

节水抗旱稻微电影《大稻自然》的拍摄虽然结束了,但节水抗旱稻的故事仍在上演,它存在于广阔的田野,存在于农户们的口口相传,存在于众多种业企业的日常工作中,存在于水稻种植业的劳作中,存在于市民们的餐桌上。

艳阳下,稻香又一年。

七、漫说节水抗旱稻成长史

周佩雯

作为节水抗旱稻的原创单位,基因中心成立至今,在推动节水抗旱稻基础研究、推广应用和科学普及工作等方面不断取得新突破,书写了绚丽篇章。此漫画撷取 20 多年来基因中心和节水抗旱稻发展过程中的几朵浪花,以见证基因中心和节水抗旱稻的成长壮大和勃勃生机。

(一) 把根留住

1997 年 9 月 26 日,上海科技报记者张秀华在报上发表了"把根留住须建种质库"的长文,呼吁"上海必须尽快建立一个种质资源库,对种质资源进行收集鉴定和妥善保存"。

1999年7月16日,一场暴雨将上海市农科院的1万多份种质资源淹于汪洋之中,在上海武警部队和相关部门全力抢救下,才使得这些资源有惊无险。张秀华也再次在上海科技报发文呼吁:"把根留住快建种质库"。

1999年11月25日,上海市政府专题会议讨论并决定由上海市农科院起草筹建"上海农业基因库"的可行性报告。2000年6月29日,上海市计划委员会批复立项,列为上海市重大工程项目;12月26日,基因库大楼破土动工;2002年7月,基因库大楼竣工。

2000年初,上海市农科院领导专程到杭州,拜访罗利军并热情邀请他到上海工作,请他负责即将建成的基因库。在以后将近一年的时间内,上海市农科院领导先后8次到杭州,表达将罗利军团队作为人才团队引进的愿望。

2001年5月,罗利军团队一行11人来到上海。考虑到成立研究中心更有利于相关工作的展开,10月初,罗利军向上海市农科院领导建议将"上海农业基因库"更名为"上海市农业生物基因中心"。

2002年7月27日,上海市农业生物基因中心正式成立,时任中国工程院院长卢良恕院士和上海市相关领导为基因中心揭牌。

(二) 中国是全球最大的水稻生产国与消费国

基因中心成立之初,便将科研主攻方向建立在国家重大需求之上。水稻是最重要的粮食作物之一,全世界一半以上的人口以稻米为主食。

(三) 严峻的事实

我国是贫水大国,水稻是用水大户,水稻生产消耗了总用水量的50%左右。同时,由于干旱,使我国水稻常年减产。

(四）攻坚克难

2001年，在美国相关基金的资助下，我们将研究方向聚焦于水稻的节水抗旱研究，建立节水抗旱研究平台。

随后，相关研究陆续获得国家"863"计划、国家自然科学基金重点项目、上海市科委和上海市农委重大重点项目的支持。

2008年,比尔及梅琳达·盖茨基金会联席主席比尔·盖茨专程到基因中心海南试验基地视察新品种展示,并通过比尔及梅琳达·盖茨基金立项,进行了长达10年的支持,为后期的节水抗旱稻品种在亚非多国示范推广打下了良好的基础。

2009年,在第三届国际干旱大会上,我们首次提出了节水抗旱稻的理念,随后,有关节水抗旱稻的学术思想与选育策略发表于国际权威期刊《实验植物学期刊》(Journal of Experimental botany)。2015年,基因中心制订的《节水抗旱稻术语》行业标准由农业农村部颁布实施。

通过不断的努力,基因中心建立了国际一流的节水抗旱研究平台,包括节水抗旱鉴定设施、鉴定方法、评价标准和核心资源。

发掘了一批重要抗旱基因资源，揭示了抗旱性的遗传机理；创制了大量的节水抗旱、优质高产、抗生物与非生物逆境的新种质，培育出包括籼型、粳型、杂交和常规四个系列的节水抗旱稻品种；建立了基于"直播旱管"的绿色栽培技术体系。

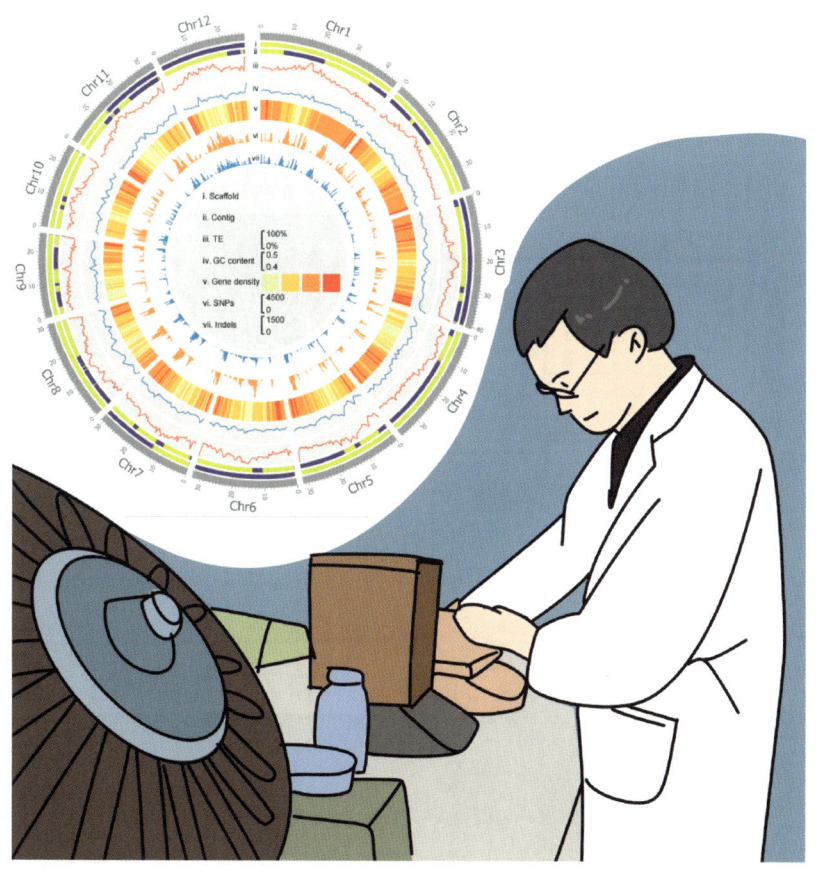

■（五）节水抗旱稻是个宝

节水抗旱稻改变了水稻传统种植方式,旱种旱管条件下可节水 50%,减少面源污染 70% 以上,减少碳排放 90% 以上,更是可以在旱地、山坡地、滩涂地种植,极大地拓展了水稻的种植空间。

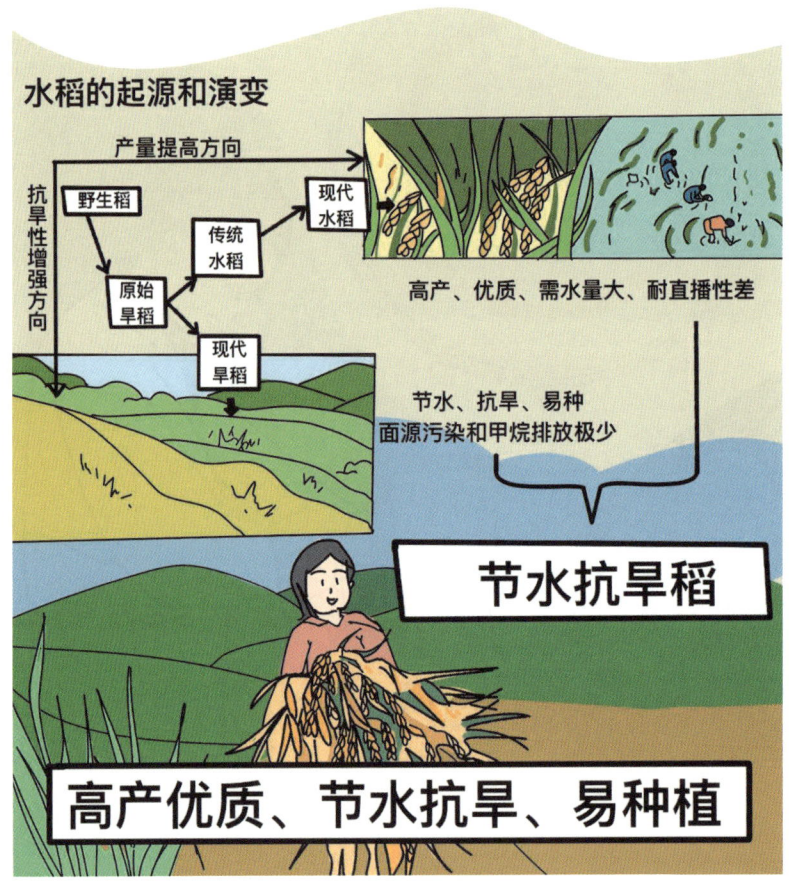

(六) 丰硕成果

节水抗旱稻的系列研究,产生了一批重要的科研成果,分别于 2005 年、2007 年、2015 年获上海市科技进步奖一等奖,2010 年获上海市技术发明奖一等奖,2020 年度上海市科学技术普及奖一等奖,2013 年获国家技术发明奖二等奖,2020 年获国家科学技术进步奖一等奖。

转眼间,基因中心已成立20多个年头了。20多年来,基因中心建立了国际一流的农业基因资源保护与利用体系,收集保存了23万余份种质资源,而且在全国范围内分发利用8万余份次。

第九章

媒体报道

一、农民日报《稻水矛盾,破解何方?》

胡立刚　冯克　李纯

目前,我国六成以上人口以大米为主食,可下面两个数据鲜为人知:

70%——作为我国第一大口粮作物,人们对水稻的产量和品质要求越来越高。我国水稻平均亩产长时间未能有较大突破,主要瓶颈在于70%以上的稻田为中低产田,难以满足高产新品种对"高水高肥、精耕细作"的要求。

50%——作为我国第一大"用水户",水稻种植消耗了全国50%左右的淡水资源。作为世界上13个最缺水的国家之一,我国水资源时空分布极不均衡,北方一些稻区地下水超采较为严重,南方稻区局部性、季节性旱灾频发。

2020年6月,习近平总书记在宁夏考察时强调,"要注意解决好稻水矛盾"。既要保证粮食安全也要保证生态安全已成为不容回避的重大课题之一,这就要求我们必须要在满足水稻高产优质刚性需求与缓解水资源紧缺严峻形势之间寻出两全之策,开辟出一条增产增效与节水抗旱相结合的新路。

好在总有智者登高望远,总有勇者探路先行。来自上海市农业科学院的罗利军团队正是其中的代表之一,他们历时20余年探索开拓、引领坚守,致力培育推广节水抗旱稻,以期为有效破解稻水矛盾提供一套可行方案。

担忧:"中国的水养不起,中国的环境承担不起,中国的稻农太辛苦"

吃饱饭,这一朴素的愿望曾是我们几代人追求的梦想。纵观新中国成立以来的水稻育种史,从高秆水稻到矮秆水稻,再到杂交稻、超级稻,提高产量一直是首要目标。1994年10月10日，33岁的中国水稻研究所研究员罗利军迎来了人生第一次高光时刻。他带领团队选育的我国首个三系法籼粳亚种间杂交水稻'协优413'，在示范田创出亩产661公斤的高产纪录。时任浙江省省长等领导到场祝贺，轰动一时。

1996年，原农业部启动重大科技项目"中国超级稻育种及栽培体系"，提出最高单产一、二、三期目标，即2000年达到700公斤、2005年达到800公斤、2015年达到900公斤。而1995年，'协优413'示范田亩产就达到759公斤，超过超级稻一期目标。所有成功都离不开天时地利人和，育种更是如此。本该乘势而上向超级稻二期目标冲刺的罗利军，却在1997年提出转变育种理念，探索一条"高产"与"生态"兼容的新路。团队成员听到后都傻了眼，这在当时仍以吃饱饭为首要目标的政策导向和社会氛围下显得有些"可笑"。要知道，1997年我国人均粮食占有量刚刚接近400公斤的国际粮食安全标准线。

逆境中的奋力坚守可敬，而顺境中的自我革命更可贵。"研究超级稻的人很多，我们充其量是'锦上添花'，而为'未来'储备一点种子，做些'雪中送炭'的研究可能更有意义。"谈及缘由，罗利军从不讲太多大道理。

实际上，早在'协优413'育种研究中，罗利军心里就产生了隐隐的担忧，"水稻产量逐步提高了，但越来越'娇贵'，化肥、农药和水的用量也越来越多了。"1998年，罗利军在位于菲律宾的国际水稻研究所查阅资料时，看到一组数据——中国是农业大国，农业生产耗水量约占全国总耗水量的70%，其中水稻又占农业生产耗水量的70%。水稻用水量之大让罗利军大为吃惊，也更加坚定了研究转向的决心。

"以高水高肥为代价的高产模式在局部地区可行，大面积推广难以持续。中国的水养不起，中国的环境承担不起，中国的稻农太辛苦。"这是罗利军当年劝解、鼓励团队成员时挂在嘴边的话。

如今，干旱问题已成为制约我国水稻生产的最主要因素，水稻生产中化肥农药的不合理施用也成为农业面源污染的主要来源之一。站在今天回望，不得不佩服罗利军团队20多年前的抉择。

寻路：培育可像小麦一样旱种旱管的节水抗旱稻

有人说，科学创造往往是不期而遇，就好像孩子在大海边偶然捡到一片美丽的贝壳。在团队苦苦思索新的育种路径时,罗利军分享的一段经历给了大家灵感。

那是 1988 年,罗利军到广西老山考察水稻品种资源,漫山遍野的旱稻令他很受震撼。当地农民每年 3 月会上山放一把火,在灰烬中撒下稻种,种子就着清明的雨水发芽生长。此后不淹水、不施肥、不打农药,直到 11 月再上山收割。

翻看水稻家谱,罗利军发现旱稻与水稻同源,皆由沼泽里的野生稻驯化而成。旱稻在广西、云南等地的山区种植历史悠久,用水量仅为水稻的四分之一到三分之一,但亩产只有 100 多公斤,米质差不好吃,一直未受关注。

旱稻的节水性能让团队成员眼前一亮,大家默契地将目光瞄向了一个理想的育种方向——把旱稻的抗旱广适性和水稻的高产优质性有机结合起来,培育出既生态又高产的新品种。

"从最薄弱环节着手,先把旱稻研究清楚。"罗利军回忆道,由于没有经验可循,一开始只能用笨办法,四处搜集旱稻育种材料;没有试验基地,就在中国水稻研究所附近的苗圃荒地中开垦出一亩多地……

在简陋的实验条件下,顶着众人不解的目光,罗利军带着团队硬是"从大海里捞出针来"。1998 年底从 1 万个育种资源里选出一个旱稻保持系,1999 年筛选出 129 份旱稻核心资源。

机遇垂青于奋斗者。2001 年,上海市农业科学院引进罗利军及其团队,参与筹建上海市农业生物基因中心。得益于上海开放包容的创新氛围和种质资源优势,团队育种工作进入快车道。

抗旱性如何,是旱稻育种的核心指标。罗利军建立了国际一流的基于土壤水分梯度的鉴定方法和评价设施,攻克长期以来作物抗旱性鉴定准确率偏低的难题,大大提高了栽培稻抗旱标识品种筛选效率。自 2003 年起,'沪旱''旱优'等一系列常规和杂交旱稻新品种接连问世,并逐步打开市场。

罗利军团队以十年磨一剑之功取得旱稻育种研究阶段性成果后,于 2007 年正式向当初的理想进发——培育集水稻高产优质、旱稻节水节肥等优点于一身的新型水稻品种类型,并在 2009 年第三届国际干旱大会上将其命名为节水抗旱稻。

目前,节水抗旱稻已选育出籼型、粳型、杂交和常规 4 大系列 17 个品种,其中最有代表性的当属'旱优 73'。该品种根系发达,水肥利用率高,东至上海西到四川,南到海南北到山东,只要海拔不超过1300米都能种。

数据显示,节水抗旱稻在高产田,如水稻一般水种旱管,可节水50%、节肥30%以上,亩产750公斤;在中低产田,可像小麦一样旱种旱管,只要保证在出苗、分蘖、孕穗灌浆三个阶段灌溉三次"跑马水",亩产600公斤;即便是"望天田",亩产也能达到400公斤。

而且,节水抗旱稻还避免了所谓高产水稻口感差的"通病"。'旱优73'米质达到国家二级优质米标准,在2019年第二届全国优质稻品种食味品质鉴评(籼稻)中获得金奖。

据罗利军团队估计,我国现有2亿~3亿亩沙丘、盐碱地及南方山区的旱地,如能开发一定面积种植节水抗旱稻,可年增产250亿公斤以上;在10亿~15亿亩的旱地内,特别是低洼易涝旱地,如能间种或套种一部分节水抗旱稻,可年增产上百亿公斤。而对于正在开展农业产业结构调整、大力推进"旱改水"的地区,节水抗旱稻更是较为理想的选择。

困局:绿色环保效益高,为何叫好不叫座

"漠漠水田飞白鹭,阴阴夏木啭黄鹂。"稻田总是一幅绿色生态的画卷,可稻田产生的甲烷占我国农业温室气体排放量的24%。这是因为水稻种植方式大多是水种水管,稻田要长时间保持水层,土壤里厌氧菌会大量滋生并产生甲烷。"稻田减排"已成为研究热点,欧洲探索间歇性灌溉法、日本发明"烤田"法等,但费时费力成本高。

而节水抗旱稻能够采用水种旱管、旱种旱管,不需要在稻田建立水层,可直接从源头上解决问题,甲烷排放量下降90%以上。欧盟"地平线2020"节能减排科研规划项目相关负责人认为,将节水抗旱稻作为全球农业减排方案是最简单的,也最适合大面积推广。

"不用移栽的水稻,像种小麦一样轻松。"近年来,罗利军团队着力将节水抗旱稻与直播结合起来,省去费工费时的育秧环节。针对不同稻作区域,已开发出水直播旱管、旱直播旱管、覆膜旱直播旱管、麦套稻免耕直播模式、"免耕旱直播+微喷灌"等新型栽培技术,长期以来育秧插秧、稻田淹灌的水稻生产方式有望得到大大简化。

一路走来,节水抗旱稻的价值被一再挖掘,不断带来惊喜。可以说,目前已集齐了节水、抗旱、节肥、轻简、高产、质优、环保这"七颗龙珠"。

安徽、河南、湖北、江西4省20多个县市296个节水抗旱稻示范点多年来监测显示,与传统水稻相比,节水抗旱稻每亩净收入增加151元以上。安徽阜南县2009年尝试引种节水抗旱稻,目前推广种植面积占全县水稻旱种面积65%。王家坝镇和谐村村民董金国给记者算了一笔细账:与江淮地区一般中稻相比,节水抗旱稻生育期短10天,直播和后期旱管每亩可节省2～3个人工,再加上节水节肥,每亩可减少成本250～300元。更重要的是,"这个品种的米好吃,能卖好价钱"。

在国家层面,节水抗旱稻逐步获得认可:2013年节水抗旱稻获国家技术发明二等奖,2016年《节水抗旱稻术语》等国家行业标准颁布实施,2018年国家节水抗旱稻区域试验启动⋯⋯

遗憾的是,这么一个优点众多的水稻新品种,目前年推广面积仅有200万亩左右,其中100多万亩在安徽。

是团队重科研轻推广吗？其实从2008年开始,上海市农业科学院就积极开展科研成果转化来推广节水抗旱稻,先成立国有种子公司,又引进第三方资本组建股份公司,罗利军为做好推广甚至辞去了上海农业生物基因中心主任职务。"这些努力也是有成绩的,但离目标差得太远。面对产业化困境,从不服输的罗老师也有挺不住的时候。"团队核心成员之一余新桥苦笑着说,去年团队又进行自我革命,将节水抗旱稻知识产权对更多公司开放,希望能够有所突破。那么,节水抗旱稻推广的梗阻到底在哪里？记者通过大量采访发现,主要存在以下三道关口。

一是认识关。现在市场上水稻品种纷繁多样,而节水抗旱稻相对属于新品种,节水这个最大的优势并不是农民最关心的,再加上推广时间并不算太长,农民接受起来比较慢；

二是利益关。目前,我国农业生产资料终端经销商往往化肥、农药、种子一起卖,而化肥农药的利润要高于种子。这就会造成一个悖论,一个品种如果节肥节药效果明显,经销商可能就没有动力去推；

三是惯性关。经过多年实践,一个地区往往会根据当地实际确定几个水稻主推品种,并制定配套施肥用药、农机作业等相关规范要求,农民也会慢慢养成种植习惯。贸然大力推广一个全新品种,需要打破长期以来形成的惯性链条。

"我越来越觉得,宣传非常重要。"沉默寡言的罗利军现在越来越愿意接受媒体采访报道,只为了让更多的人了解、接受并参与到节水抗旱稻推广事业中。

启示：从节水抗旱稻发展历程看打好种业翻身仗

种业发展是一个系统工程,不能就种子谈种子。从节水抗旱稻发展的历程看,只有让政府有形之手和市场无形之手形成合力,才能打好种业翻身仗。要坚持全局思维选择育种战略方向。为缓解北方干旱缺水问题,每年要通过"南水北调"工程从长江流域大量调水。据专家预测,我国只要在玉米、小麦、水稻和秋杂粮的种植领域实现节水品种突破,就具备421亿立方米的节水潜力。这需要国家从粮食安全与生态安全的角度出发,对育种规划作出通盘考虑。

要提高种业行业企业准入门槛。我国种业市场规模为1 200亿元,但种企达7 300多家,10亿元以上营收规模的仅有31家,市场高度分散。一个公司即便获得一个性能优异的新品种,也没有能力大面积快速推广,往往会陷入如节水抗旱稻一般的推广困境。应提高种业准入门槛,加大种企注册资本、创新投入等方面的资质审查,加快推进种企并购重组,打造一流种企"国家队"。

要加快构建中国式现代种业发展体系。市场化是我国种业改革的正确方向,但也不能放弃政府组织计划的体制优势。应建立政企分工合理、权责边界清楚的种业发展体系,坚持高校、科研院所基础性育种研究主体定位,大力支持企业开展应用型产业化创新,对于节水抗旱稻这类战略性新品种可借助农技推广部门进行系统布局。

二、新廊下《稻之变》

——记上海市农业生物基因中心首席科学家罗利军的稻梦空间

俞惠锋　何洁

秋分时节是廊下万亩粮田一年里最漂亮的时候。沉甸甸的、金色的稻穗,绿色的稻窠,映着蓝天白云,秋风吹起层层稻浪,一望无垠的水稻一片丰收的景象。几个合作社的老农民在田埂边抽着烟,一边还在进行最后的田间管理。这几天稻飞虱的防治是重中之重,"虫口夺粮"乃当务之急。

同样在万亩粮田,上海市农业生物基因中心在廊下深耕十年的 200 亩节水抗旱稻"八月香"因为 8 月 18 日已经全部收割了,这次稻飞虱来袭他们就可以高枕无忧了。

相比常规品种最早要到国庆才能收割的记录,上海市农业生物基因中心这 200 亩节水抗旱稻稳稳收割了"长三角第一镰"和上海 15 年来选育的第一个"一级优质米"的美誉。

除了这两个"第一",对于种过"单季稻""双季稻"的廊下老农民来说,这些天,同样这片地,还是这些水稻秧苗,第二茬稻谷已经在"拔节孕穗",这是他们前所未闻的"稀奇事"。其实,种一季收两茬的"再生稻"在上海地区试种成功也是第一次。

上海市农业生物基因中心这 200 亩节水抗旱稻从 5 月初播种,8 月中旬收割,只有 105 天的生育期。对种了几十年水稻的老农们来说,他们第一个疑问就是"生长期这么短,内涵物质够丰富吗?""听说每公斤售价 16 元左右,相比普通大米价格翻了好几倍,到底有没有市场?""上海人吃惯粳米,这种看上去细细长长的籼米,吃口好不好?"

带着老农们的疑惑,我们请教了上海市农业生物基因中心首席科学家罗利军。我们的采访由头很"间接",想买点八月香,多少钱一斤,怎么买。罗教授的回答让我们很遗憾,200 亩示范田的 10 万公斤"八月香",上市一天全部售罄,价格翻倍还供不应求。这又让我们的老农们感到"好奇"了,究竟是什么原因,让八月香这么"火爆",俨然把平淡无奇的农产品卖成了限量供应的"奢侈品"。

好米背后的"高人"

破译"八月香"好吃的密码,还得从上海市农业生物基因中心首席科学家罗利军教授的团队扎根廊下的故事说起。

1961 年出生的罗利军,今年已近花甲。2001 年被上海农科院"八顾茅庐",从中国水稻研究所引进过来。他是上海市农业生物基因中心首席科学家兼中心主任、博士、研究员、华中农业大学兼职教授、博士生导师、国家"百千万人才工程"第一、二层次人才。他长期从事水稻遗传的基础与应用基础研究,先后主持国家"863"项目、国家"973"项目、国家"948"重大专项、国家科技攻关专题、国家自然科学基金重点项目、上海市科委、农委重大项目及美国洛克菲勒基金和比尔·盖茨基金项目。

说起与廊下的缘分，罗利军感慨，"农业在上海发展可能并不具备特别好的环境优势，因为上海是大城市，农田体量太小了。还好金山廊下还有万亩粮田。上海农业看金山，金山农业看廊下。廊下拥有独特的地理位置，再加上廊下领导重视农业发展，让廊下农业大有可为。"

廊下镇地处上海西南角，生态环境优美，农业资源丰富。按照市农委建设的万亩高标准设施粮田的，为农业发展创造了最有利的先天条件。罗利军正是看上了廊下的地理位置，加上镇党委书记沈文也是农学专业背景，交谈之下两人的理念不谋而合。虽然廊下距离上海市农业生物基因中心有着 70 公里的距离，但是罗利军团队还是果断决定将"八月香"项目扎根廊下。经过将近 10 年的培育，筛选成千上万种节水抗旱型水稻中优势基因植入"八月香"，让其成为 15 年来上海市本土推广的第一个早熟优质"一级米"。

好米背后的"高科技"

罗教授的试验田有很多别的地方见不到的装备。4 个 9 米横跨的田间大棚内，两台貌似龙门吊的"水稻 CT"，它的学名叫"田间作物高通量表型检测系统"。这是全国首次大规模使用"水稻 CT"。

据罗利军透露，"八月香"节水抗旱稻是兼具水稻高产优质和旱稻节水抗旱的一种新型水稻品种类型。在其研究过程中，运用了田间作物高通量表型检测系统。该系统犹如一个 CT 机器，通过田间龙门系统，对水稻进行数据分析及储存，采取持绿性、卷叶程度、枯死叶比例、叶片蒸腾作用相关性状，地上生物量，叶片叶绿素含量及分布等数据。有了这台高精尖的仪器，八月香在生长过程中的各种"数据"可以一目了然，并可以针对性实施"精准栽培"。就是有这样强大的技术支撑，保证了"八月香"米质优，大米外观晶莹透亮，额外具有爆米花香。

廊下浩丰果蔬专业合作社负责人马天时刻关注"八月香"动态，"我认真研究了'八月香'，这是一款'籼形粳味'米，节水抗旱、产量高、少肥少药还环保，不仅生育期短而且新米上市早，故名'八月香'。我的基地以种植绿肥为主，但 4—8 月由于上海的气候原因，露天蔬菜田处于空档期。听说这'八月香'生育期只有 105 天，正好无缝连接我的露天蔬菜田，增加我的收益。"马天说。

"八月香"头茬收获期在八月份,第一期亩产 500 千克,只要割掉"八月香"的稻穗,到十月份下旬就可再生稻穗,第二期亩产可达 250 千克。"八月香"也被农民们亲切地称呼为"韭菜稻",顾名思义就像割韭菜一样,只要留着根系就能长出第二茬。一块田播一次种,收两次稻,既能让市民在八月提前尝鲜,还能利用空出的茬口时间种植绿肥或者瓜果,相比传统水稻种植模式,种植"八月香"能大幅提升经济效益和土地利用率。

"八月香"的优秀之处不仅在于他产量高、口感好,而在可持续发展上更有"话语权"。正常水稻种植生育期要打两三次药水,水稻田更加不可避免的会产生和释放甲烷。科学统计表明,人类活动产生的温室气体甲烷总量之中的 10% 左右,是在水稻种植过程中产生的。这是由于水稻喜爱生长在温暖的水田里,而在淹水的条件下,稻田土壤中腐烂植物体等有机物被产甲烷细菌分解,这个过程中就产生了甲烷。周胜课题组的实验表明,节水抗旱稻在节水灌溉(节水 30%～70%)条件下栽种,不但能够稳产,而且减少甲烷排放 50% 甚至 70% 以上,能够有效控制农业生产中甲烷排放量。

一般而言,常规生产 1 吨水稻需要 2 000 吨水资源,"八月香"一改往日水稻"娇生惯养"的习性,用水量仅需正常水稻灌溉的二分之一,是真正的节水型抗旱稻,这是由于"八月香"的根系比正常水稻更加发达,当五六月份的上海进入雨季,"八月香"即可实现"散养"状态。廊下镇农技站工作人员李叶介绍,以前我们给农户规定了用药用肥的量,但是农户为了保产量,还会偷偷超标用药用肥料。但是"八月香"不同生育期期间只需要打一次药,且氮肥利用率高,种植期间保质保量的情况下还可减肥减药,不仅能保障农户收益,更符合国家产业导向,有效保护农田生态环境,实现"资源节约,环境友好"。

科学家心里有刻度也有温度

科学家,在常人的惯性思维里都是"古板无趣"的刻板印象。但是罗利军的团队不仅有刻度,也有温度。

"坚持面向世界科技前沿、面向经济主战场、面向国家重大需求、面向人民生命健康"——习近平总书记今年 9 月 11 日在科学家座谈会上提出"四个面向"要求,为我国"十四五"时期以及更长一个时期推动创新驱动发展、加快科技创新步伐指明了方向,激励着广大科学家和科技工作者肩负起历史责任,不断向科学技术广度和深度进军。采访罗利军的时候,他对总书记寄语科学家的最新要求脱口而出。想来肯定是他深以为然并一直孜孜以求的努力方向。

节水抗旱稻英文缩写是 WDR(Water-saving and Drought-resistant Rice),上海农业生物基因中心的农技人员人手一件,无论是在中心实验室,还是廊下农田里,他们都穿着统一的工作服。采访一开始没搞明白 WDR 的意思,一位技术员打趣说,是"外地人"的缩写。我们有点错愕,还没反应过来,他马上补了一句,现在是"我的人"的意思。

十年间,中心的工作人员笑称 WDR 为"外地人"到"我的人",缩写的内涵改变仅是一小步,但上海农业生物基因中心已经真正融入廊下,大"稻"自然——节水抗旱稻从产学研到真正投入市场,却是农业科技创新的一大步。

三、解放日报《非水稻主产区的"稻种科学家"》
——记国家科学技术进步奖一等奖获得者、上海农业生物基因中心专家罗利军

侍佳妮

"我们采集的种子,也许会在几百年后的某一天生根发芽,到那时,不知会完成多少人的梦想。"已故"时代楷模"、复旦大学教授钟扬如是说。在上海,钟扬的音容笑貌已然定格,而种子的故事依旧不断续写。

11 月 3 日,国家科学技术进步奖揭晓,来自上海市农业生物基因中心的罗利军,凭借"水稻遗传资源的创制保护和研究利用"获得国家科学技术进步奖一等奖。这是时隔 8 年后,中国农业界在国家科学技术进步奖的评选中再次获得一等奖。令人称奇的是,这个关于水稻的一等奖来自上海这样一座国际化大都市,一个并非传统意义上的水稻主产区。

少年负笈离故乡

1961 年,罗利军出生于湖北省崇阳县,那里是"秋收起义"的发祥地之一。他属牛,今年正好 60 岁。悠悠度过一甲子岁月,"老黄牛、孺子牛、拓荒牛"的"三牛精神",已经深深根植于他的言行之中。

1978年是高考正式恢复的第二年,9月底,罗利军收到华中农学院(后改为华中农业大学)农学系录取通知书。"为什么报考农学系?那时候我还小,不懂事,听从了班主任的建议,糊里糊涂报名的。"罗利军笑道。

罗利军说自己"胆子大脸皮厚",上了大学才学英文,从 ABCD 念起,从不服输。由于历史原因,罗利军的同班同学年龄差距很大。电视剧《大江大河》中,男主角宋运辉叫室友大叔、二叔、三叔,让罗利军感慨万千。大学班长比罗利军年长16岁,参军当过排长,复员后担任过小学校长。"晚上10点熄灯后,我还闹着要出去玩,班长一把就抱起我往回跑。"罗利军说,班上有许多"老大哥",他们的经验与处事方式,帮助自己迅速成熟。

1982年,罗利军从华中农业大学毕业,分配到武昌县农业局,从事了一段时间杂交水稻推广工作。与农民同吃同住,他才真正开始接触农民,了解农民的生活不易,"原来即使是80年代的农村,农民填饱肚子都困难"。

一年后,罗利军考研回到华中农业大学,师从谢岳峰教授,进行云南稻种资源的研究,先后前往云南、海南、广西实地考察。天南海北奔波间隙,他还开设了农业青年致富途径培训班,收了一千多位农民学生,写了四十多万字的指导手册,希望为农民致富引路。

在海南南繁基地,23岁的罗利军认识了年仅18岁的同乡少年余新桥,只有初中学历的余新桥,从此跟随罗利军,一步步深造,成为上海市农业生物基因中心研究员和国家"863"课题首席科学家。

尽管年龄相差不大,余新桥一直尊称罗利军为"罗老师"。在他看来,罗利军重情义,个性鲜明,直来直去,讨厌形式主义。为了培育水稻良种,他们一起寄居农家柴屋,生活条件艰苦,晚上睡觉时,老鼠放肆地跑到床前撕咬被褥,吱吱作响。

"下田辛苦吗?"罗利军摆摆手,"根本就不是,我觉得在田里白天忙活,大汗淋漓,晚上洗个澡,和大家一起打牌聊天,最快活了。"数十年间,罗利军在泥土上扎实地一步一个脚印,最终走出一条水稻良种培育的全新道路。

申城筑巢引凤凰

1986年,罗利军硕士毕业,进入地处杭州的中国水稻研究所,被分配到品种资源系。十余年间,他一边收集研究水稻种质资源,一边培育新品种,育成亚种间杂交水稻超高产新组合"协优413",并主持"水稻广亲和资源鉴定、评价和利用"项目,获浙江省科技进步二等奖。正当罗利军在中国水稻研究所的事业如火如荼时,上海一场大雨悄然改变了他的人生轨迹。1998年6月,没膝大水淹没了上海市农科院周边的试验田,许多珍贵资源就此湮灭。这也促使时任上海市农科院院长潘迎捷和在场老科学家提议建造种质库,保护几代人的科研成果。

2000年,上海市农业生物基因库立项,总投资4 000多万元,成为新中国成立以来农业科技方面三项投资额度最高的项目之一,跻身当年上海市十大项目,与巍峨跨越黄浦江的卢浦大桥相并列。2002年基因库大楼建成,外形仿若优美的"诺亚方舟"。"筑巢引凤"的想法成了一半,只欠愿栖梧桐树的凤凰了。

国家科学技术进步奖一等奖获得者罗利军 (记者 张海峰)

经专家介绍,潘迎捷前往中国水稻研究所拜访罗利军团队。此时罗利军已成为博士生导师、国家跨世纪百千万人才工程第一层次人选,享受国务院政府特殊津贴。要从"国家队"到"地方队",又要离开自己生活多年的杭州,罗利军颇为犹豫。潘迎捷等上海相关领导"八顾茅庐",去杭州与罗利军面谈,答应将他的整个团队11人一并引进,罗利军最终答应。

依据罗利军的建议,原定"上海农业生物基因库"改名为"上海市农业生物基因中心",在原本只做基因资源收集保存的基础上,增加对基因资源的研究利用。

"我们搭建了舞台,但演员在舞台上的成功,还是源于他们自己的努力。"潘迎捷如此总结。多年后,潘迎捷自豪地拍着罗利军的肩膀说:"你选择上海是正确的。"

一颗种子一世界

走进上海市农业生物基因中心,一进门便是 2002 年建设的科普基因园,园中的科普脚本是罗利军自己写的。"罗老师不是书呆子,我觉得他既是自然科学家,又是社会科学家,他所选择的工作方向,能够与国家发展趋势紧密结合。"中心主任龚丽英说。学法律出身的她,来到基因中心从事行政工作后,专门念了罗利军的研究生,如今对于种质资源保护知识信手拈来。

水和粮食,是人类生存最重要的基础,建立种质资源保护体系,提供研究材料,是为子孙后代谋福利。纵观全世界许多国家早早认识到建立种质资源库的深远意义。英国有"千年种子库",挪威有建在地下的"世界末日种子库"。过去美国、英国、日本种质资源保护工作比较先进,如今,中国在这一领域的话语权正在逐步上升。

20 年来,上海市农业生物基因中心筚路蓝缕,建立起一座低温低湿库,可保存 30 多万份种质资源。种质资源经过清洗、消毒、熏蒸等处理流程,封入银色密封袋,分门别类放置在一排排保存架上。整间低温低湿库,仿佛一座装满种子故事的图书馆,提醒着每一位来者,"一颗种子一世界"——面对大自然,人类应当始终保持敬畏和谦逊。此外,中心还建有超低温库,将基因资源保存于零下 196 ℃的液氮储备罐中,可保存 5 万份以上。

罗利军对种质资源收集研究充满热情。外出考察时,别人拉着他东逛西逛,他都兴味索然,一到卖米的集市,他立刻两眼放光。"国家也想做,自己也想做,老天爷也让你做,这多舒服啊。"百般辛苦,在他看来都是幸运。罗利军视稻种如命,余新桥回忆,有一次他们在浙江乡村工作,忽然强台风来袭,罗利军不顾危险,径直跑进田里抢收稻种。

谈到种质资源保护,不能不提已故的"时代楷模"、复旦大学教授钟扬的"种子精神"。罗利军与钟扬情谊深厚,钟扬是他儿子儿媳的研究生导师和证婚人。说起钟扬，罗利军充满怀念之情。他说，钟扬活得非常潇洒，大碗喝酒大块吃肉，快意人生，"我们在北京吃湖羊肉，他上来就说：'我要吃八盘！'把服务员吓了一跳。"2015年，年仅 51 岁的钟扬在工作途中不幸意外离世。如今，钟扬收集的部分藏药资源，就保存在上海市农业生物基因中心的基因库里。

秋收万里稻花香

除了种质资源方面的贡献，罗利军还开创了节水抗旱稻这一新类型。这是一种富有想象力的改良：将旱稻节水抗旱的特性嫁接到水稻上，"组装"出节约大量水资源、对土质要求不高，产量相对不错的"高性价比选手"。

大约从 1995 年开始，罗利军便在思考，由于中国 70% 以上耕地是中低产田，实际生产中想再提高水稻产量，实在太难。1998 年 3 月至 4 月，在国际水稻研究所进行合作研究期间，罗利军在图书馆查到一篇文献，"看了这篇文章，当时我就惊呆了。"文章显示，当时农业用水占全中国总用水量的 70%，其中水稻用水占农业用水的 70%，而那时水稻的研究主攻方向仍是提高亩产。合上文献，罗利军深感现有水稻品种抗旱性差，生产用水太多，但中国淡水资源严重匮乏，水稻发展必将受淡水资源限制。

联想到 10 年前在广西田林考察时看到的深山旱稻，百姓清明节前放火烧山，撒下稻种，不闻不问，秋天也能有一定收成，罗利军灵光一现，于是他萌生了从超高产育种转向旱稻育种的想法。

能不能成功？突然改变研究方向，要冒巨大风险。好在罗利军并非因循守旧之人，"要是拘泥一格，什么事情都办不成。"

实验室研究表明，人类种植的稻子是从野生稻先进化成旱稻，再进化成水稻，要育成突破性的品种，核心仍然是种质资源。罗利军团队找到合适的高产优质水稻，与抗旱性强的低产旱稻杂交，经过许多周折终于育成节水抗旱稻。

节水抗旱稻的重要特征是根系非常发达，干旱时会自动卷叶，减少水分流失。节水抗旱稻改变了传统水稻生产长期淹水栽培方式，采用旱种旱管等轻简化栽培模式，大幅度降低灌溉用水和农药化肥使用量，减少面源污染与稻田温室气体排放量。

2010 年，罗利军主持完成的成果"节水抗旱稻不育系、杂交组合选育和抗旱基因发掘"获上海市技术发明一等奖,三年后,"水稻抗旱基因资源和节水抗旱稻的发现与创制"获国家技术发明二等奖。目前,全国节水抗旱稻年栽种面积达 200 多万亩,平均亩产 500 多公斤,在水田进行直播旱管能超过 650 公斤。

"常规的东西大家都能做到,做好了就是很好的技术;但是非常规的机会不是每个人都能敏锐抓住,这才是科学。"基因中心副主任陈亮说,罗利军作为优秀科学家的素质令人敬佩,同时他的组织管理和统筹能力也很强,才能带领团队,将节水抗旱稻这一设想转化为现实。

传道授业美名扬

"学生开题报告最重要,我肯定要去。"对罗利军来说,除了科研,最看重的便是学生,已经有一百多位学生从他的实验室毕业,他希望每个人都有一技之长,足以安身立命,而不是仅仅完成实验室的任务。

刘国兰是罗利军的学生和下属,她笑容灿烂,外号"铁娘子"。黝黑的皮肤,是她常年穿梭于田间地头选种育种,阳光赠予她的勋章。她说,熟悉的同行都叫她"黑妹",见面还会调侃:"黑妹,你好像变白了,是不是最近下田少了?"考研之前,刘国兰害怕女生在水稻领域不太受欢迎,怯生生地问罗利军:"我是女生,可不可以读您的研究生?"罗利军鼓励她:"没关系,你报名吧,只要过了分数线,大家公平竞争。"刘国兰果然争气,读完硕士又读了博士,特别能吃苦耐劳。

成为 2 个孩子的母亲,也没有阻挡她在田间的脚步,38 岁时,刘国兰即被评为研究员。出生于江西革命老区农村,刘国兰自幼家境贫苦,父母都是文盲,她说:"能有今天的成就,我由衷感谢罗老师,让我的人生远超预期。"

"刀子嘴、豆腐心",不少接受采访的学生都这样形容罗利军。在学术问题上,他对学生要求非常严格,骂起学生来毫不留情面,不少学生都被他骂哭过。但他又很关心学生,无论学业还是生活,他总是尽可能帮助学生。学术之外,他对学生和下属温和宽容,平易近人,没有架子,聊天时,他很自然地给大家泡茶、端来零食。

基因中心副主任刘鸿艳说,她曾经负责为罗利军申请一个重要的人才项目,然而连续两次评审,都因为材料有缺漏而没有通过,导致罗利军与项目失之交臂,刘鸿艳为此很自责,但罗利军却什么都没说。

作为学生,罗利军对恩师谢岳峰十分感佩,谢教授去世时,子女在国外,是罗利军赶到武汉为他料理后事,而且几乎每年都带领自己的学生去武汉为恩师扫墓,仔细安排每届学生照顾师母,直到10年后师母离世。

"最近几年,我的脾气改了好多。"随着年龄增长,罗利军觉得自己性格有所改变,过去他为下属争取福利,敢和领导拍桌子,"现在我大概会换种比较缓和的方式沟通"。他的办公室里挂着一幅"大道自然"书法作品,这也是他偏爱的人生哲学。

近几年,身为市政协委员的罗利军,致力于为上海农业发展出谋划策。在他看来,上海的180万亩农田无法以量取胜,但是可以以质惊人,应当在维护城市生态、产生科学技术、扩大农业产值三大方面精耕细作。

罗利军的科学成就也走向世界,帮助了许多第三世界国家。节水抗旱稻的推广和应用,在国内外都产生了重大影响,不仅在安徽、江西、湖南、湖北等地表现优异,还走出国门,在乌干达、肯尼亚、尼日利亚等非洲国家以及印度、印度尼西亚、缅甸、巴基斯坦等亚洲国家生根发芽。

"来世上走一遭,我希望实实在在留下点东西。"这是罗利军作为一位赤忱的科学家,最朴素的愿望。

四、闵行报《罗利军:以自然之理育生态之稻》

龚炜斌

"稻"在自然:一半水量、同样产量

对罗利军来说,与节水抗旱稻结缘纯属偶然。

那是1998年,作为国内水稻研究领域颇有建树的科学家,罗利军到国际水稻研究所翻阅资料时,一份资料上的数字让他心头一惊,农业生产占用了全世界淡水消耗量的70%以上,而水稻生产则用去了其中的70%以上。

"两个70%以上,不就是50%吗?"在触目惊心的数据面前,罗利军开始反思。其时,他正主持国家水稻育种攻关项目,参与了我国超级稻计划启动,培育出我国第一个亚种间超高产杂交水稻,亩产达719公斤,创下了浙江省水稻高产纪录。按理说,一路走下去,学术前景是一片光明。

"但是在富水、足肥、高农药的试验环境下培育出的高产稻种,在我国普遍缺水、优劣不一的实际种植环境中,究竟有多少实用意义?"这时,他联想到上世纪80年代在广西田林县的一次考察,那里的苗民们,3月放火烧山,播下稻种后,就下山了,之后清明下雨,积水萌芽,其间既不施肥,也不灌溉,但是旱稻每季仍有稳定的收成,虽然产量偏低,却是旱涝保收。"如果能兼顾水稻的优质高产和旱稻的节水抗旱,那对于稻米种植将是实实在在的飞跃。"

沿着这样的思路,2001年,他带领团队来到上海,组建起上海市农业生物基因中心,开始了旱稻和水稻的杂交实验。

2003年,罗利军带领科研团队成功培育出世界上第一个旱稻不育系"沪旱1A"。紧接着,针对不同地区,他又先后研发了"旱优"系列杂交节水抗旱稻和"沪旱"系列常规节水抗旱稻。

这些节水抗旱的稻种,由于在严苛的自然条件下生长培育,同样亩产500至600公斤的情况下,较普通杂交稻能节水50%～60%。而且可以采用免耕栽培,种植过程可以直接播种,无需育秧。同时,稻种良好抗病虫害能力,减少了农田化肥、农药的使用量,避免了大面积的农田污染。

在这过程中,节水抗旱稻研究先后摘得各类大奖,其中包括上海市科学技术进步一等奖、上海市自然科学牡丹奖、上海市技术发明一等奖等诸多有分量的奖项,并成功申报国家技术发明奖。2009年,罗利军将节水抗旱稻理念在第三届国际干旱大会提出,引发全球关注,紧接着,其论文刊发于国际与国内权威刊物上。

十年磨一剑,从最初构想,到奠定学术思想,再到形成学术成果,罗利军和他的团队以十年的时间,让上海作为全国水稻种植面积最小的产稻区之一,却在节水抗旱稻的研究上取得了全国领先的地位。

赢在自然:人生态度、成就高度

三十年扎根田间地头,当年,在华中农业大学同班同学中,他是为数不多的毅然坚守在农科一线的科研人员,且硕果累累,成就斐然。罗利军一直觉得自己很幸运。

曾有媒体在采访时说,希望他讲点成功之道。他坦然而答,我的成功其实没啥诀窍,一切都顺其自然罢了。

不矫揉造作、不沽名钓誉。一切的努力就是要把自然的事做到自然的程度上,这应当是罗利军行事风格的最佳诠释。

想当年,他为上海市农业部门"八顾茅庐"的诚心折服,带领着11名团队成员集体来到上海,组建上海市农业生物基因中心。罗利军没有太多的奢念,他只是告诉所有团队成员,他们将要去上海,因为那里更适合实践节水抗旱稻事业。

中心成立之初,面对各方面局促的条件,作为中心主任,他多渠道筹集资金贴补中心的运作。他用这些钱,将基因中心原先设定的科研范围全面扩大,也用这些钱,尽其所能让每一个科研人员安心工作,最终用骄人的成绩证明了团队的追求,自身的价值。

农业科学研究讲求反复试验、沙里淘金。遴选一株优质的稻种,可能要在安徽、湖北、海南多地同步试验,观察数月才有万里挑一的收获。没有好的团队力量,注定是寸步难行。在这方面,罗利军可说是独具慧眼。

至今为止,罗利军先后带教过81名硕博研究生,做他的学生,首先要过的不是专业考试,而是人品关。正如他说:"人才人才,先要做好人,才能做好事。"

十多年前,得知恩师谢岳峰逝世的消息,罗利军专程从国外赶回来,料理恩师后事。之后,师母孤身一人,独居武汉。他来到上海,是他的学生们,一年又一年接过照料老师母的接力棒,整整十年。最后还是罗利军为老人家送的终。

有什么样的老师,就会有什么样的学生;有什么样的带头人,就会有什么样的团体。今天的农业生物基因中心,罗利军的不少学生已经成为他的同事,很多是项目骨干,其中还有不少是高中毕业之后,边干边学,最终成长成才的。罗利军说:"谈到人才,我反对唯学历观,敢于学习,长于实践,善于成事,这才是人才。"

在基因中心,还有一个很奇怪的现象,布告栏里有时会贴出检讨书,这是大家制定出来的规矩,对于科研中的失误,无论是谁,责任人必须写出检讨,公布于众,这在外人看来很突兀,但在中心科研和工作人员看来很正常。看似"锱铢必较"的管理,为的是小惩大诫,互相督促。

2005年以来,伴随着"沪旱""旱优""中旱"等系列优质稻种的成熟面世,基因中心顺势而为,不仅引进了大量科研人才,实现了科研力量10倍的跨越。同时,还进一步拓展外延,整合产业开发和技术推广团队,成立上海天谷生物科技股份有限公司,全力迈出节水抗旱稻走向市场的脚步。

造福自然:功在当代、善莫大焉

中国种植水稻的历史可以追溯到距今7000年前,浙江余姚河姆渡遗址和桐乡罗家角新石器遗址都曾出土过炭化稻谷遗存。

如今,稻米依然是我国分布最广的主粮作物之一。稻米的安全优质,直接影响着我们国家和人民的粮食生命线。

罗利军对此有着自己理解。在他看来,稻米的产量、品质以及生产成本都关系到稻米安全的因素。过去很长一段时间,诸多地方开始推广超级杂交水稻,但最近20年间,中国水稻亩产量不过提升了几十斤,究其原因,就是超级杂交水稻的高产环境需要良田、富水、高肥,而我们国家超过4.5亿亩的稻田中70%属于存在干旱、没有灌溉条件等缺陷的中低产田。

此外,水稻种植为确保高产,大量使用化肥、农药,但这打破了自然的规律。有数据显示,我国水稻生产过程中农药、化肥的使用量不断增加。这些超量使用的农药、化肥不是渗透进入地下水,就是随着灌溉流入江河湖海形成面源污染。

水稻的生产制约不仅发生在缺水地区,也考验着上海这样的水质型缺水城市。曾经有人指出,上海的水全国最"肥",因为临近出海口,黄河、长江、大运河,各地施肥、用药的残余,都汇集到了上海的土壤里。

由此可见,节水抗旱稻的优势显而易见。现在许多农户已经开始认识和接受节水抗旱稻。在湖北、安徽,包括闵行马桥,有不少农户订购了"旱优""中旱"等系列稻种。其种植效果也赢得了农户的交口称赞,罗利军说,这让他们特别高兴。

但罗利军的目标远不止此。他说,科学无止境。作为一个科学家,我希望通过下一步的研究,找出水稻用掉50%淡水消耗量的生物学依据,我更希望通过我的努力,在确保国家粮食安全、环境保护上做出我的贡献,希望育成的节水抗旱稻品种能在全国大面积推广,推广量提升到1 000万亩。

"节水抗旱稻的问世是对传统水稻种植的冲击,它冲击的不仅是人们传统的种植习惯,更多的是对以往农业产业链的挑战,是对原有的利益格局的打破。"罗利军说:"接下去要做的工作还有很多。"

尽管如此,他仍然信心满满。他说:试想,如果将抗旱能力强,病虫害率低的稻种集中播种在湖北、安徽等长江沿线地区,就能为上海建起稳固的粮食基地,让新鲜、安全的优质稻米,沿江而下,端上上海市民的餐桌,那是多好的一件事情啊!

节水抗旱稻,造福自然,造福人类,善莫大焉!

五、新民晚报《能像种麦子一样种水稻,多好!》

马亚宁

安徽阜南王家坝千亩泄洪区里,一片绿油油的旱稻试验区葱翠茂盛;位于湖北襄阳的国家级"万亩粮仓"里,5 000亩沪字头的粳稻新品种犹如"大明星",半人高的稻株昂首挺胸……正在现场调研的绿色超级稻项目组专家们连连夸赞;在上海市证券交易中心,成立仅一年半的上海天谷生物科技股份有限公司,已经进入第三板市场,即将融资2 400万元。

以上三个时空故事,有一个共同的主角——来自上海市农科院农业生物基因中心的节水抗旱稻。一粒粒小稻种,正在演绎产学研的创新"大道场",值得让人看了又看。

梦想篇

发大水全家躲出去,回来一看,稻子还活着

一望无际平坦的土地,本该是难得的良田沃土,却因为喜怒无常的千里淮河,成为平衡上下游水位差的泄洪区。汛期时,房屋、田地、作物全部泡在水中;无雨时,秧苗只能干涸着。记者看到,由于特殊的地理环境,安徽阜南的广袤农田一直是中低产田。而这恰恰是我国大部分农田的缩影——我国4.3亿亩稻田中,仅有30%高产田。

稻田要高产,却要付出水的代价。为了养活天文数字般的人口,中国水稻产量一直在努力突破极限。由袁隆平院士育成的杂交水稻品种,每年增加300亿公斤粮食,多养活7 000万人。不过,它越来越要求精耕细作:高水、高肥、高投入。"水稻生产已经消耗了我国50%以上的淡水资源。"就是这个数字,深深刺痛了罗利军的心。

十年前,上海市农业生物基因中心首席科学家罗利军带领团队,撇开"酷爱喝水"的水稻,转向其"亲兄弟"旱稻,梦想着将旱稻耐旱的优点与水稻的高产优势融到一粒稻种中。2003年,研究人员找到了世界上第一个旱稻不育系"沪旱1A",完成三系配套,育成首个杂交旱稻品种。之后,又先后选育出籼型和粳型节水抗旱杂交稻,组建起包括近10个杂交新组合的节水抗旱稻"大家族"。

五年前,上海节水抗旱稻来到阜南,一扎根就被当地农民看出了它的好——能像种麦子一样种水稻,多好!阜南蒙洼农民老王,用粗黑的大手抚着绿油油的稻穗,"你看着这稻子多结实,平时不用管也不用泡水,只浇个一两次水,就结得满满当当。有一年发大水时,全家躲出去,回来一看,其他地里的东西都死了,就这稻子还活着,还有好收成。"

"剪刀+胶水"的方式分子育种,培育绿色超级稻

进安徽、走湖北、下广西、入浙江……上海节水抗旱稻走南闯北,推广面积超过万余亩。与传统水稻相比,上海旱稻极具"节俭美德",每亩节水超过400吨,节水量50%以上;又很好"养活",适应免耕栽培、旱种旱管,能扎根工业抛荒地,在"望天田"(等天落雨的田)里也高产,亩产超过600公斤,产量优势毫不逊色。这与中科院院士、华中农业大学教授张启发的"绿色超级稻"蓝图颇为契合。

张启发一直担忧粮食生产与资源环境间的紧张关系:愈演愈烈的病虫害让不少水稻产区减产,而化学农药的滥用则让虫害愈演愈烈;长期过度施肥不仅使种田成本越来越高,还导致土壤退化。围绕"少打农药、少施化肥、节水抗旱、优质高产"的16字"和谐方针",2005年,以张启发为首的科研团队首次提出"绿色超级稻"计划。2010年,计划获准立项为国家863计划"十一五"重点项目。

绿色超级稻项目几乎汇集了国内水稻育种优势单位,研究人员或寻找、或破译稻子绿色性状的基因密码,希望可以用"剪刀+胶水"的方式分子育种,培育出集"和谐方针"于一身的完美水稻。"传统的大田育种,跟着植株的优势性状走,费时

长,还容易走弯路;绿色超级稻项目拒绝转基因技术,运用现代分子育种能更有效率地选育新品种。"华中农业大学作物遗传改良国家重点实验室肖景华博士说。

"上海节水抗旱稻在绿色超级稻的远大前程中,迈出了实实在在的第一步。"罗利军说,截至目前,"绿色超级稻项目"选育了7个具有"绿色性格"的新品种,其中有2个就出自上海节水抗旱稻家族。

创新篇

科技成果转化,研究团队都可入股"做掌柜"

"心怀绿色梦想,手握绿色种子,播种百万亩节水抗旱稻田。"这是罗利军给自己的承诺,最初的实践却力不从心。"因为,科学家的成果要转化应用,难以把握市场,极易失败。转卖给企业,就像嫁出去的女儿,后续技术更新很难'指手画脚'。"此时,一位熟稔农业技术投资的老同学和一位专业的职业经理人闯入了他的视线,三人碰撞出了"技术+投资+管理"的创业金三角,决定成立上海天谷生物科技股份有限公司,致力于培育和开发节水抗旱稻等绿色超级稻新品种(组合)及相关生物技术、产品。

既是办公司,就要完完全全按照经济规律办事。获得过国家科技进步一等奖、上海市科技进步一等奖等诸多响当当科技成果的罗利军提议,公司入股必须是真金白银到位,不存在技术股份、知识产权入股等。同时,整个研究团队全员入股,上到首席科学家,下到跑腿办事的新进大学生,都可以自愿出资入股"做掌柜"。"每一项科研成果能署名的最多三五人,更多的参与者无从体现。在更艰难漫长的科技成果转化中,大家既是科技项目转化的推动者,就应该是分享成果的主人。"

天谷科技公司去年2月成立,基因中心的每一位成员都成为新公司的股东。"原来顶多是个热情的科研项目参与者,如今则是自家公司的主人翁,出差加班也不觉得累了。"基因中心张剑锋切实感受到自身的变化。公司一年多的成长快得惊人:"沪旱15号""沪旱3号""沪优2号"和"旱优8号"等分别获得国家和上海水稻新品种认定,即将推广;多款杂交新组合的制种数量明显提升,每亩制种量约400公斤……

今年初,天谷公司作为上海首批19家企业中的一员,成功在上海股权托管交易中心挂牌。"接下来,将在三板市场上募集更多资金增资扩股,为发展成为真正优质的种业公司做好充足准备。"常务副总经理金祖平信心十足地说。

六、联合时报《旱稻密码》

邓的荣　马赛

一个城市的边缘学科、一个引进的科研团队、一个全球同行业的领跑者。从当初纯粹的科研"自选动作"、到如今真正的行业"国标动作",他们整整坚持了十四年。在向"建设具有全球影响力的科技创新中心"宏伟目标进发的征途中,上海市农业生物基因中心有关"节水抗旱稻"的科创故事、必将给我们带来更多思索、更多启示。

"稻田越缺水,节水抗旱稻越精神。"罗利军弯下腰,随手拔起一棵稻,捻一捻根茎,告诉走在一旁的中共上海市委农办主任孙雷:"你看,这根茎多结实。今年这片田的收成,应该比预想的好!"

7月30日,安徽省合肥市肥东县石塘镇。艳阳高照,气温高达40℃。连续十余天35℃以上的高温烤炙,稻田里见不到一丝水迹,稻禾却在烈日下茎秆粗壮、葱绿依然。

这里是上海市农业生物基因中心节水抗旱稻"旱优73"的百亩示范基地,市政协委员、上海市农业生物基因中心首席科学家罗利军边走边谈,描述着如何将这片百亩示范田拓展成千亩、万亩乃至辽阔无际。

这样的示范基地还有很多,分布在安徽、湖北、湖南、江西、广西、福建等省区,以及印尼、老挝、越南、肯尼亚、赞比亚、尼日利亚、莫桑比克、南非等亚非国家。另外,节水抗旱稻还在新疆、黑龙江等地开展适应性试验。

目前,节水抗旱稻已经形成省级以上新品种审定的有"旱优73""沪旱15号""沪旱3号""沪优2号""旱优8号"和"沪旱61"等全系列品种。在灌溉条件下,其产量、米质与水稻持平,但可节水50%以上;在"望天田"具有较好的抵抗干旱能力;栽培上,简单易行,投入低,节能低碳环保。这些被称为"像种麦子一样种稻子"的稻谷新品种,年种植面积已超过百万亩。

孙雷此行专程来察看酷暑中节水抗旱稻长势,并为位于合肥经济技术开发区的节水抗旱稻合肥区域中心揭牌。随行人员还有上海市农科院党委书记、院长蔡友铭和市农口相关部门负责人。5年前,市农委专门成立"上海节水抗旱稻工作组",支持"节水抗旱"研究领域的深度探索与品种产业化,推动这项上海原创的重大科技成果更好地服务全国。

"我盼着我们的节水抗旱稻能尽快推广到1 000万亩,让这个'上海原创'的'绿色超级稻'能惠及更多饥渴的土地;我更盼着我们的研究团队能尽早找出'旱稻密码',将节水抗旱稻的节水、抗旱、少施肥、少打农药等'绿色品性'赋予更多农作物,为世界粮食安全、水资源安全、生态安全做出'上海贡献'。"罗利军说。

2016年,"节水抗旱稻"项目在学科建设、成果推广、基础研究等方面全面发力。农业科研人员深入骨髓的乡土情怀,与上海海纳百川、开明睿智的"都市基因"深度融合,显得不可或缺

2016年,上海市农业生物基因中心可谓好事连连,其核心科研项目节水抗旱稻在学科建设、成果推广、基础研究等方面全面发力。今年年初,由基因中心起草的两项农业行业标准《节水抗旱稻 术语》和《节水抗旱稻抗旱性鉴定技术规范》获得农业部批准,4月1日起实施。自从2009年10月12日罗利军在"第三次世界干旱大会"上首次提出"节水抗旱稻"概念,经过几年的理论与实践摸索,如今基因中心终于贡献出两项"国家标准"。这意味着节水抗旱稻正式建立操作规范、获得行业认可,这对节水抗旱稻的学科建设、育种研究和产业发展而言,具有里程碑意义。

4月18日,在上海市科学技术奖励大会上,基因中心研究课题《水稻遗传材料的创制保存和研究利用》获市科技进步奖一等奖。十多年来,基因中心围绕节水抗旱稻的研究成就斐然,先后获得国家技术发明二等奖1项,上海市科技进步一等奖3项,上海市技术发明一等奖1项、二等奖1项。今年新获的奖项是首次在"基因资源保存与创新"领域获得大奖,标志着基因中心在水稻遗传材料的创制保存与研究利用上,同样处于国内领先水平。

7月22日,上海天谷生物科技股份有限公司成功登陆"新三板"。作为基因中心节水抗旱稻的产业化平台,天谷生物从此迈入资本新里程。天谷生物的国内市场,目前主要分布在沿淮、长江流域和华南、西南等区域,在安徽、湖北均成立了全资子公司;已在东北、西北及非洲安哥拉和印度尼西亚、老挝、越南等东南亚国家开展节水抗旱稻的试种示范和推广，一批苗头品种展示了广阔的应用前景。

7月25日，《自然》(Nature)杂志出版集团旗下的子刊 *Scientific Reports* 在线发表了基因中心研究团队发现的一个新的抗旱基因OSAHL1。研究发现，该基因在水稻上超表达可以同时改善避旱性和耐旱性，即将两种重要的抗旱机制整合起来。而此前的研究认为，水稻的避旱性和耐旱性具有不同的遗传基础，即由不同的遗传基因控制。基因中心研究团队对OSAHL1基因的最新发现，意味着他们在寻找"旱稻密码"的漫漫征途中再下一城。

为什么节水抗旱稻项目今年能全方位提速？"这一切，既来之不易，又顺理成章。"在接受记者采访时，罗利军显得十分淡定。

他知道，"节水抗旱稻"如今获得"动力加速度"，离不开整个科研团队十几年来的顽强坚守，离不开方方面面持续不断的呵护支持。其中，作为农业科研人员，罗利军和他的研发伙伴们深入骨髓的乡土情怀，与上海海纳百川、开明睿智的"都市基因"深度融合，显得不可或缺。

他们来了，他们做了，他们做成了。他们将一个纯粹的"自选动作"做成了"国标动作"，向世人讲述了一个有关上海科创的传奇故事。激活这则传奇的核心基因，就是上海固有的"创新张力"

有人说科学创造往往是不期而遇的，就好比孩子在大海边偶然捡到一片美丽贝壳。

这话有道理。对上海而言，如今存放在上海市农业生物基因中心荣誉角上那一堆奖牌、奖杯和荣誉证书，以及生长在中西部地区和南亚、非洲广袤田野里百万亩节水抗旱稻，看上去全都像是一场"意外的惊喜"。

在上海这座国际性大都市，农业本属于边缘地带，稻谷则处于边缘中的边缘。即便是如今上海科创中心建设提速，农业科创也很难说有更多机会站上舞台中央。

罗利军和他的伙伴们原本都是"外来的和尚"。当初赋予他们的科研任务是要建一座农作物基因库。别看"节水抗旱稻"现如今声名鹊起，可当年研究起步时，别说获得科研经费，连科研立项都难。这个项目最初的探索，更像是这个团队的"自费革命"。

然而，他们来了，他们做了，他们做成了。他们将一个纯粹的"自选动作"做成了"国标动作",向世人讲述了一个有关上海科创的传奇故事。

"这个故事之所以能演绎出'传奇',我觉得其核心桥段还在于'这里是上海'。"市政协常委、农业界别活动召集人、市农科院原党委书记、院长吴爱忠说,"激活这则传奇的核心基因,就是上海固有的'创新张力'。这些'创新张力'则来自对科技领军人物的高度信任、对以制度创新呵护科技创新的高度重视。"

故事是迎着新世纪曙光渐次展开的。1999年1月13日,上海市农村工作会议确定设立上海市农业生物基因库,作为上海农业面向21世纪的一项重大战略布局。2000年1月4日,上海市农业生物基因库项目获准立项,这也是当时上海农业科技单项投入最大的项目。

执掌大项目,得有重量级选手。求才若渴。当年市农科院领导"八顾茅庐",2001年5月1日,终于将就职于中国水稻所的知名科学家罗利军研究员及其科研团队引进到上海。2002年7月27日,上海市农业生物基因中心正式挂牌。在面向未来的全球基因资源争夺平台上,罗利军和他的团队披挂上阵。

"说实在话,这些年我们一路走得有些磕磕绊绊。"基因中心育种团队负责人余新桥研究员说,"我们能在节水抗旱稻研发上取得一些成绩,得为上海能充分尊重科研领军人物的胆识和气量点赞。"当年他与罗利军一起举家迁沪。十几年来,他陪着罗利军几乎走遍了中国的田间地头,一起选育出节水抗旱稻的一个个新品种。

一切科创活动都是人做出来的。科学发现具有灵感瞬间性、方式随意性、路径不确定性。必须允许科学家自由畅想、大胆假设、认真求证。能不能让领衔科技专家享有更大的技术路线决策权、更大的经费支配权、更大的资源调动权,往往成为科创成败的关键因素。

从最紧迫的问题着手思考,从最薄弱的环节着手行动。唤醒沉睡的旱稻,追寻"旱稻密码"! 这是一条资源节约、环境友好的绿色征途,也是一条荆棘丛生、峭壁林立的艰难险途。在这条从没有人走过的路上,每前进一步,都有可能邂逅新的风光、新的希望

基因中心开张后碰到的第一大难题,就出现在科研方向、技术路线的选择之上。初进上海的罗利军意气风发,带领伙伴们迅速投入到作物基因资源的收集与保护工作中。一座囊括禾谷类、蔬菜类、油科类和药材类等类别、可保存总量超过

20万份的种质资源库迅速形成。这座常年保持低温、超低温的"种子方舟",其规模仅次于北京的国家种质库,目前以每年近2万份种质入库的速度稳定扩容。

对种质资源,只知道收集保护,那是"土财主"做派。在筹建基因中心的日子里,罗利军思考更多的是评价研究与开发利用。作为领军者,他有责任选择一个有发展前景的科研方向,带领团队从资源宝库中发掘金矿。只有这样,他们的作为才能与上海丰富的科研资源、开阔的国际视野以及基因中心的高起点定位相匹配。

罗利军长期从事水稻遗传资源的基础与应用研究。上世纪90年代,他参与国家"超级稻"研发计划,曾选育出我国首个三系法亚种间杂交水稻'协优413',亩产达719千克,被列入"七五"期间农业重大成果之一。

"从最紧迫的问题着手思考,从最薄弱的环节着手行动——这是罗老师教给我们最管用的科研方法论。"基因中心资源评价创新实验室副研究员夏辉博士说。

搞农业科研的人,对纯净乡土、淳朴农民总是怀着深深的眷恋。

那时候,超高产的"超级稻"是一个"大热词",可"大热词"往往遮蔽了大问题。一俊遮百丑哇。罗利军审视着自己的科研路径。他发现,"超级稻"可以说是"娇惯"出来的,需要良田、富水、高肥、多农药、高投入。可这每一个前提背后都蕴藏着危机。我国4.5亿亩稻田中有70%属于中低产田,干旱、缺乏灌溉条件是导致低产的主要原因。还有一组数据更让人揪心:全世界30%的农药和40%的肥料都用在中国,但农药、化肥的利用率只有30%,更多地渗入土壤的水循环系统、久而久之便污染了土壤。同时,水稻田灌水期土壤里的物质分解,释放出大量甲烷,成为大气环境污染的重要源头。

有两段学术经历在他脑海中浮现。

1998年,罗利军在位于菲律宾的国际水稻所查阅资料,一组数据引起了他的关注:中国是农业大国,农业生产耗水量约占全国总耗水量的70%,其中水稻又占了农业生产耗水量的70%。"这不就意味着,仅仅水稻这一种农作物,就消耗了一半以上的淡水资源?"

"超级稻"是"泡"着种的,但不是每一个地方都有充足的淡水。2010年至2012年开展的第一次全国水利普查结果证实,我国的河流与湖泊正在快速减少,全国流域面积在100平方公里及以上的河流仅有2.3万条,比此前长期沿用的5万多条减少了一多半。资料显示,每年我国农业灌溉用水缺口为 1 200 亿立方米,几乎相当于十个西湖。

另一个场景发生在 1988 年。那是他从华中农业大学研究生毕业的第二年,在广西老山考察品种资源,看到农民种在山上的旱稻。农民每年 3 月份上山放一把火,在灰烬中将稻种撒下去。种子就着清明时节的雨水发芽成长。此后就一直"放养",不施肥、不打农药,也不用淹水,直到 11 月份再上山收割。在海南五指山区黎族聚居地,这种刀耕火种的传统旱稻也随处可见。只不过,全靠"望天收"的旱稻,亩产一般不会超过 200 千克,米质不佳,所以一直没有受到学界关注。

这些神奇的旱稻资源,此时正在国家的"种质库"低温环境里沉睡。

此时,罗利军突然灵光一闪:为什么不能唤醒旱稻,将旱稻抗旱性强、不用淹水种植、少打农药、少施化肥的品性导入水稻,培育出既保持"超级稻"的高产、又保持旱稻的绿色特征的新型绿色稻种?水稻是模式作物,如果能破解旱稻节水、抗旱、抗病虫害的基因密码,那对世界作物的绿色生长将带来什么影响?唤醒沉睡的旱稻,追寻"旱稻密码"!罗利军知道,在"高产"仍然左右着政策导向和社会舆论的时代,另辟蹊径必然招致怀疑、必将忍受孤独。但他确信,这是一条资源节约、环境友好的绿色征途,也是一条荆棘丛生、峭壁林立的险途。在这条从没有人走过的路上,每前进一步,都有可能邂逅新的风光、新的希望。

如果当初他们没有坚持对科研方向的选择,今日沪版"旱稻家族"的傲人业绩会出现吗?历史没有如果。"应该看到,我们最初那些还显得朦胧的科研设想,得到的是包容而不是扼杀,这正是我们的科研环境中最有韧性、最为珍贵的地方。"

团队伙伴的支持,让罗利军信心倍增。

要选种、培育,要检测、繁殖,建基地、上仪器、添人手,当然是要花钱的。项目建议一提出,主管机构很疑惑:在上海,搞水稻干嘛?在都市农业体系里,水稻属于边缘学科,哪里比得上蔬菜、水果、花卉等更切合城市需求。立项请求遂束之高阁。

怎么办?打退堂鼓?不行,既然看清了方向、摸准了问题,那就等不得,自费也得干,先做出点名堂再说。科学家的责任与使命,不是用来贴金的。

当时,基因中心开办费仅仅 20 多万元,主要用来收集种质资源,本就不够花。有道是,一扇门关上了,一扇窗户打开了。美国相关基金看中了罗利军的思路:一旦罗利军的设想成为现实,必将润泽非洲以及全球各地那些饥渴的土地。

"这项科研要用钱的地方太多太多,即便是国际合作项目的钱,罗老师也是算计着用,一个子儿当两个花。"基因中心党支部书记、副主任龚丽英说。

选育制种离不开南繁。2002年冬,他们来到海南陵水。一块弯弯曲曲的13亩稻田,一间可以遮风挡雨的简易房,这就是他们当时所能凑齐的全部家当。如此简陋的微型"基地",让慕名前来的国内外同行大为惊讶。"先别管大小好坏,有总比没有好。"罗利军说,"我本就是个农民,就像农民那样,有多少钱办多大事,等以后有本钱了再升级也不迟。"

向着一个未知的领域,一行人就这样毅然出发了。日复一日的田间奔走,改了又改的实验数据,挫折、失败、茫然、惊喜交织在一起。"一万次打击,换来一粒种子",这是育种行业的常规。幸运的是,他们遇到两次大的科研瓶颈,都迅速找到了突破口。"我们这个团队充满了乐观与豪情。即便是一场台风暴雨毁掉了一切,大家挥一挥眼泪又接着干。"基因中心副主任、遗传育种专家梅捍卫研究员说。

天道酬勤。2003年,基因中心选育出世界上第一份杂交旱稻不育系'沪旱1A',表明中国在全球杂交旱稻的研究中率先取得突破性进展。2004年,世界首例杂交旱稻组合在上海诞生。

此时的节水抗旱稻已今非昔比了。各类大奖扑面而来,国家自然科学基金重点项目、上海市科委重大项目、国家"863"项目、农业部"948"项目先后伸出了橄榄枝。2008年,比尔·盖茨夫妇现场考察了罗利军的试验田,随后盖茨基金立项资助,为全球干旱少水国家培育节水抗旱稻。项目拓展、团队建设等也得以加强。此后,一系列籼型、粳型杂交节水抗旱稻品种先后问世,并通过相关审定。在节水抗旱稻研发上,基因中心始终领跑全球。

谁能相信,一个处在边缘地带、"自作主张"上马的水稻研究项目,就这样稳稳地站在世界的镁光灯下。如果当初他们没有坚持对科研方向的选择,今日沪版"旱稻家族"的傲人业绩会出现吗?

"历史没有如果。对科学研究来说,始终坚持正确的判断与选择正确的技术路线同等重要。"罗利军说,"应该看到,我们最初那些还显得朦胧的科研设想,得到的是包容而不是扼杀，这正是我们的科研环境中最有韧性、最为珍贵的地方。"

引领性科技成果率先碰到了"政策天花板"。走通成果转化"最后一公里"，何其难也。"搞农业科研，田间连着实验室。穷理以致其知，反躬以践其实。我们不仅要将论文写在科学的高峰上，更要将论文写在广袤的田野上，虽万难而不辞。"

节水抗旱稻能让"望天田"变成"保产田"，最开心的是农民。今年4月，贵州遵义市遵义县团溪镇五龙村红星组，村民刘世祥正在自己的稻田里忙活。

五龙村的稻田动不动就缺水，收成一直难稳定。一旦遇到高温旱季，播种超级稻经常就颗粒无收。怀着试试看的心态，去年刘世祥从种业公司领来'旱优73'，试种了6分田，没想到秋后打出了干谷425千克，产量比原来的品种高多了，米质还更香。更开心的是，跟原来相比，他至少节省了两次给稻田灌水。

2013年，天谷生物与贵州百隆源种业公司合作，开始在贵州省遵义市进行节水抗旱稻的引种试种，在遵义县团溪镇的试种面积近50亩，团溪镇五龙村是试种点之一。五龙村4320亩土地中，有近千亩属"望天田"，一般只能种玉米。如今种上了'旱优73'，这种节水抗旱稻表现出早熟、耐旱、产量高、米质优的特点。刘世祥和其他村民尝到了甜头，想扩大种植面积，但天谷生物、百隆源种业却难以满足村民的要求。

一边是农民由将信将疑到深信不疑，想放开手脚干，一边却是种子难以供货，有心无力。其间的"肠梗阻"在哪里？目前，我国对于新育成的主要农作物品种，除了育种者对自己选育的品种在稳定后进行评价外，还需参加由所在省种子管理部门组织的品种区域试验和生产试验，达到审定标准后，通过省级审定，才能在该省推广。若要在全国推广，还要进行国家级的区域试验和生产试验。经过国家审定后，才能依法推广。

一个专家认可、农民欢迎的稻谷新品种，为何试种三年仍难通过区域品种审定？"关键在于，我国现行的品种审定制度是在追求'高产出'的背景下形成的，对追求'绿色产出'的新品种造成有形无形的钳制。"天谷生物董事总经理金祖平说，"节水抗旱稻遭遇的'贵州困境'，是政策调整滞后造成的'合法性障碍'，引领性成果率先碰到了'政策天花板'。"

与贵州不同，'旱优73'2014年通过安徽省的品种审定，目前全省种植面积达有50万亩,主要分布在淮河流域泄洪区,在缺水田里,其亩产仍能保持600千克左右。"'旱优73'之所以能拿到'安徽牌照',我们简直用尽了洪荒之力。"天谷公司副总经理张剑锋说,"由于目前我国对节水抗旱稻这类'绿色超级稻',没有相应的区域试验和审定体系,节水抗旱稻必须参与水稻的区域试验,放弃了节水抗旱特性,与水稻比产量、比米质、比抗性。也就是说,我们的节水抗旱稻要通过外省品种审定,就要在现行制度中与常规水稻在高产区试田中'PK',即放弃优势,依然要'取胜'"。

基因中心节水抗旱稻属于典型的"两头在外":生产加工基地和主要市场都不在上海。上海本地种植面积太小,新品种要在这么小的盘子里插上一只脚,容易么?为了找地播种,他们甚至费尽心机找到一块工业抛荒地来试验"望天收"。

一个品种审定,就这样绊住了新成果。走通成果转化"最后一公里",何其难也。在基因中心科研团队,畏难情绪时有发生。有人说,毕竟是科研机构,做好研究、发发论文,那是本分;做推广,既然这么难,政策有障碍,吃力不讨好,那就算了吧。

罗利军挺住了。他与研发团队反复交流,坚定共识:"搞农业科研,田间连着实验室。穷理以致其知,反躬以践其实。我们不仅要将论文写在科学的高峰上,更要将论文写在广袤的田野上,虽万难而不辞。"

"科学家团队持股",那时还属于新鲜事物。科技创新与制度创新要协同发挥作用,两个轮子一起转。"市场用尺子撑大了政策的边界,这也从一个侧面映衬出上海的'创新张力'。这正是上海吸引创业者的地方。"

"其实,罗老师也有挺不住的时候。"说到节水抗旱稻的产业化困境,张剑锋笑着说。他指的是罗利军愤然辞职的一段旧事。2011年初,基因中心决定成立一家专业的种子公司,作为节水抗旱稻的推广平台。这家公司以股份制方式设立,由代表国有股的农科院,以及企业家团队、科学家团队共同发起、共同持股。提出投资的企业家原本也是学农出身,做其他生意发展起来之后想反哺农业。但这位投资人提出两个条件:一是必须由罗利军担任企业董事长、法人代表,新公司运作要借用他作为著名农学家的名头;二是基因中心科研团队最好全员持股,新公司要用成果转化收益来凝聚科研团队的智慧和力量。

以设立股份公司的形式来推广节水抗旱稻，是基因中心多年摸爬滚打的结果。在第一个品种出来时，罗利军就在谋划推广载体。2005年，基因中心成立科技服务办公室，借助基因中心工会下属的上海市农业生物基因中心职工技术协会这个法人实体，做一些简单的推广，开始在各地试种'旱优2号''旱优3号''沪旱15'等品种，结果各地试种表现不错。为了进行专业化开发，2008年，在市农科院的支持下，成立上海旱优农业科技发展有限公司，一个专业化国有种子公司初具雏形。但国有企业难以解决股权激励、增资扩股等问题，运作两年之后，公司逐渐窒息。

"我们那些年到各地推广，看上去就像'打游击'。真要上战场，还得有'正规军'。"张剑锋几乎全程参与了节水抗旱稻的市场推广，对此中的尴尬与艰辛深有感触，"寻求规范的股份制公司运作形式，就是我们不断试错后的产物。"

"科学家团队持股"，那时还属于新鲜事物。罗利军显然又碰到了一块"政策天花板"。设立股份公司的报告打到市农科院，可谁也不敢贸然表态。

"我当时提出辞职到大学教书，是带有一点情绪的，但也确实是真心话。"罗利军说，"农业科技成果一旦不能有效转化，农业科研本身也就难以持续、难以突破，再在这里做下去就失去意义了。"

对科研中出现的新事物，市农科院党委没有懈怠。他们一方面派员去有关部门了解相关政策界定，一面与科学家、企业家团队协商解题之道。

"对公务员参与企业持股，政策有明确禁令。而基因中心是事业单位，尽管事业单位参照公务员方式管理，但没有一条政策对此下了明确禁令。"龚丽英说，"后来院党委专门为此召开会议，同意了基因中心的报告。'科学家团队持股'直到2015年上海'科创22条'出台时才得以明确。我们在2011年就率先'吃螃蟹'，无疑是一项突破，农科院党委为此是承担过责任的。"

就这样，2011年3月，上海天谷生物科技股份有限公司顺利成立。2012年2月15日，天谷生物作为首批19家企业成功在上海股权托管交易中心挂牌，正式成为一家运作规范的高科技非上市股份有限公司。今年7月22日，天谷生物在"新三板"上市，节水抗旱"育、繁、推一体化"步入快车道。

"当科学家挺不住的时候，组织出现了。科技创新与制度创新要协同发挥作用，两个轮子一起转。"金祖平说，"市场用尺子撑大了政策的边界，这也从一个侧面映衬出上海的'创新张力'。这正是上海吸引创业者的地方。"

搞科研、做事业,眼睛不能只盯着眼前的柴米油盐,还要想着诗和远方,要以未来引领现在,随时为未来预留空间。基础研究与应用研究当比翼齐飞、不可偏废。

追寻"旱稻密码",时不我待

8月9日,福建建宁县里心镇芦田村。冒着烈日高温,罗利军一行深入'旱优73'制种基地。此行目的主要是验收制种田产量。

生产足够的优良种子,是推广新品种的前提。对于杂交水稻来讲,一是要进行繁种,即繁殖亲本;二是要用亲本进行制种。建宁是制种福地,全县集中了来自全国各地数十家种业企业,制种面积达十多万亩。天谷生物是该县种业协会副会长单位,在这里的制种面积超过5000亩,其中芦田村有制种田1000亩。

罗利军叮嘱随行人员物色好稻田,争取明年将建宁的种业基地拓展到一万亩以上。他说:"搞科研、做事业,眼里不能只盯着眼前的柴米油盐,还要想着诗和远方。要以未来引领现在,随时为未来预留空间。"

在罗利军的设想中,基因中心要"夯实一个根基、建设两支队伍"。"一个根基"就是生物基因的收集、保护与利用,让"种子方舟"不断壮大;"两支队伍"一在基础研究、一在应用研究,两者当比翼齐飞、不可偏废。

从初来上海时的11人,到如今近百人,基因中心研发团队在不断壮大。其中,基础研究队伍的结构不断完善、优化。罗利军说:如今绿色发展深入人心,全球各地科学家都在寻找特异资源测序,寻找耐旱、抗病、高营养等遗传因子用于改良农作物。追寻"旱稻密码",时不我待。

"咬定青山不放松,是科学研究的优良品质。"在当天的田头座谈中,罗利军告诉他的研发伙伴,"你们中不少人是我的学生。我不知道我有生之年能不能找到'旱稻密码',我希望你们接着找。你们找不到,你们的学生继续找。我们要拿出愚公移山的精神,这是中国知识分子的担当、情怀和血性。"

'旱优73'制种的验收数据出来了,结果超出预期:每亩实收稻种288.2千克,一举突破250千克!一般制种亩产在200千克左右,'旱优73'制种明显属于高产。

这一天,正值罗利军55岁生日。受制种高产的激励,罗利军欣然填词一首《水调歌头·制种》：

才观崇阳种，又喜建宁丰。千里山河横跨，仍是稻飘香。任凭风吹浪打，有我志士同仁，谈笑凯歌还。子在天上曰，胜者如斯夫！

省资源，保环境，盼天谷。真爱洒向人间，五洲尽开颜。最喜人才辈出，员工发奋图强，齐心绘鸿图。五五不服老，愿作耕田牛。

七、《瞭望》新闻周刊《罗利军：把论文写在国情里》

李荣

获奖之后，老罗想得更多的是继续为节水抗旱稻"搭脉"，感受新的脉搏跳动。论文写在国情里还可以继续向"细化"的方向推进，进一步把论文写在"区（域）情、省情、市情"里。

与世界节水抗旱稻研究的开创者、上海市农业生物基因中心首席科学家罗利军研究员结识，已有二十多年了。他有一肚子的故事，都与土地相关。

老罗长期从事农业基因资源的保护创新与评价利用研究，取得了节水抗旱稻从 0 到 1 的重大突破，获得国家科学技术进步奖一等奖、国家技术发明奖二等奖、何梁何利科技与技术进步奖等众多荣誉。

其中，他主持的"水稻遗传资源的创制保护和研究利用"项目，获得 2020 年度国家科学技术进步奖一等奖，是上海市农业领域在此奖项上"零的突破"。

他的团队建立了国际先进的作物抗旱性研究平台；构建了栽培稻节水抗旱核心资源；鉴定克隆了 50 个抗旱相关基因；选育出包括籼型、粳型、常规和杂交四个系列的节水抗旱稻新品种（组合）；通过国家审定，在生产上大面积推广。

老罗的研究成果，是理解了土地后的回报。在他看来，把论文写在大地上，也是把论文写在国情里，写在大地之上人们的喜怒哀乐中。

难忘"那一年"

老罗是湖北咸宁市崇阳县人，按理与乡村和土地自小根脉相连。不过，要真正与土地亲近，与土地里的"呼吸与脉搏"相互感应，哪是容易的事儿呢？老罗父亲在镇上的供销社工作，在老罗的印象中，自己小时候接触农田的机会并不多。考大学填报了华中农业大学的"农"字头专业,更多是中学老师对他的期望、鼓励。

武汉是老罗第一眼看城市的地方,也是他真正了解农村的一个起点。他本科毕业分配到武昌县(现武汉市江夏区)农业局工作,一年后"考研"。对这一年,老罗至今感慨连连:"那是关键的一年,也是最最难忘的一年"。

那一年,他先是作为基层推广站技术员,下到田间地头,帮助推广杂交水稻品种,做满一个生长季,明白了一点农田里的"阴晴圆缺"。农民接受稻种,试种稻种,养育稻种,随时都有问题提出,但农民是带着自己的经验、观察和想法来提问的,不需要技术员对着种植手册照本宣科地"朗读一遍",而需要一起看、一起想、一起积累经验。农民把技术人员当作"老师",但农民在田间地头积累起来的"一线经验",也是一本生动的教材。

那一年,21岁的小罗还与县里干部一起,在农村连续几个月蹲点调研,跑了许多地方,见了很多人。一位经验丰富的乡村干部的一句话,让他在以后的研究工作上一直受到启发。那位干部说,在一个公社,搞一个村,搞一户、一块地,搞好了,搞透了,比跑多少个公社、多少个村都有用。

小伙子最后选定一个村"定点调研",在农民的日常生活中,在农村农业的日常运作中,慢慢感受到了"乡村脉搏的跳动",感受到喜怒哀乐都有的生活,这是乡村真实的生命力。

在那时小罗的眼里,"农"字头,已经不仅是泥土、土地,它有它的"心跳和感情"。这个"农"字观,贯穿了他一直以来的学习、生活和研究。他一直觉得:农业成果,落实在泥土里、土地里,推广的成绩再好还说服不了他,只有与土地的"脉搏"和"喜怒哀乐"一致了,才能够放下心来。

老罗回到华中农大读研,师从著名农业种质资源专家谢岳峰教授,从事国内稻种资源的调查、保护与研究,先后前往云南、海南、广西进行实地考察,寻找历代农业先民与土地的互动中在稻种里"深藏"的农业基因与生命活力。

他也记下工作"那一年"在推广站与农民的交流,读研期间与学校里的研究生一起创办面向基层农村的致富培训班,最多时有1000多名青年农民参加。老一辈农民的经验哪些可以继承、新一代种田哪些可以创新、怎么进行成本核算、怎么规范农事操作、怎么了解耕作制度、有哪些别人的致富经验,农民们"实打实"提出的问题,是研究人员宝贵的财富。研究生们针对这些问题,自己找材料、动脑筋、编教材,把一个个"问号"搬到培训班里讨论和研究。老罗至今还保存着当年的那一本"自编教材"。

研究生毕业后,他到位于杭州的中国水稻研究所工作,后又到总部位于菲律宾的国际水稻研究所进修 9 个月,上世纪 90 年代后期跟随谢岳峰教授在职读完与美国合作的博士课程。研究的主题都是种源调查、保护与开发的技术体系和实践路径。

他从来没有忘记在土地和种源里感受到的"心跳和活力",他喜欢在各地跑,带着田野调查的第一手材料,走进科研办公室,坐到书桌边。他觉得这样写出的论文,有"泥土的清香"。

"什么都好"与"什么都不好"

罗利军团队进上海,也是种质资源牵的线。

1998 年 6 月的一场梅雨,把上海市农科院的试验田淹了,许多珍贵资源"泡了汤"。不少农科老专家痛心疾首,提出"建立标准的种质库刻不容缓"。2000 年,上海市农业生物基因库立项,是当年上海市的十大实事工程项目之一。

经专家介绍,当时的上海市农科院领导前往中国水稻研究所拜访罗利军团队。此时他已是博导,享受国务院政府特殊津贴。从"国家队"到"地方队",又要离开生活多年的杭州,罗利军颇为犹豫。上海相关领导"八顾茅庐",去杭州与罗利军面谈,答应将他的整个团队 11 人一并引进,依据罗利军的建议,原定"上海市农业生物基因库"改名为"上海市农业生物基因中心",在原本只做基因资源收集保存的基础上,增加对基因资源的研究利用。

20 多年里,罗利军带领团队,在全球范围内收集保存种质资源,构建了水稻育种与基础研究的遗传资源平台,基本解决了我国水稻育种和基础理论研究中遗传资源缺乏问题;建立了国内领先、国际先进的"一库三系"的种质资源保护和利用体系,实现了种质资源库全程信息化可追溯管理,安全保存了 93 科 360 种 23 万余份动植物、微生物种质资源,建成了全球最大的水稻功能基因资源库和全国最大的生菜种质资源库,使我国水稻遗传资源保存量增加 130% 以上,成为全球保存量最多的国家。

罗利军团队最重要的科研成果"节水抗旱稻研究"是在中心完成的：

2003年，'沪旱1A'通过专家现场鉴定，为全球首例旱稻不育系；

2006年，育成的首个杂交节水抗旱稻'旱优2号'和'旱优3号'通过审定；

2010年，系统提出节水抗旱稻的学术思想与培育策略。

其实，节水抗旱稻的思路创新，孕育的时间更早、更长。如今回忆起来，源头上的几个故事，应该是播下了最初的"种子"。

他记得1988年10月下旬，到国际水稻研究所进修前，一口气跑了国内好几个地方，考察收集稻种资源。在广西考察时，在隆林各族自治县的山坡上，第一次见到传统的旱稻。当地山民一般在清明节前进行刀耕火种，10月中下旬开始收割，产量低，但整个生育期不需管理。望着满山的旱稻，老罗"被其顽强的生命力所震撼"。以往许多研究认为，水稻是基本型，而陆稻则是为了适应土壤水分变化而形成的变异型。但直觉却让他相信，旱稻的生命力"更原始、更野性，也更为内在"。

还有一个思想上的火花，来源于在国际水稻研究所资料室里一次随意的阅读。当时翻读的是一篇经济学家所写的文章，其中有两组数据一下子"击中了他的神经"：农业用水占总用水量的70%，而水稻用水占农业用水的70%。两个"70%"，让他头脑里的"水稻"研究，变成了"水·稻"研究。水是一个问题，稻是一个问题；不谈水的问题，稻的研究就是"跛足"、不全面的。中国是缺水国家，水稻的发展必将受淡水资源的限制，生态环境和生产活动间的矛盾必须正视和面对。

还有一条"潜脉"，恰恰就在他最早研究的超级稻。1995年，他主持选育的第一个水稻品种'协优413'，是我国首个三系法亚种间超高产杂交水稻组合。在这个研究方向上，老罗感受到的那个"土地里的脉搏"在开始变弱。他发觉，他的研究图谱里的"理想稻"变得越来越"娇贵"。它"什么都要好的"，需要"大水大肥"，需要质量条件上佳的田块，需要好的气候，需要"好上加好"。但是，老罗"喜怒哀乐"的"农"字观告诉他，在一定的范围内，现实的情况是"什么都不好"：没有那么多的灌溉水，过度施肥引发的土壤和环境问题已经显现，水稻生产中的碳排放问题已开始引起关注，国内相当比例的农田是"看天吃饭"的望天田和中低产田。

老罗说，科学研究很容易走上一条"追求完美"的歧路，希望用"什么都要好"换来"什么都好"，这样的成果，即使实现了，也只能"供养"在一个"盆景"里、一块特定的田地里，很难落实到大地里，更落实不到国情里。农业科研真实的脉搏，应该跳动在用"什么都不好"争取到"什么都好"的现实之路上。

从"潜脉"，到"火花"，到酝酿，到成功，凝聚了罗利军团队的心血，从1万个种质资源里选出一个旱稻保持系，之后又筛选出129份旱稻核心资源。从旱稻中一步步搞清抗旱性，将旱稻的优势和水稻的优势结合，最终育成节水抗旱稻，可实现节水50%、节肥47%、减少碳排放90%以上，对实现"双碳"目标具有深远意义，也为解决生态环境和粮食安全难以兼顾的难题提供新思路。

老罗从不搞"对立"，在看似矛盾的地方"统筹兼顾"，吸取养分。前期超级稻研究的精华，并没有在他后来主攻的节水抗旱稻中消失。因为他知道，保证产量，实现高产，让全体中国人"吃饱肚子"，也是最大的国情。把论文写在国情里，需要用辩证统一的思维。他尊重把论文写在国情里的所有前辈专家。在与老罗接触的20年里，记者注意到，凡提到袁隆平，他一定毕恭毕敬地称"袁先生"或"袁老师"。

获奖之后

2021年11月，罗利军主持的"水稻遗传资源的创制保护和研究利用"项目，获得2020年度国家科学技术进步奖一等奖。获奖之后的老罗没有变，说起话来，还是直来直去，有啥说啥；他的办公室没变，还是普普通通的那一张办公桌，墙上的布置也没什么大的变化，没在什么显眼的地方让人一望而知这是一个国家科学技术进步奖一等奖的获奖者。

获奖之后，老罗想得更多的是继续为节水抗旱稻"搭脉"，感受新的脉搏跳动。他觉得，论文写在国情里还可以继续向"细化"的方向推进，进一步把论文写在"区（域）情、省情、市情"里，根据各地不同的条件，感觉其"土地的心跳和活力"，呼应其本乡本土的"喜怒哀乐"，做不同的节水抗旱稻的文章。他先从上海和长三角做起。

一个8月初的日子，正是一年中最热的时节。记者接到老罗的电话，他说："你最近有空到上海金山的廊下镇来一次吗？我们节水抗旱稻有了一个新品种，叫做'八月香'，米质好、收获早，完全可以成为沪郊第一镰。我以前给上海市农业部门的领导许过一个诺，节水抗旱稻科研总部在上海，一定要为上海农业做贡献。我现在要兑现承诺。"

　　这是一个好消息。老罗的科研团队当年进上海,不少人起了一点疑问:上海滨海沿江,水源丰富,根本不缺水,为什么要把节水稻的研究放在上海?老罗总惦念着:要为上海的现代农业具体地做一点贡献。如今,为上海和长三角地区"特制"的细分品种"八月香",源头基地选择在廊下,正在向沪郊和长三角地区延伸。

　　这一细分战略,罗利军团队正在推向北方、华南、西南等区域,并且明确了节水抗旱稻生产应用三个主要方向:一是在高产稻田,可实现直播旱管,从而改变水稻传统种植方式,实现资源节约、环境友好;二是在传统旱作田块,特别是传统种植玉米、大豆的低洼易涝地,可实现农田增值农民增收;三是基于目前农田占补平衡,对于一些"山改地""旱改水"田,实现基本农田上山,扩面稳产节本增收。

　　老罗的思考正在进一步深入,他觉得在未来的研究道路上,节水抗旱稻绝非一个具体的稻种而已,而是一种"新的方法和体系",如果能够不断把准土地真实的"脉搏",有望形成一个完整的"新稻作"文化,建设自信力最强的中国现代农业。

　　老罗不止一次说过,中国是水稻大国,稻谷面积世界第一,稻米是中国人最重要的主食之一。如果在稻米的研究上,中国拿不出几项自主研发、世界前沿、领跑带头的重大成果,实在说不过去。应以节水抗旱稻的节水、节肥、节省劳力等特性为基础,推动中国传统水稻种植方式获得革命性转变,在新时代、新农人、新的产业环境中"长期管用"。

　　目前,全国节水抗旱稻全产业链创新联盟已经成立。中心近期也与华南农业大学合作,成立了节水抗旱稻绿色产业研究院。中心科研团队总结了20年来在节水抗旱稻理论与应用研究中的发现,在国际权威期刊上发表了文章,向全世界提出水稻"蓝色革命"观点,即通过创新培育节水抗旱稻,实现旱种旱管的稻作生产模式,使水稻生产摆脱对水的过度依赖,大幅减少稻田温室气体排放,促进水稻生产向"资源节约、环境友好"的绿色可持续生产方式转型。

　　团队最新确立了节水抗旱稻"1522"发展目标:"1":新增水稻种植面积 1 亿亩;"5":增产稻谷 500 亿公斤;"2":减少 200 亿吨水稻生产用水;"2":减排温室气体 200 亿公斤二氧化碳当量(CO_2e)。

　　老罗和他的团队,获奖之后"再出发"……

八、东方城乡报《罗利军：国之所需，科研所向》

施勰赟

9月19日上午，"光荣与力量——2023感动上海年度人物"揭晓。上海市农业生物基因中心首席科学家罗利军研究员荣获"2023感动上海年度人物"。

2002年，为建设上海农业基因库，罗利军带领团队来到上海，成立上海市农业生物基因中心。从那时起，他便与这座城市结下了深厚的缘分。

二十余年来，他不仅专注水稻遗传资源保护，带领团队走遍全球，收集保存农业生物种质资源23万余份，建立了我国水稻种质资源保护与利用体系，使我国成为全球稻种资源保存量最多的国家；还迎难而上，破解"稻水矛盾"，创新培育出兼顾节水抗旱、高产优质、节肥减碳的节水抗旱稻，在世界范围内首次提出水稻"蓝色革命"理念，为保障我国粮食安全、促进农民增收、推动农业绿色可持续发展贡献科技力量。

立足国之大者　建立水稻种质资源"方舟"

2020年11月，由罗利军主持的"水稻遗传资源的创制保护和研究利用"获得国家科学技术进步奖一等奖。这是中国农业界时隔8年后，在国家科学技术进步奖的评选中再次获得一等奖。这一重磅奖项也让更多人意识到，上海农业虽小，但科研力量不容小觑。

说起项目建设，不得不提20多年前，罗利军离开中国水稻研究所初来上海的那段经历。

2000年，上海市设立重大专项启动"上海农业基因库"建设，时任上海市农业科学院院长潘迎捷作为代表，向在中国水稻所任职、从事水稻遗传研究的罗利军抛出"橄榄枝"。那时罗利军已成为博士生导师、国家跨世纪百千万人才工程第一层次人选，享受国务院政府特殊津贴。放弃国家单位的工作来到地方单位，换一个城市生活，不免让罗利军有些犹豫。"当时有篇报道说上海农业部门'八顾茅庐'，我被上海的诚意打动了。"真性情的罗利军最终还是选择了农业比重并不高的上海。

"我觉得收集种质资源,保护不是最终目的,收集的目的是更好地开发利用资源。"在罗利军的建议下,原定"上海农业生物基因库"改名为"上海市农业生物基因中心",考虑到过去水稻种质资源利用率低、品种遗传基础狭窄,品种存在高产与优质、高产与抗病、高产优质与抗逆性等优良性状难以兼顾的矛盾,他决心做好水稻遗传资源的开发利用,从而端稳中国饭碗。

建设之初,基因中心专家不过 4 人,加上科研辅助人员,整个团队也仅有 11 人。他带着团队,从细微处做起,系统地进行水稻遗传资源的收集保存、研究评价和创新利用,逐渐在种质资源保护和利用平台的构建、重要种质的创制与共享利用、重要性状的基因发掘与遗传剖析以及适应不同生态条件的水稻新品种的培育上取得重要进展。

在基因中心建设的低温低湿库内可以看到,23 万余份农业生物种质资源经过清洗、消毒、熏蒸等处理后,被封入锡箔袋,分门别类放置在保存架上。其中,仅水稻资源的储存量就让我国稻种资源的保存总量增加 130％,成为全球保存量最多的国家。而由罗利军牵头构建的水稻种质资源保护与利用平台,更是实现了水稻种质资源从收集鉴定、种子处理、入库贮存、安全监测到分发利用的高效管理和安全保存。

罗利军认为优异种质资源应实现全社会共享,从而提高资源的利用效率。开启共享后,这些优异资源广泛应用于我国水稻品种选育和基础理论研究之中,资源共享利用超过 9 万份次,育成 327 个新品种。其中,项目针对亚非国家生态条件选育了 32 个新品种,在生产中推广,产生了重要的国际影响。

从 0 到 1 开创新稻种

早在 20 世纪 90 年代初,罗利军就已带领团队育成亩产过 700 公斤的"协优 413",提前完成了"中国超级稻育种及栽培体系"一期亩产达 700 公斤的目标,但一份资料让他更换了研究方向。

那是 1998 年的一天,他正在位于菲律宾的国际水稻研究所做访问学者。在图书馆查阅资料时,罗利军无意间翻阅到了一份国外经济学家的研究资料,里面的数据让他震惊。报告里面写道:农业生产占全世界 70％以上的淡水消耗量,而水稻又占去了其中 70％以上。"两个 70％,那就是将近 50％了。"他开始反思,自己在富水、足肥的试验环境下培育出的高产水稻,似乎与我国普遍缺水、优劣不一的实际种植环境不匹配。

这串数据像达摩克利斯之剑一样悬在罗利军心中。联想到自己十年前在广西田林县收集资源时见到的"刀耕火种"式的播种场景,那里的农民在清明节前放火烧山,撒下稻种,不闻不问,秋天也能有收成。他把目光投向了一直没有受到学界重视的旱稻。

然而,罗利军却在随后的实践过程中屡屡受挫:旱稻秆子高容易倒,不好种;虽然耗水量少却产量低、口感差⋯⋯

"水稻耗水大,旱稻产量低,稻水矛盾要如何破解?"带着这样的疑问,罗利军决心重新出发,向着破解水稻优质高产与节水抗旱的矛盾迈进。

此后十多年,这个盘桓在他心里的疑问随着上海市农业生物基因中心水稻种质资源保护与利用平台的建设推进,逐渐找到了答案。

在广泛研究比较各品种的耐旱性、避旱性及水分利用效率等指标后,罗利军带领团队通过"水旱稻杂交育种"的方式,逐步在水稻科技进步的基础上,引进旱稻的节水抗旱特性,创新提出发展"节水抗旱稻"的理念。通过聚合旱稻品种的抗旱性与水稻品种的高产优质特性,先后育成常规节水抗旱稻 WDR48、沪旱 61 和首个 BT 型节水抗旱不育系沪旱 2A 及其杂交组合旱优 8 号。2010 年,罗利军主持完成的成果"节水抗旱稻不育系、杂交组合选育和抗旱基因发掘"获上海市技术发明奖一等奖,三年后,"水稻抗旱基因资源和节水抗旱稻的发现与创制"获国家技术发明奖二等奖。

建立产业联盟　让节水抗旱稻走向世界

节水抗旱稻既可以像水稻一样在水田节水栽培,也可以像小麦一样在旱地种植。在不降低产量和米质的前提下,其生产过程可少灌水 53.3%,少施化肥 47.7%,且大幅减少农业面源污染,其中,总氮和总磷的排放分别减少 69.0% 和 36.6%,农药减少 80% 以上,对环境十分友好。

此外,旱种旱管省却的"水淹"环节不仅能够减少面源污染,还可减少碳排放。上海市农科院生态研究团队在安徽省 7 个县专门对节水抗旱稻与普通水稻生产过程中的稻田碳排放进行了连续三年的对比研究,发现节水抗旱稻能减少碳排放

90%左右。

与此同时,节水抗旱稻的抗逆性也在如今极端天气增多的大背景下受到瞩目。罗利军团队在田间发现节水抗旱稻的根系较传统水稻更发达,吸水、蓄水能力更强,且干旱时其叶片有自我调节功能,气孔会随着环境变化闭合,在逆境中求生存,减少水分流失。

在罗利军眼里,节水抗旱稻拥有十分"聪明"的基因。2020年10月,在安徽阜南县王家坝地区,洪水中淹水15天、没顶10天后的节水抗旱稻"旱优73"根部重新分蘖长出新的稻秆,抽出稻穗,亩产量仍有373公斤,被当地百姓激动地称为"稻坚强"。

然而,受传统耕作习惯影响,节水抗旱稻在推广初期还是受到了不少阻碍,农户普遍对这一颠覆性的生产方式接受度不高:"水稻水稻,没有水怎么能叫稻?"最需要打破的,便是传统农民对栽培稻种植模式的固有印象。

没有农户愿意尝试,罗利军便亲自带着团队走入村镇,通过在乡村设置示范点种植的方式,以点带面,让农户近距离感受节水抗旱稻的生产优势及其带来的经济效益。考虑到上海消费群体喜爱尝鲜的特点,罗利军将选育目标瞄准兼具生育期短、品质优、产量稳定、节水抗旱特性的新品种。经过七年努力,成功让上海消费者提前一个月便品尝到了口感好、品质佳的地产新大米,并逐年改良品种,让稻米口感越来越好。

如今,在罗利军与团队的不懈努力下,节水抗旱稻不仅在我国广泛种植,还走出了国门,在"一带一路"国家示范种植。据统计,节水抗旱稻在我国、东南亚、南亚及非洲等地区已累计种植2000余万亩,影响广泛,经济效益、社会效益、生态效益突出。

今年年初,为了在全产业链发展节水抗旱稻,推进节水抗旱稻品种选育、新品种试验示范及配套技术集成熟化和推广应用,罗利军牵头成立了全国节水抗旱稻全产业链创新联盟,围绕种源创新、技术创新、模式创新、产品创新和价值创新等方面进行布局,打造集绿色种植、稻谷收储、稻米加工、市场营销、碳交易于一体的节水抗旱稻产业链。

蓝色的幽灵

罗利军

（长篇叙事诗，代后记）

在苍茫的大地上，
奔跑着人类的祖先。
勤劳的先辈啊，
为了生存，
在宇宙间不断求索。
向前！
向前！
突然，远方的沼泽地中，
一株静静的小草，
引起了他们的兴趣。
停下来，
仔细观察，
小草是那样的繁茂。
微风吹过，
荡漾着青色的波浪，
黑色的种子，
随风飘落在大地，
来年又长成，
一棵棵蓬勃的青苗。

当秋风吹过,
累累的果实再次成熟,
粒粒稻米,
是那样的美味可口。
啊!小草!
您是那么的不起眼,
却总是那样默默地,
年复一年地,
顽强生长。
正是这坚韧不拔的品格,
使您成为人类社会,
赖以生存的口粮。
冬去春来,
时代更替,
您孕育了千万个子孙。
于是,
您有了一个,
响亮的名字——
卢非薄根(*Oryza rufipogon* L.)。

啊,卢非薄根!
您还有一个自豪的别名——
野生稻,
能在野外自由地生长。
先祖们从狩猎到定居,
携带着您,
在门口开一片小地,
播下一颗颗种子,

野生稻

就着上苍恩赐的雨水，
生根、发芽，
快乐地生长。
干旱的不断光顾，
练就了您顽强的抵抗能力，
却仍不能获得，
充足雨水时的产量。
于是，
聪明的先辈们，
发明了水利灌溉。
充足的水分，
更有利于您的成长。
自然与人工的选择，
产量不断提高，
品质越来越好。
于是，
您便成了，
人们口口相传的，
栽培稻，
也就是人们常说的，
水稻。

时间的车轮，
总是按照自己的节奏前行，
人类的繁衍，
努力践行着快速的增长，
提高水稻产量，
成为一代又一代人的梦想。

1888 年 11 月，

一个普通的日子，

一个小男孩，

降生于一个普通的农家。

他叫丁颖。

45 年后，

他异想天开地，

将野生稻的花粉，

撒向栽培稻的柱头。

于是，

'中山 1 号'面世，

开创了杂交育种的先河。

几乎是同一时期，

28 岁的胡仲紫，

实现了增产百分之三十的骄傲。

曾几何时，

'胜利籼'以胜利者的姿势，

遍布中国的长江两岸。

时光飞逝，

世事悠悠，

当 1965 年的春风，

吹遍江南大地，

湖南安江的袁隆平，

发现了胜利籼中的雄性不育株，

启动了水稻杂种优势利用的远航。

要吃粮，

找耀祥。

1959年的秋天，
当'广场矮'的风姿，
摇曳在珠江大地，
水稻矮化育种的春风，
吹起了水稻产量的翻番。
七年之后，
让高秆变矮，
再次在大洋彼岸，
在菲律宾一个美丽的农场中，
顺利完成。
矮小坚强的中国种，
与高大威猛的印尼稻，
实现了完美结合。
啊，这是多么伟大的结合！
人们给这个混血种，
取了一个伟大的名字——
奇迹稻。
您种遍全世界，
创造了奇迹，
引领了伟大的绿色革命，
拯救了千万人的宝贵生命！
啊，水稻！
国家安全的基石，
人类社会的保障！
多少年来，
为育成更强更优的您，
多少人为您刻苦求索，
多少人为您费尽思量，

才有了今日的您——

超级稻，

独占鳌头，

风光无限。

事物，

总是在不断地变化；

社会，

尚需要持续地发展。

在水稻实现，

一个又一个高产的同时，

资源与环境的制约，

接踵而来。

一个声音在说：

"水稻，

您用了太多的水，

这个地球，

满足不了您的需要。

您对干旱太敏感，

而干旱发生已越来越频繁，

您真的应付不了！"

另一个声音，

更是高喊：

"水稻，

您的生产方式，

产生太多的甲烷，

伴随着面源污染，

对生态环境，

很不友好。"

呜呼!

既要马儿跑,

又要马儿不吃草!

水稻人,

何去何从,

您要仔细思考!

时光回到26年前,

钱塘江畔,

一个年轻的科研团队,

通过籼粳稻的杂交配组,

育成了,

首个亚种间杂交水稻,

创造了,

浙江水稻单产的历史纪录。

然高产已得,

但用水量大,

需精细栽培。

年轻的科学家们,

开始思考未来的水稻。

超高产杂交水稻'协优413'(浙江安吉1995年)

10年前的一次考察,

再一次呈现在研究者的眼前:

广西百色的山坡上,

片片陆稻,

泛起金色的波浪,

刀耕火种,

山坡上的陆稻

野蛮生长，
于崇山峻岭之中，
散发着阵阵稻香。
是什么支撑起，
他生命的顽强？
他来自何处？
有哪些潜质？
可否为未来的水稻育种，
提供有利的基因资源，
与技术上的参考？
于是，
陆稻，
开始成为研究的，
重要目标。

随着人类的参与，
沼泽地中的野生稻，
加快了，
他漫长的演化历程。
供水条件的限制，
使他，
最先分化成陆稻，
这一过程无疑是艰难的。
在干旱年份，
他努力地锻炼生存的能力，
培育发达的根系，
以便从地底深处吸到水分；
同时，

努力增加自己的保水性能，
当上天恩赐足够的水分时，
他便抓紧时间，
快速生长发育，
以获得更多的子孙。
双向选择造就了他顽强的品格，
节水抗旱，
适合直播，
大量的优良基因，
有序的排列组合，
是他面对干旱胁迫，
仍能生存的法宝。
而水稻的分化，
则是落后于陆稻，
他伴随着水利条件的改善，
以高产作为他前进的主要动力，
在种种关心之中，
快速成长，
产量越来越高，
米质不断改良。
然而，
需水量越来越大，
抗旱能力越来越小。

于是，
一个幽灵，
一个节水抗旱的蓝色幽灵，
开始在东方大地上游荡；

于是,
一个平台,
一个节水抗旱的研究平台,
在奔腾不息的黄浦江畔悄然矗立;
于是,
一批基因,
一批节水抗旱的基因资源,
在严格的科学鉴定中被发掘出来。
时光总是不断地向前,
在2003年的那个秋高气爽的日子,
'沪旱1A',
一个节水抗旱的雄性不育系,
亮相上海滩上。
接踵而来的,
是一系列的杂交节水抗旱稻。
'沪优2号'通过国家水稻审定,
标志着节水抗旱的产量,
可与水稻比高。
科学实践,
伴随着严谨的系统思考,
于是,
在2009年的国际干旱大会上,
中国科学家首次提出,
要立足于水稻的科技进步,
发展"节水抗旱稻"。

节水抗旱稻'旱优73'

啊,节水抗旱稻,
人们戏称的"外地人",

长路漫漫,

为了您,

付出多少的汗水与辛劳!

曾记否,

福泉山下辨真伪,

小白楼前试比高。

宝剑锋从磨砺出,

梅花香自苦寒来。

曾记否,

才观崇阳种,

又见建宁丰。

五五不服老,

愿做耕田牛。

小白楼前试比高

当 2013 年的国家技术发明奖颁布,

当 2016 年的国家行业标准实施,

您才获得早该拥有的"好"。

啊,节水抗旱稻!

风吹浪打寻常事,

闲庭信步您自豪。

在上海,

在海南,

在安吉县的山坡上,

在恩施州的橘田里,

感受克拉玛依的冰雹,

沐浴莫桑比克的热浪。

您历经风雨,

百炼成钢,

立足于现代科学技术,

努力地进行着,
水稻与陆稻的完美组合。
于是,
一个又一个的新品种,
应运而生,
既可高产优质,
又能节水抗旱,
走向大地,
万般叫好!

啊,节水抗旱稻!
节水,
是您的品格,
更是您的骄傲!
水稻"去水",
是您的基本目标,
因为淹水种稻,
已面临太多的"不友好"。
从播种到收获,
您不再需要水层环绕,
有效利用降水,
似乎与老天已悄悄地,
悄悄地商量好。
田间不见水层,
小田变成大田,
灌排水沟,
也大大地减少。
于是,

种植面积增加,

化肥农药减少。

更为重要的是,

甲烷——

这个影响气候变化的家伙,

大量地,

大量地消失了!

啊,节水抗旱稻!

抗旱,

是您的本质,

是您应对干旱胁迫的法宝。

全球气候变暖,

干旱频繁发生,

已成为农作物生长,

不得不时常面对的,

大考。

面对挑战,

您聪明地应对,

使损失,

大幅度减少。

干旱来临时,

您启动避旱机制,

从地底深处吸收更多的水分;

干旱持续时,

您又发挥耐旱功能,

用最少的水,

维持正常的生长。

即使在经受严厉摧残,
您遍体鳞伤,
若遇雨水恩赐,
您便抓住时机,
快速复原抗旱,
顽强地生长,
生长,
让损失,
变得最小。

啊,节水抗旱稻!
易种,
是您的特性,
更使您备受欢迎。
与人方便朋友多,
广阔天地任尔行。
忆往昔,
踏水种稻五千年,
面朝黄土背朝天。
天下的稻农啊,
是何等的艰辛!
您的横空出世,
让插秧成为历史,
让种稻,
不再艰难。
旱直播,
水直播,
当无人机搭载着您,

从天空中飘然落下,
直起腰杆的稻农,
体会到解放的快乐,
心中,
乐开了花!

啊,节水抗旱稻!
您是一个蓝色的幽灵,
徘徊在广阔的天地之间。
认识与不认识,
理解与不理解,
您一如既往,
肩负重要使命,
丰富武装自己,
向前!
向前!
君不见,
淮河之水天上来,
王家坝内显神威。
洪水淹没十天整,
农户喜称"稻坚强"。
君不见,
高温干旱七十天,
绍兴山地一片黄。
台风带雨降甘露,
稻苗变绿似神仙!
君不见,
阜阳树下稻苗壮。

绍兴山头神仙稻(2022年)

阜阳树下稻苗壮

践行"1522"的目标；
发掘更多的基因，
培育更多的品种，
研发更多的技术，
打造更优的产业链。
将吉祥的种子，
播撒在全球的每一个角落！

恩施橘园稻穗黄。
千岛湖上播种忙,
十里洋场八月香。
君不见,
寿县麦上能种稻,
泉州菜园早插秧。
怀远践行玉改稻,
成都绿道披金装。

啊,节水抗旱稻!
您是增产粮食的先锋,
您是节约资源的模范,
您是环境保护的标兵,
您是持续发展的表率!
然而,
您尚需要脚踏实地,
海纳百川,
不断完美,
整合更多的优良。

啊,蓝色的幽灵!
您引领了蓝色的征程。
事业如此美好,
引无数英雄共挥毫。
创新是永恒的主题,
奋斗是时代的旋律。
努力吧!
高举蓝色革命的旗帜,

恩施橘园稻穗黄

成都绿道披金装